高职高专“十二五”规划教材

——安全技术系列

特种设备安全技术

张 斌 主 编

蔡 艳 陆春荣 副主编

化学工业出版社

·北京·

本书较为全面地介绍了根据《特种设备安全监察条例》规定需强制监督的特种设备安全知识，旨在提高特种设备操作和管理人员的安全素质，为经济发展和人民生活构建一个安全稳定的环境。编写人员具有多年从事特种设备检验检测/安装以及对特种设备安全操作人员的培训工作经验。

全书共分六章，内容包括锅炉安全技术、压力容器（含气瓶）安全技术、压力管道安全技术、起重机械（含电梯）安全技术、场（厂）内专用机动车辆安全技术和客运索道及大型游乐设施安全技术。

本书可作为高等职业技术院校安全专业的教材，也可作为安全管理及特种设备操作人员的培训教材或参考用书。

图书在版编目（CIP）数据

特种设备安全技术/张斌主编．—北京：化学工业出版社，2013.2（2024.9重印）

高职高专“十二五”规划教材．安全技术系列

ISBN 978-7-122-16230-4

Ⅰ.①特… Ⅱ.①张… Ⅲ.①设备安全-安全技术-高等职业教育-教材 Ⅳ.①X931

中国版本图书馆CIP数据核字（2013）第001800号

责任编辑：张双进　　文字编辑：林　丹

责任校对：陈　静　　装帧设计：王晓宁

出版发行：化学工业出版社（北京市东城区青年湖南街13号　邮件编码100011）

印　　装：北京天宇星印刷厂

787mm×1092mm　1/16　印张14¼　字数350千字　2024年9月北京第1版第7次印刷

购书咨询：010-64518888（传真：010-64519686）　售后服务：010-64518899

网　　址：http://www.cip.com.cn

凡购买本书，如有缺损质量问题，本社销售中心负责调换。

定　　价：32.00元

前　　言

广义上讲，特种设备是指危险性大，在生产和使用过程中稍有不慎就会对生产造成重大破坏或重大人身伤亡事故、财产损失的设备。《特种设备安全监察条例》（以下简称《条例》）对于特种设备的定义是指涉及生命安全、危险性较大的锅炉、压力容器（含气瓶）、压力管道、电梯、起重机械、客运索道、大型游乐设施和场（厂）内专用机动车辆。

随着生产的发展和人民生活水平的提高，这类设备已日益广泛应用于工业生产和人们的日常生活中，为生产的发展和人们生活水平的提高带来了极大的帮助，但是由此而带来的事故也触目惊心。

据国家质检总局统计，2009 年全国共发生特种设备事故 380 起，其中，较大事故 101 起，死亡 315 人，受伤 402 人，直接经济损失 6181 万元，万台设备事故起数为 0.92 起，万台设备死亡人数为 0.76 人，与 2008 年同期相比，万台设备事故起数增加 24.3%。统计还显示，当年全国特种设备事故主要发生在使用环节，共有 258 起，占事故总起数的 67.9%。从监管环节上来看，违规使用特别是违章作业仍是造成事故的主要原因，约占事故总起数的 66%。具体表现为作业人员违章操作、操作不当甚至无证作业、维护缺失、管理不善、使用非法设备等。因设备制造、安装以及运行过程中产生的质量安全缺陷导致的事故约占事故总起数的 15%。从技术层面来看，锅炉缺水、压力容器和压力管道中危险化学品介质泄漏、氧气瓶内混有油脂、电梯维保过程中人员安全防护措施不当、起重机械存在机械隐患、场（厂）内专用机动车辆行驶中撞压等是造成事故的重要原因。

为了配合对特种设备安全知识的宣传教育，提高特种设备操作和管理人员的安全技术技能，从根本上减少和杜绝特种设备事故，真正做到让特种设备有益于生产，造福于人类，我们编写了这本《特种设备安全技术》。

全书共分 6 章，内容包括锅炉安全技术、压力容器（含气瓶）安全技术、压力管道安全技术、起重机械（含电梯）安全技术、场（厂）内专用机动车辆安全技术和客运索道及大型游乐设施安全技术。较为全面地介绍了根据《条例》规定需强制监督的特种设备安全知识，旨在提高特种设备操作和管理人员的安全素质，为经济发展和人民生活构建一个安全稳定的环境。

本书可作为高等职业技术院校安全专业的教材，也可作为安全管理及特种设备操作人员的培训教材或参考用书。

本书由南京化工职业技术学院张斌担任主编，蔡艳、陆春荣担任副主编。张斌编写了第一、三、五章，蔡艳编写了第二章，陆春荣编写了第六章，曹洪印编写了第四章。长期从事特种设备安全监察、培训工作的盐城市盐都质量技术监督局副主任科员陆仁和对本书的编写提供了很大的帮助和建设性意见，并担任本书的主审，在此表示感谢。

由于编者水平有限，时间仓促，不妥之处在所难免，欢迎广大读者批评指正。

编者

2012 年 10 月

前　言

目　录

第一章　锅炉安全技术

学习目标

1. 了解锅炉的基本知识。
2. 熟悉法律法规对锅炉安全的规定和要求。
3. 掌握锅炉的安全装置及运行安全管理要求。
4. 熟悉锅炉常见事故的处理及预防措施。

事故案例

[**案例 1**] 1993 年 3 月 10 日 14 时 07 分，宁波××发电厂与 1 号机组配套的锅炉发生了炉膛爆炸，死亡 23 人，重伤 8 人，轻伤 16 人，事故造成直接经济损失 780 万元，停炉抢修 132 天。

[**案例 2**] 2011 年 7 月 6 日凌晨 6 点 40 分，新疆喀什一洗衣粉厂蒸汽锅炉发生物理爆炸，爆炸造成锅炉厂房和北侧毗邻的两户砖木结构的民房坍塌，正在厂内作业的 4 名工人以及两户居民房中 9 人不同程度伤亡，其中 4 人死亡，1 人重伤，4 人轻伤。

[**案例 3**] 1999 年 1 月 14 日 0 点 5 分许，宁夏××矿务局一办事处家属院锅炉房内发生爆炸事故，造成 1 人死亡，锅炉房房顶、窗户、墙体等受到严重损坏。

第一节　锅炉的基本知识

一、锅炉的概念

锅炉是利用燃料燃烧释放的热能或其他热能加热水或其他工质，以生产规定参数（温度、压力）和品质的蒸汽、热水或其他工质的设备。

锅炉是一种能量转换设备，向锅炉输入的能量有燃料中的化学能、电能、高温烟气的热能等形式，而经过锅炉转换，向外输出具有一定热能的蒸汽、高温水或有机热载体。应用于加热水使之转变为蒸汽的锅炉称为蒸汽锅炉；应用于加热水使之转变为热水的锅炉称为热水锅炉；而应用于加热有机载体的锅炉称为有机载热体锅炉。

锅炉中产生的热水或蒸汽可直接为工业生产和人民生活提供所需热能，也可通过蒸汽动力装置转换为机械能，或再通过发电机将机械能转换为电能。提供热水的热水锅炉，主要用于生活，工业生产中也有少量应用。产生蒸汽的蒸汽锅炉，常简称为锅炉，多用于火电站、船舶、机车和工矿企业。

锅炉是由“锅”（即锅炉本体水压部分）、“炉”（即燃烧设备部分）、附件仪表及附属设备构成的一个完整体（见图 1-1）。

锅炉在“锅”与“炉”两部分同时进行，水进入锅炉以后，在汽水系统中锅炉受热面将吸收的热量传递给水，使水加热成一定温度和压力的热水或生成蒸汽，被引出应用。在燃烧

图 1-1 锅炉外观和内部结构

设备部分，燃料燃烧不断放出热量，燃烧产生的高温烟气通过热的传播，将热量传递给锅炉受热面，而本身温度逐渐降低，最后由烟囱排出。

二、锅炉的分类

锅炉的分类方法较多，通常有以下几种。

① 按用途可分为：电站锅炉、工业锅炉、机车船舶锅炉、生活锅炉。

② 按烟气在锅炉流动的状况可分为：水管锅炉、火管锅炉、水火管锅炉。

③ 按介质可分为：蒸汽锅炉、热水锅炉、汽水两用锅炉、有机热载体锅炉。

④ 按安装方式可分为：快装锅炉、组装锅炉、散装锅炉。

⑤ 按燃料种类和来源可分为：燃煤锅炉、燃油锅炉、燃气锅炉、余热锅炉、电加热锅炉、生物质锅炉。

⑥ 按蒸汽压力可分为：低压锅炉（$p\leqslant 2.5$MPa）、中压锅炉（$p=3.0\sim4.9$MPa）、高压锅炉（$p=7.8\sim11.0$MPa）、超高压锅炉（$p=12.0\sim15.0$MPa）、亚临界锅炉（$p=15.0\sim20.0$MPa）、超临界锅炉（$p\geqslant 22.1$MPa）。

三、锅炉的参数

锅炉的参数是表示锅炉性能的主要指标，包括容量、压力、温度等。

1. 容量

锅炉的容量又称锅炉的出力，蒸汽锅炉用蒸发量表示，热水锅炉用供热量表示。

（1）蒸发量　即蒸汽锅炉每小时所产生的蒸汽数量，用符号 D 表示，单位为 t/h。新锅炉出厂时，铭牌上所标示的蒸发量指的是这台锅炉的额定蒸发量。额定蒸发量是指锅炉燃用设计的燃料品种在规定的出口压力、温度和效率下，长期连续运行时所产生的蒸汽量。

（2）供热量　指的是热水锅炉每小时出水的有效带热量，用符号 Q 表示，单位为 MW。热水锅炉在额定回水温度、压力和额定循环量下，每小时出水的有效带热量，称为额定供热量。

2. 压力

蒸汽压力实际上是压强，亦即垂直作用在单位面积上的力，用符号 p 表示，单位为 MPa，它是由锅炉的承压能力决定的。

锅炉的承压能力是根据所用金属材料在一定的温度条件下的强度，受压元件的几何形状以及受压特点等条件，按照国家颁布的有关强度计算标准，对各个受压元件分别进行强度计算，然后从中选出一个所能承受的压力最低值，作为这台锅炉的最高允许使用压力，即额定压力，锅炉的工作压力不得高于此数值。

3. 温度

蒸汽温度是指锅炉输出蒸汽的温度，一般不高于其额定温度。对于无过热器的蒸汽锅炉，额定温度是指锅炉在额定压力下的饱和蒸汽压；对于有过热器的蒸汽锅炉，额定温度是指过热器出口处的蒸汽温度；对于热水锅炉，额定温度是指锅炉出口的热水温度。

四、锅炉的型号表示法

锅炉产品的型号表示法由 3 部分组成，中间用短线连接，其形式如下：

△ △	△	××	-	××	/	×××	-	△	×
锅炉形式	燃烧方式	额定蒸发量或额定供热量		介质出口压力		过热蒸汽温度或出-回水温度		燃烧种类	设计次序

型号的第一部分表示锅炉形式、燃烧方式、额定蒸发量或额定供热量，共分 3 段。前两个“△”是两个汉语拼音字母，表示锅炉总体形式，各字母所表示的具体意义见表 1-1、表 1-2；后一个“△”是一个汉语拼音字母，表示不同的燃烧方式，具体含义见表 1-3；最后两个“××”是阿拉伯数字，表示锅炉的额定蒸发量或额定供热量。

表 1-1 锅壳式锅炉总体形式代号

锅炉总体形式	代号	锅炉总体形式	代号
立式水管	LS	卧式外燃	WW
立式火管	LH	卧式内燃	WN

表 1-2 水管锅炉总体形式代号

锅炉总体形式	代号	锅炉总体形式	代号
单锅筒立式	DL	双锅筒横置式	SH
单锅筒纵置式	DZ	纵横锅筒式	ZH
单锅筒横置式	DH	强制循环式	QX
双锅筒纵置式	SZ		

表 1-3 锅炉燃烧方式代号

燃烧方式	代号	燃烧方式	代号
固定炉排	G	振动炉排	Z
活动手摇炉排	H	下饲炉排	A
链条炉排	L	沸腾炉	F
往复推动炉排	W	半沸腾炉	B
抛煤机	P	室燃煤	S
倒转炉排加抛煤机	D	旋风炉	X

型号的第二部分表示介质参数，共分两段，中间以斜线相隔。第一段的两个“×”是用阿拉伯数字表示介质出口压力；第二段的 3 个“×”是用阿拉伯数字表示过热蒸汽温度或热水锅炉出水温度/回水温度，蒸汽温度为饱和温度时，型号的第二部分无斜线和第二段，因为饱和温度取决于压力，型号中的介质压力即间接表示了饱和温度。

型号的第三部分表示燃料种类和设计次序，共分两段。前面一个“△”是一个汉语拼音及相应的罗马数字，表示燃烧种类，见表 1-4；第二段阿拉伯数字表示设计次序，如锅炉系原形设计则无第二段。

表 1-4　燃料种类代号

燃料种类	代号	燃料种类	代号
Ⅰ类　石煤/煤矸石	SⅠ	褐煤	H
Ⅱ类　石煤/煤矸石	SⅡ	贫煤	P
Ⅲ类　石煤/煤矸石	SⅢ	木材	M
Ⅰ无烟煤	WⅠ	稻糠	D
Ⅱ无烟煤	WⅡ	甘蔗渣	G
Ⅲ无烟煤	WⅢ	油气	Y
Ⅰ烟煤	AⅠ	气	Q
Ⅱ烟煤	AⅡ	油母页岩	YM
Ⅲ烟煤	AⅢ		

例如，WNG-7-AⅡ表示卧式内燃固定炉排锅壳式锅炉、额定蒸发量为1t/h、蒸发压力为0.69MPa（7kgf/cm^2），蒸汽温度为饱和温度，燃用Ⅱ烟煤，原型设计。

SZS10-16/350-YQ2表示双筒纵置式室燃水管锅炉、额定蒸发量10t/h、蒸汽压力1.57MPa（16kgf/cm^2），过热蒸汽温度为350℃，燃油燃气并用，以油为主，系第二次设计产品。

QXW360-7/95/70-AⅡ表示强制循环往复炉排热水锅炉，额定供热量4186kW（3.6×10^{6}kcal/h），出水压力为0.69MPa（7kgf/cm^2），出水温度95℃，回水温度75℃，燃料用Ⅱ烟煤，系原型设计。

五、法律法规对锅炉安全的规定

1. 锅炉的设计管理

根据《条例》规定，锅炉的设计文件，应当经国务院特种设备安全监督管理部门核准的检验检测机构鉴定，方可用于制造。目前对锅炉设计的安全监察采用审查图纸的方式，凡经审查批准的锅炉总图上盖有审批标记。未经审批的锅炉设计图纸不准制造、出厂及使用。

锅炉受压元件所用的金属材料及焊接材料应符合有关国家和行业标准。材料制造单位应提供质量证明书。制造锅炉受压元件的金属材料必须是镇静钢。

2. 锅炉的制造管理

从事锅炉制造的单位必须要具备专业技术人员和技术工人；有相适应的生产条件和检测手段；有健全的质量管理制度和责任制度。

锅炉制造单位应当经国务院特种设备安全监督管理部门的许可，方可从事相应的活动。锅炉制造实行许可级别划分，级别划分见表1-5。

表 1-5　锅炉制造许可级别划分

级别	制造锅炉范围
A	不限
B	额定蒸汽压力≤2.5MPa的蒸汽锅炉（表压，下同）
C	额定蒸汽压力≤0.8MPa且额定蒸发量小于及等于1t/h的蒸汽锅炉； 额定出水温度＜120℃的热水锅炉
D	额定蒸汽压力≤0.1MPa的蒸汽锅炉； 额定出水温度＜120℃且额定热功率小于及等于2.8MW的热水锅炉

锅炉制造过程必须经国务院特种设备安全监督管理部门核准的检验检测机构按照安全技术规范的要求进行监督检验；未经监督检验合格的不得出厂或者交付使用。

对于监检合格的锅炉产品发给监检证书。

3. 锅炉的安装改造维修管理

根据国务院发布的《条例》规定，凡在我国境内从事《条例》规定范围内锅炉及其锅炉范围内管道的安装改造工作的单位必须取得国家质量监督检验检疫总局颁发的《特种设备安装改造维修许可证》，且只能从事许可证范围内的锅炉安装改造工作。已获得锅炉制造许可的锅炉制造企业可以改造本企业制造的锅炉和安装本企业制造的整（组）装出厂的锅炉，无需另取许可证。

锅炉安装改造的许可工作中的受理、审批由锅炉安装改造单位所在地的省、自治区、直辖市质量技术监督部门负责。安装改造许可证级别划分见表1-6。

表1-6　锅炉安装改造许可证级别划分

级别	许可安装改造锅炉的范围
1	参数不限
2	额定出口压力≤2.5MPa
3	额定出口压力≤1.6MPa的整（组）装锅炉；现场安装、组装铸铁锅炉

凡是在我国境内安装《条例》规定范围的锅炉，其安装过程应进行监督检验。在安装单位自检合格的基础上，由国家质量监督检验检疫总局核准的检验检测机构对安装过程进行的强制性、验证性的法定检验。并由监检机构将出具《锅炉安装监督检验证书》及锅炉安装监督检验报告。

锅炉的维修单位应当有与锅炉维修相适应的专业技术人员和技术工人以及必要的检测手段，并经省、自治区、直辖市特种设备安全监督管理部门的许可，方可从事相应的维修活动。对获得锅炉制造许可的锅炉制造企业，可以维修本企业制造的锅炉，不需要另取锅炉维修资格许可证。许可证级别划分见表1-7。

表1-7　锅炉维修许可证级别划分

级别	许可维修锅炉的范围
1	参数不限
2	额定出口压力≤2.5MPa
3	额定出口压力≤1.6MPa的整（组）装锅炉

锅炉重大维修过程，必须经国务院特种设备安全监督管理部门核准的检验检测机构按照安全技术规范的要求进行监督检验；未经监督检验合格的不得出厂或者交付使用。

锅炉维修分为重大维修和一般维修。重大维修是指更换、维修锅炉的受压元件。其余均为一般维修。

4. 锅炉的使用登记

锅炉安装、改造、维修的施工单位应在施工前将拟进行的锅炉安装、改造、维修情况书面告知直辖市或设区的市的特种设备安全监督管理部门，告知后即可施工。

锅炉使用单位的安全管理部门或其他相关部门，在锅炉正式投运前或者在投运后30日内，应当向直辖市或者设区的市的特种设备安全监督管理部门办理登记手续，国家大型发电公司所属电站锅炉的使用登记由省级质量技术监督部门办理。在锅炉投运后，应建立健全各项规章制度，抓好司炉人员的培训管理工作，加强日常运行的安全监督，预防事故的发生。

(1) 使用登记的目的

① 通过登记办证，使特种设备安全监察机构能全面掌握本地区在用锅炉的基本情况，有针对性地抓好锅炉安全的薄弱环节。

② 促进使用单位在办证基础上建立锅炉技术档案，为锅炉的安全使用、检验、修理和改造提供重要依据。

③ 通过登记发证手续，可阻止无安全保障的锅炉投入使用。

(2) 登记取证手续　使用单位申请办理使用登记应当按照下列规定，逐台向登记机关提交锅炉的有关文件。

① 安全技术规范要求的设计文件、产品质量合格证明、安装及使用维修说明、制造、安装过程监督检验证明。

② 进口锅炉安全性能监督检验报告。

③ 锅炉安装质量证明书。

④ 锅炉水处理方法及水质指标。

⑤ 锅炉使用安全管理的有关规章制度。

办理下列锅炉使用登记只需提交①、②项文件：

a. 水容量小于 50L 的蒸汽锅炉；

b. 额定蒸汽压力不大于 0.1MPa 的蒸汽锅炉；

c. 额定出水温度小于 120℃且额定热功率不大于 2.8MW 的热水锅炉。

使用单位申请办理使用登记，应当逐台填写《锅炉登记卡》一式两份，交予登记机关。登记机关向使用单位发证时退还提交的文件和一份填写表卡。使用单位应当建立安全技术档案，将使用登记证、登记文件妥善保管。

5. 司炉的考核

锅炉是具有爆炸危险的设备，锅炉司炉人员是特种设备技术人员，须经培训、考试合格，并取得地市级以上安全监察机构或经授权的县级安全监察机构发放的司炉证后，方准独立操作相应类别的锅炉。

对取得司炉操作证的司炉工人，一般每两年应进行 1 次复审。

6. 锅炉的检验检测

锅炉是长期在高温高压下工作的设备，它时刻受到烟、火、汽、水、空气和烟灰等物质的侵蚀，同时又可能制造、安装、运行不当，因此易产生腐蚀、磨损、裂纹和变形。

对锅炉产生缺陷，若不及时发现和消除，运行中可能导致爆炸事故，被迫停炉、停产、危及人身安全。因此必须对锅炉进行检验。

(1) 在用锅炉检验的目的

① 及时发现和消除设备缺陷和事故隐患。

② 保证锅炉安全经济运行，延长使用寿命。

③ 保证安全附件灵敏可靠。

④ 为大修做好准备。

(2) 检验分类　锅炉定期检验工作包括外部检验、内部检验和水压试验 3 种。锅炉的外部检验一般每年进行 1 次，内部检验一般每 2 年进行 1 次，水压试验一般每 6 年进行 1 次。

对于无法进行内部检验的锅炉，应每3年进行1次水压试验。

电站锅炉的内部检验和水压试验周期可按照电厂大修周期进行适当调整。

只有当内部检验、外部检验和水压试验均在合格有效期内，锅炉才能投入运行。

第二节　锅炉安全附件及其安全技术

锅炉的安全附件是指为了使锅炉能够安全运行而装设在设备上的一种附属设备，习惯上人们还把一些显示设备中与安全有关的计量仪器，也称为安全附件。

一、锅炉安全装置简介

1. 水位保护

蒸汽锅炉配有2台水泵，运行和备用。

锅炉配套1～2只板式水位计，应经常相互比较，发现指示不一致的，须立即校正。水位计应每班进行冲洗，以确定其真实水位。同时还配有电极点水位平衡筒，可以准确地采集水位信号以发出报警或进行给水泵控制。

2. 压力保护

锅炉压力超过额定值时，需进行联锁保护：方法是停炉，燃烧系统停止工作；也可改变火嘴，单段或双段燃烧，亦可调节油量，从而降压，确保锅炉安全运行。

蒸汽锅炉压力保护与水位一样，采用多重保护。

(1) 压力控制器　一般用2个压力控制器，将压力信号转化为电气信号的机电转换装置，它的功能将压力高、低不同的信号输给电气开关，对外线路进行自动控制或联锁保护。

常用压力控制器及电接点压力表，能使蒸汽压力超压报警，达到极限时切断燃烧器；压力控制器根据实际运行压力调节单火或双火燃烧；对于大型燃烧器，可根据压力大小调节燃油量的大小，始终保持压力稳定运行。

(2) 安全阀　安全阀是锅炉保护中的最后一道防线，在锅炉压力超过极限时，根据安全阀设计所配的整定压力，排汽泄压，确保锅炉正常运行。

3. 温度保护

温度保护是锅炉安全运行过程中的重要程序，对于蒸汽锅炉温度的调节及保护尤为重要；同时在热水锅炉超温时达到调节保护作用。锅炉常用的温度保护装置为双金属温度控制器。

4. 熄火保护

为防止炉膛爆炸事件的发生，燃油（气）锅炉必须设置熄火保护装置，以监测炉膛内燃烧情况（包括点火，当点火失败或燃烧中途熄灭时，一般在5s内重新点火，1s内运行，关闭进油（气）电磁阀，并接通和发出声光报警信号，这时鼓风机继续运转，吹扫炉膛内残余的可燃气体，经过20～30s的吹扫后，自动切断鼓风机及各种辅机电源，锅炉停止运行）。熄火保护装置由火焰监测器和控制装置组成。

火焰监测器的作用是将控制装置发出火焰存在或中断的信号。主要使用的是光电倍增管、光敏电阻和光电池，它们都有紫外型或红外型。工作原理是将光照辐射的强弱转变成相应的强弱电流，并呈线性状态输出。有时感应电流弱，要通过放大，才能对控制器产生作用。

5. 停电自锁保护

在突发电源中断情况下，锅炉运行立即停炉自锁，若电流恢复通电，随时启动，必须复位解除自锁，才能重新点火启动。

采用进口彩色和单色触摸屏控制系统，运行过程实现全自动化，具有自动补水、缺水、超温、超压、自动断电并报警、漏电保护等安全保护系统。

二、安全装置的分类

锅炉的安全装置按其使用性质或用途可以分为以下几种类型。

1. 联锁装置

联锁装置是指为了防止操作失误而装设的控制机构，如联锁开关、联动阀等。锅炉中的缺水联锁保护装置、熄火联锁保护装置、超压联锁保护装置等均属此类。

2. 警报装置

警报装置是指设备在运行过程中出现不安全因素致使其处于危险状态时，能自动发出声、光或其他明显报警信号的仪器，如高低水位报警器、压力报警器、超温报警器等。

3. 计量装置

计量装置是指能自动显示设备运行中与安全有关的参数或信息的仪表、装置，如压力表、温度计等。

4. 泄压装置

泄压装置是指设备超压时能自动排放介质、降低压力的装置。在承压设备的安全装置中，最常用、最关键的是安全泄压装置。

三、安全泄压装置的种类

为了确保锅炉的安全运行，防止设备由于过量超压而发生事故，除了从根本上采取措施消除或减少可能引起锅炉产生超压的各种因素以外，在锅炉上还需要安全泄压装置。

安全泄压装置是为了保证锅炉安全运行，防止其超压的一种装置。它具有下列功能：当容器在正常的工作压力下运行时，保持严密不漏；一旦容器内的压力超过规定，就能自动地、迅速地排泄出容器内的介质，使设备内的压力始终保持在最高许用压力范围内。实际上，安全泄压装置除了具有自动泄压这一主要功能外，还有自动报警的作用。当它启动排放气体时，由于气体高速喷出，发出较大的声响，相当于发出了设备压力过高的报警音响信号。

安全泄压装置按其结构形式分为阀型、断裂型、熔化型和组合型等几种。

1. 阀型安全泄压装置

阀型安全泄压装置即安全阀，设备超压时，通过阀自动开启排泄介质降低设备内的压力。这种安全泄压装置的优点是：仅仅排泄设备内高于规定的部分压力，而当设备内的压力降至正常操作压力时，它即自动关闭。所以可以避免一旦出现设备超压就得把全部介质排出而造成的浪费和生产中断。装置本身可重复使用多次，安全阀调整也比较容易。这类安全泄压装置的缺点是密封性能较差，即使是合格的安全阀，在正常的工作压力下也难免有轻微的泄漏，由于弹簧等的惯性作用，阀的开放有滞后现象，泄压反应较慢；另外，安全阀所接触的介质不洁净时，有被堵塞或粘住的可能。

阀型安全泄压装置适用于介质比较洁净的气体，如空气、水蒸气等的设备，不宜用于介质具有剧毒性的设备，也不能用于器内有可能产生剧烈化学反应而使压力急剧升高的设备。

2. 断裂型安全泄压装置

常见的有爆破片和爆破帽，前者用于中低压容器，后者多用于超高压容器。这类安全泄压装置是通过爆破元件（爆破片）在较高压力下发生断裂而排放介质的。其优点是密封性能较好，泄压反应快，气体中的污物对装置元件的动作压力影响较小。缺点是在完成降压作用以后，元件不能继续使用，容器也得停止运行；爆破元件长期在高压作用下易产生疲劳损坏，因而元件寿命短；此外爆破元件的动作压力也不易采用。

3. 熔化型安全泄压装置

熔化型安全泄压装置即易熔塞。它是利用装置内低熔点合金在较高的温度下熔化，打开通道，使气体从原来填充有易熔合金的孔中排放出来而泄放压力的。其优点是结构简单，更换容易，由熔化温度而确定的动作压力较易控制。缺点是在完成降压作用后不能继续使用，导致容器停止使用，而且因易熔合金强度的限制，泄压面积不能太大。这类装置还可能在不应该动作时脱落或熔化，致使发生意外事故。

熔化型安全泄压装置仅用于器内介质压力完全取决于温度的小型容器，如气瓶等。

4. 组合型安全泄压装置

组合型安全泄压装置同时具有阀型和断裂型或阀型和熔化型的泄压结构。常见的是弹簧式安全阀与爆破片的串联组合。这种类型的安全泄压装置同时具有阀型和断裂型优点，它既可以防止阀型安全泄压装置的泄漏，又可以在排放过高的压力以后使容器继续运行。组合装置的爆破片，可以根据不同的需要设置在安全阀的入口侧或出口侧。前者可以利用爆破片把安全阀与气体隔离，防止安全阀受腐蚀或被气体中的污物堵塞或黏结。当容器超压时，爆破片断裂，安全阀开放后再关闭，容器可以继续暂时运行，待设备检修时再装上爆破片。这种结构不但要求爆破片的断裂不妨碍后面安全阀的正常运行，而且要求在爆破片与安全阀之间设置检查仪器，防止其间有压力，影响爆破片的正常运作。后一种（即爆破片在安全阀出口侧）可以使爆破片免受气体压力与温度的长期作用而产生疲劳，而爆破片则用以防止安全阀泄漏。这种结构要求及时将安全阀与爆破片之间的气体排出（由安全阀漏出），否则，安全阀即失去作用。

由于结构复杂，组合型安全泄压装置用于剧毒或稀有介质容器；又因为安全阀的滞后作用，它不能用于器内升压速度极高的反应容器。

四、安全阀

安全阀是锅炉不可缺少的安全附件。每台锅炉必须安装灵敏可靠的安全阀。当锅炉压力超过规定的工作压力时，安全阀就会自动开启，排出蒸汽；当锅炉压力降低到规定的工作压力以下时，安全阀会自动关闭。这样，锅炉就可以避免超压而发生爆炸事故。因此，不安装安全阀或安全阀失灵的锅炉是绝对禁止运行的。

锅炉上常用的安全阀有两种：弹簧式安全阀和杠杆式安全阀。

1. 结构原理

（1）弹簧式安全阀　弹簧式安全阀的结构如图 1-2 所示。它利用蒸汽压力和弹簧压力之间的压力差变化，达到自动开启和关闭的要求。弹簧的压力向下，将阀芯压紧在阀套上，当蒸汽压力超过弹簧压力时阀芯被顶起。从而排出蒸汽；当蒸汽压力降低到规定工作压力以下时，则阀芯关闭。弹簧式安全阀的排汽压力是通过调整弹簧的张力来实现的，使用时是通过拧动调整螺钉控制弹簧的松紧程度来完成。

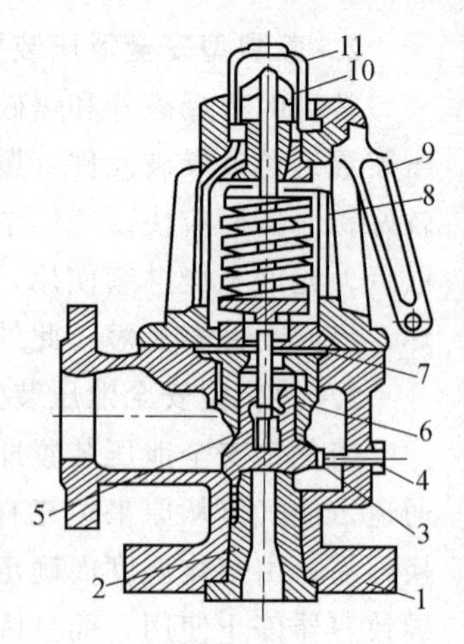

图 1-2 弹簧式安全阀

1—阀体；2—阀套；3—导环；4—支承螺栓；5—阀芯；6—套筒；7—轴杆；8—弹簧；9—手柄；10—调节弹簧帽；11—调节弹簧压力杆

弹簧式安全阀具有结构紧凑、灵敏轻便，并能承受振动而不漏汽等优点。但由于弹簧的弹性系数随时间和温度等因素而发生变化，可靠性较差。因此，必须定期校验，并应注意弹簧的腐蚀等问题。

此类安全阀的选用，应根据锅炉在额定蒸发量下的实际工作压力下与蒸汽温度来决定，当蒸汽温度超过 235℃时，为避免安全阀的弹簧受高温蒸汽的影响和被腐蚀，弹簧应置于阀壳之外而不应直接与排汽相接触，即采用高压、高温弹簧安全阀。

（2）杠杆式安全阀　杠杆式安全阀的结构如图 1-3 所示，它由阀体、阀芯、阀座、杠杆、限制导架、支点及重锤等组成。当锅炉的压力超过重锤及杠杆作用在阀芯上面的压力时，阀芯就会被顶起，从而排出蒸汽，降低压力；当锅炉压力降低到规定的工作压力时，则阀芯关闭。安全阀的排汽压力，是通过调整杠杆上重锤的位置来实现的。重锤离支点的距离越远，安全阀的开启压力就越大；反之，重锤离支点的距离越近，安全阀的开启压力就越小。重锤的位置确定后，为了防止重锤自行移动，必须用固定螺钉把重锤固定牢靠。

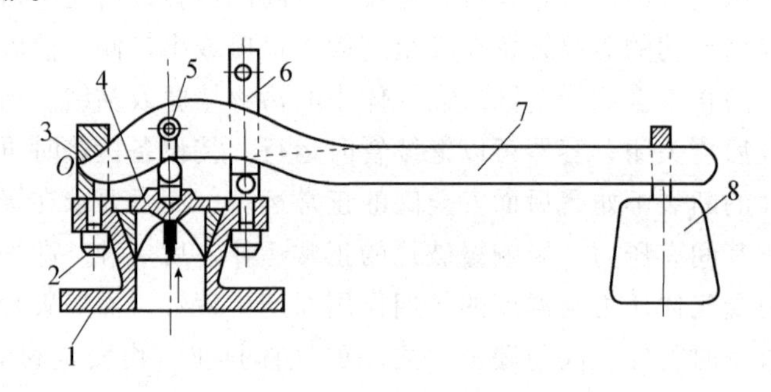

图 1-3 杠杆式安全阀

1—阀体；2—阀座；3—支点；4—阀芯；5—力点；6—限制导架；7—拉杆；8—重锤

这种安全阀的优点是：结构简单、调整方便、动作灵活、准确可靠。但与弹簧式安全阀比较，仍存在笨重且灵敏度较差的缺点。

2. 安全阀的安装和使用要求

① 蒸发量大于 0.5t/h 的锅炉至少应安装两个安全阀（不包括省煤器），其中一个是控制安全阀；蒸发量不大于 0.5t/h 的锅炉，至少应装一个安全阀。

② 安全阀应垂直安装，并尽可能装在锅筒、联箱的最高位置。安全阀与锅筒或安全阀与联箱连接短管之间，不得装有取用蒸汽的出口管和阀门。

③ 安全阀的总排汽能力必须大于锅炉的最大连续蒸发量，并保证锅筒和过热器上所有安全阀开启后，锅炉内蒸汽压力上升的幅度不得超过设计压力的 1.1 倍。

④ 可分式省煤器出口处（或入口处）和蒸汽过热器出口处都必须装设安全阀。过热器出口处安全阀的排汽量，应能保证在该排汽量下，过热器有足够的冷却，不至于烧坏。省煤器安全阀的截面积，由设计单位确定。

⑤ 安全阀上必须有下列装置：弹簧式安全阀要有提升手柄和防止随便拧动调整螺钉的

装置，杠杆式安全阀要有防止重锤自行移动的装置和限制杠杆越出正常范围的导架。

⑥ 几个安全阀共同装在一个与锅筒直接相连接的短管上时，短管的通路截面应不小于所有安全阀排汽面积的1.75倍。额定蒸汽压力不大于3.9MPa的锅炉，安全阀喉径应不小于25mm。

⑦ 安全阀一般应装排汽管。排汽管应尽量直通室外，并有足够的截面，保证排汽通畅。

⑧ 安全阀排汽管底部应装有接到安全地点的泄水管，在排汽管和泄水管上不允许装置阀门。

⑨ 为了防止安全阀阀芯和阀座粘住，应定期对安全阀进行手动的放水或放汽检验。

⑩ 锅筒和过热器上的安全阀，开启压力按表1-8的规定进行调整和检验。省煤器的开启压力，应为装置地点工作压力的1.1倍。

表1-8 安全阀开启压力的确定

锅炉工作压力/MPa	安全阀开启压力/MPa	备注
＜1.3	工作压力+0.02	控制安全阀 工作安全阀
1.3～3.9	工作压力×1.04 工作压力×1.06	控制安全阀 工作安全阀
＞3.9	工作压力×1.05 工作压力×1.08	控制安全阀 工作安全阀

⑪ 安全阀经过校验后，应加销或铅封，严禁用加重物、移动重锤、将阀芯卡死等手段，任意提高安全阀的排汽压力或使安全阀失效。并应将校验后的开启压力、起座压力和回座压力等校验结果记入锅炉技术档案。

3. 安全阀常见故障及其产生原因

安全阀在使用过程中常见故障及产生原因列于表1-9。

表1-9 安全阀在使用过程中常见的故障及产生原因

常见故障	产生原因
漏汽	阀芯和阀座接触不严密，或其间有脏物；阀杆中心线不正或阀杆弯曲；弹簧的平行面不平行，或杠杆与支点发生偏斜，使阀座接触面压力不匀而损坏
到开启压力时还不排汽	阀芯与阀座被粘住；弹簧调整压力过大或重锤向后移动等；杠杆被卡住或杠杆的框轴生锈
不到开启压力时开启排汽	弹簧的弹力不足或调整的压力不准确；调整螺钉固定不牢；重锤向前移动

五、压力表

压力表又称压力计，是用来测量锅炉水汽压力的一种计量仪表，它可以显示锅炉内的压力，使操作人员能够正确操作，防止设备超压和引起事故。

压力表的种类较多，有液压式、弹簧元件式、活塞式和电量式4大类。目前使用较多是弹簧元件式，其中大多数是弹簧管式压力表。这是由于它具有结构简单、使用方便和准确可靠等优点的缘故。

1. 弹簧管式压力表的结构原理

弹簧管式压力表是根据弹簧弯管在内压作用下发生位移的原理制成的，按位移的转变机构可分为扇形齿轮式和杠杆式两种。最常用的是扇形齿轮式单弹簧管式压力表，它的结构如

图 1-4 所示。其主要部件是一根横断面呈椭圆形或扁平形的中空弯管，通过压力表接头与锅炉相连接，当蒸汽进入这根弹簧弯管时，由于内压的作用，使弯管向外伸展发生位移变形，位移通过一套扇形齿轮和小齿轮的传动带着压力表的指针转动，进入弯管内的气体压力越高、弯管位移越大、指针转动的角度也越大。这样，锅炉的压力就在压力表上显示出来。

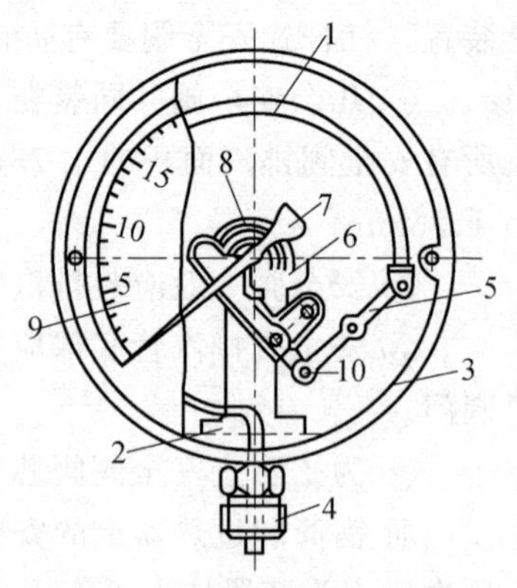

图 1-4　弹簧管式压力表

1—弹簧管；2—支座；3—外壳；4—接头；5—拉杆；6—偏心齿轮；7—指针；8—游丝；9—刻度盘；10—调整螺钉

压力表上所指的是在大气压力以上的压力数值，即表压力。若要求绝对压力还必须再加上 0.1MPa。

弹簧管式压力表的精确程度，是用精确度等级来表示的。精确度等级是以相当于仪表刻度标尺限值（即最大刻度标尺）时，该仪表的允许误差不得大于百分比。一般压力表的精确度等级明确标注在刻度盘上，其精确度等级，一般分为 0.5、1、1.5、2、2.5、3、4 七个等级。如量程为 1MPa，精确度为 2.5 级的压力表其满量程时的最大误差为±0.025MPa。

2. 压力表的选用

被测介质的压力越高，压力表的精确度也应越高，压力表的表盘刻度极限值应根据锅炉工作压力来选用，若选用的较小，则由于弹簧失效和残余变形，将导致压力表的指示值不准确；压力表的表盘大小应保证司炉人员能清楚地看到压力指示。一般选用压力表应符合表 1-10 的要求。

表 1-10　压力表的选用

锅炉工作压力/MPa	压力表精度等级	表盘刻度极限值	表盘直径/mm
<2.5	>2.5 级	工作压力的 1.5～3 倍	⩾100
⩾2.5	>1.5 级	工作压力的 1.5～3 倍	⩾100
⩾14	1 级	工作压力的 2 倍	⩾100

3. 压力表的装设

① 每台锅炉必须装有与蒸汽空间直接相连接的压力表，在可分式省煤器出口和给水管的调节阀前，应各装一个压力表，过热器出口和主汽阀之间，应装压力表。

② 装设压力表的位置要求有足够的照明，且应便于对压力表进行观察、冲洗和检验，应防止压力表受高温辐射或引起振动。压力表装在高处时还应装得稍微向前倾斜，但倾斜角不要超过 30°。

③ 为了卸换和校验压力表，在压力表和锅炉的连接管上应装有旋塞，旋塞应装在垂直的管段上，并使旋塞手柄在与接管的方向一致时旋塞处于开启状态。

④ 对压力较高的锅炉，在锅炉和压力表旋塞之间装有一段弯管，使蒸汽在其中冷凝，避免高温蒸汽直接进入压力表的弹簧弯管中，使压力表元件过热变形，产生误差。连接在管上的旋塞最好是三通型的，既可冲洗接管，也可以检查和校正压力表。

⑤ 装在锅炉上的压力表应根据设备的最高许用压力在刻度盘上画明警戒红线，警戒红线不应涂在压力表的表盘玻璃上，以免玻璃转动使操作人员产生错觉，造成事故。

4. 压力表的检查和维护

要使压力表保持灵敏、准确，在锅炉运行期间还应加强对压力表的维护和检查。

① 压力表应保持洁净，表盘上的玻璃要明亮清晰，使指针所指示的压力值能清楚易见。

② 压力表的接管要定期吹洗，以免堵塞，特别是那些给水未处理的锅炉，其接管更应经常清洗。要经常检查压力表指针的转动和波动是否正常，检查连接管上的旋塞是否处于全开的位置上。

③ 压力表要定期进行校验，一般每年至少要校验一次。在锅炉运行期间如发现压力表指示不正常或有其他可疑迹象时应立即校验校正。

压力表在使用过程中，若发现下列情况之一，应立即停止使用。

a. 有限止钉的压力表在无压力时，指针不能回到限止钉处；没有限止钉的压力表在无压力时，指针离零位的数值超过压力表规定的允许误差。

b. 表面玻璃破碎或表刻度模糊不清。

c. 铅封损坏或超过校验有效期限。

d. 表内漏汽或指针跳动。

e. 其他影响压力表准确的缺陷。

5. 压力表常见的故障及产生原因

压力表常见的故障及产生原因见表 1-11。

表 1-11 压力表常见的故障及产生原因

常见故障	产生原因
指针不动	三通旋塞未打开或开启位置不正确；连接管或存水弯管或弹簧管内被污物堵塞；指针与中心轴松动；弹簧管与支架的焊口有裂纹而渗漏；扇形齿轮与小齿轮脱开
指针不回零	三通旋塞未关严；弹簧管失去弹性或部分失去弹性；游丝失去弹性或游丝扣脱落；调整螺钉松动，改变了拉杆的固定位置
指针跳动	游丝弹簧紊乱；存水弯管内积有水垢；弹簧弯管自由端与拉杆结合的铰轴不活动或有续动现象，扇形齿轮、小齿轮及铰轴生锈或有污物；可能受周围高频振动的影响
表内漏汽	弹簧管有裂纹；弹簧管与支座焊接质量不良；有渗漏现象

六、爆破片

1. 爆破片的原理

爆破片的名称很多，如爆破膜、爆破板、防爆膜等。装上了爆破片的容器如发生超压，膜片自行破裂，介质迅速外泄，压力下降很快，容器得到保护。爆破片的特点在于结构简单，动作非常迅速。与安全阀相比，它受介质黏附集聚的影响小。在膜片破裂之前能保证容器的密闭性；排放能力不受限制。但是膜片一旦破裂，在换上新爆破片之前，容器一直处于敞开状态，生产不得不中断，这是爆破片的最根本缺点。

爆破片一般不用于下列场所：

① 存在爆燃及异常反应而压力骤增，安全阀由于惯性来不及动作的场合；

② 剧毒介质或昂贵介质，不允许有任何泄漏的场合；

③ 运行中会产生大量沉淀或粉状黏附物，妨碍安全阀动作的场合；

④ 气体排放口径过小（如小于 12mm）或过大（如大于 150mm），并要求泄放或排放时无障碍的场合。

2. 爆破片的安全要求

① 爆破片选用什么材料，膜片用多厚，采用何种结构形式，都要经过专业的理论计算和实验测试而定。膜片用得厚了，超压不破裂，不起保护作用；用得薄了，正常压力下便自

行破裂，造成物料外泄，生产中断。不同材料的膜片，即使厚度一样，膜片破裂的压力也是不同的，因此爆破片切不可随意选用。

② 运行中应经常检查爆破片法兰连接处有无泄漏，爆破片有无变形。由于特殊情况，在爆破片同容器之间装有切断阀时，则要检查该阀的开闭情况，务必保持全开。有放热设施的爆破片，还应检查其运行是否正常。

③ 通常情况下，爆破片应每年更换一次。发生超压而未爆破的爆破片应该立即更换。更换下来的爆破片要交给企业的有关部门，对膜片进行检查和做爆破试验，从而积累数据和经验，不断改进设计和制造工艺，提高爆破片的性能。

七、水位计

水位计又称水位表，是锅炉的重要安全附件之一，用于指示锅炉内水位的高低。锅炉在运行中，不可避免地会发生锅内缺水或漏水事故；特别是锅内严重缺水时，还可能造成锅炉爆炸事故。司炉人员要通过水位计来观察锅内水位，防止上述事故的发生，确保锅炉安全运行。所以，每台锅炉必须按规定装设灵敏可靠的水位计，没有水位计或者水位计失灵的锅炉，是绝对不允许投入运行的。

通常在中、小型锅炉中，较多使用的水位计有玻璃管式水位计和玻璃板式水位计。蒸发量大于或等于 2t/h 的锅炉，还应装置高低水位报警器。

1. 水位计的结构原理

水位计是按照连通器里液面在水平高度相等的原理制造而成的。

(1) 玻璃管式水位计　用于锅炉上的玻璃管式水位计，其玻璃管的公称直径有 15mm 和 20mm 两种。这种水位计的玻璃管容易破裂，因此玻璃管外应备有耐热的玻璃保护罩，以免玻璃管破碎时伤人。

玻璃管式水位计具有结构简单、价格低廉、安装和拆换方便等优点，因此在工作压力不超过 1.3MPa 的工业锅炉上被广泛应用。

(2) 玻璃板式水位计　玻璃板式水位计其平板玻璃嵌在金属框盒内，玻璃和框盒之间用石棉纸板作衬垫，再用螺栓将框盒盖拧紧在框盒上，使之不漏水。所采用的特制的玻璃板是经过热处理的刚性玻璃，它具有在高温下耐碱性腐蚀的性能；在玻璃板观察区域的一个平面上，做成带有纵向的槽纹，使之不易从横向断裂，故这种水位计不需要装保护罩。

玻璃板式水位计比玻璃管式水位计承受压力的面积较小，玻璃板又厚，故能承受较高压力。因此，工作压力为 1.3MPa、1.6MPa、2.5MPa 的工业锅炉，普遍采用这种水位计。玻璃板式水位计还具有显示水位清晰、使用安全等优点。

(3) 低地位水位计　当水位表距离司炉操作平台高于 6m 时，为了便于监视水位，应在司炉操作平台上加装低地位水位计。这种水位计也是按照连通器内两水柱相平衡的原理工作的，并利用密度比水大或密度比水小的带色液体来显示锅筒的水位。用密度大于水的带色液体显示水位时，称为重液式低地位水位表；用密度小于水的带色液体来显示水位时，称为轻液式低地位水位计。

重液式低地位水位计的主要组成部分是一个 U 形管，管的下部注入密度比水大的带色液体，管的上端分别与锅筒水和蒸汽空间相通。在通向蒸汽空间的连通管上端装一个水冷凝器，蒸汽不断地进入该容器并被冷凝成水，多余的冷凝水通过溢流管流入水连管，使冷凝水容器中的水位高度始终保持不变，也就是说与蒸汽空间相连的连通管中水柱是压力不变的。

与此相反，与锅筒水相连的连通管中的水柱压力却是随锅筒内水位的变化而变化的，从而使管中带色重液液面高度发生变化，此液面的变化也正是锅筒中水位的变化。

重液式低地水位计可用水银作为重液，通过浮子机械传动或采用电器传讯及放大装置，利用指示仪表或自动记录仪表来显示锅内水位的变化。

轻液式低地水位计的工作原理与重液式低地水位计相同，也是利用锅内水位波动引起水柱压力的变化来进行测量的。

(4) 高低水位报警器　高低水位报警器是锅内水位达到最高或最低界限时，能自动发出警报讯号的装置。对于蒸发量大于 2t/h 的锅炉，还应装设高低水位报警器。

高低水位报警器的构造形式有很多，但按其装设的位置不同，可分为装在锅筒内和锅筒外两种。它的工作原理都是基于浮体（球）随锅内水位的变化，达到自动发出报警讯号的目的，从而提醒司炉人员对锅内水位注意，以便及时采取措施，保证锅炉安全运行。

目前，工业锅炉上使用较多的是装在锅筒外的高低水位报警器，因为这种报警器具有结构简单、体积小、灵活可靠和易于调整等优点。而且一旦损坏，只要将汽、水连管上的阀门关闭后即可修理，无需停炉影响生产。

2. 水位计的选用和装设

① 一台锅炉至少应装设两个彼此独立的水位计，以便在一个水位计损坏时，另一个水位计可以继续监视水位，保证锅炉正常运行，但蒸发量不大于 0.2t/h 的锅炉，可只装一个水位计，对蒸发量不小于 2t/h 的锅炉，还应装设一个高低水位报警器。

② 水位计与锅筒之间的汽、水连接管应尽可能的短，汽连接管应能自动向水位计疏水。汽水连接管的内径不得小于 18mm，当连接管长度超过 500mm 或有弯曲时，内径还将适当放大，以保证水位灵敏准确。

③ 水位计与锅筒之间的汽、水连接管上，一般不应装设阀门，在正常运行时必须将阀门全开，并应铅封或加锁，不可随意扳动。

④ 水位计应装在便于观察的地方，光线应充足。

⑤ 水位计应有最高、最低水位标示，水位计的最低可见边缘应比最低安全水位至少低 25mm；最高可见边缘应比最高安全水位至少高 25mm。

⑥ 玻璃管式水位计应有安全防护罩，其防护罩不得妨碍司炉人员对水位的监视。

3. 水位计使用及维护

① 在锅炉运行中，水位计应能冲洗和更换，并应经常冲洗，以保持水、汽连接管畅通，保持清洁明亮。为了能进行冲洗，水位计应有放水旋塞和放水阀门。

② 锅炉在正常运行时，锅筒内的水面总是不断波动的。因此，水位计显示的水面也总是上下轻微晃动的。如发现水位计内水面静止不动，则可能连接管或水旋塞被炉水中的杂质堵塞所致，这样易造成水位计中出现假水位，应立即采取一定措施。为了防止此类事故发生，应经常对水位计进行检查和冲洗。

③ 低地位水位计的玻璃板一般在运行中不冲洗，否则要向外放出重液或轻液，但每班应检查 1～2 次，并经常和锅筒上的水位计对照其水位指示是否相符。

④ 高低水位报警器应定期作报警试验和清除下部积存的污物，保持报警器灵敏可靠。

4. 水位计常见故障及产生原因

水位计在使用过程中常见的故障及产生原因见表 1-12。

表 1-12 水位计常见故障及产生原因

常见故障	产生原因
阀门漏水和漏汽	1. 零件磨损、结合面不严，应重新研磨或更换零件 2. 压盖及塑料不严或垫料变形，应压紧垫料或更换垫料
水位呆滞不动	1. 水阀门未开，应打开汽、水阀门，对水位计进行冲洗疏通 2. 水阀门或水连接管被水垢或杂物堵塞，应采取措施冲洗或疏通
玻璃管水位高于实际水位（两只水位计水位不一致）	1. 汽阀门被某物或填料堵塞 2. 汽阀门开度过小 3. 汽阀门严重漏汽
水位玻璃管爆炸	1. 玻璃管质量不好或更换玻璃管后未预热 2. 水位计阀门卸料，上、下接头不同心或玻璃管安装时两头未留间歇 3. 冲洗玻璃管方法不正确 4. 玻璃管腐蚀、磨损减薄

八、排污装置

锅炉在运行过程中，由于锅水不断蒸发、浓缩，使水中含盐量不断增加。排污就是连续或定期从锅内排出一部分含高浓度盐分的锅炉水，以达到保持锅炉水质量和排除锅炉底部的泥渣、水垢等杂质的目的。

1. 定期排污装置的结构及原理

定期排污装置设在锅筒、集箱的最低处，一般由两只串联的排污阀和排污管组成。

常用的排污阀有旋塞式、齿条闸门式、摆动闸门式、慢开闸门式和慢开斜球形等多种形式。

（1）旋塞式排污阀　旋塞式排污阀主要由阀芯和阀体两部分组成。阀芯呈上大下小的圆锥形，中间开有长圆形的对穿孔，以流通锅水。当阀芯旋转 90°时，其长圆孔与阀体接触，阀门即关闭。阀芯上部用填料与阀体密封。这种阀门属于快开型，虽然结构简单，但是阀芯很容易受热膨胀，只是拧动阀底螺钉，将阀芯顶起。由于阀芯转动困难，所以目前已很少使用。

（2）齿条闸门式排污阀　齿条闸门式排污阀主要由齿条、闸板、阀座和阀体等零件组成。在手柄的摆动轴上有一个小齿条与齿条啮合，齿条的下部与闸板相连。闸板由两个套筒合成，中间的弹簧向两侧推压套筒，使闸板紧贴阀座，保持接触面严密。当手柄摆动 180°时，小齿轮转动，同时带动齿条和闸板上移，阀门便快速开启。

（3）摆动闸门式排污阀　摆动闸门式排污阀也称扇形排污阀，主要由手柄、传动轴、阀板和阀体等零件组成。闸板由两个阀片合成，中间的弹簧向两侧推压阀片，使阀板紧贴阀座，保持接触面严密。阀板的一端与传动轴相连，两者中心线不在同一直线上。当摆动手柄时，传动轴和阀板相随摆动，从而达到开启和关闭通路的目的。这种阀门动作敏捷，排污效果好，很早就被广泛用于铁路蒸汽机车锅炉上。

（4）慢开闸门式排污阀　慢开闸门式排污阀的构造与齿轮闸门式排污阀大体相同，仅将齿轮和齿条改用带螺纹的阀杆和手轮代替。使用时与其他普通闸阀一样，旋转手轮即可使阀门开启或关闭。这种阀门动作缓慢，属于慢开型。

（5）慢开斜球形排污阀　慢开斜球形排污阀主要由阀杆、阀芯、阀座和阀体等零件组成。阀杆和阀芯相连，与通路成一角度。当转动手柄将阀芯抬高后，介质基本上是直线流动，不但阻力较小，而且不会积存污物。

2. 连续排污装置的结构及原理

连续排污装置也叫表面排污装置，设在上锅筒蒸发面处。一般由截止阀、节流阀和排污阀组成，如图1-5所示。上锅筒内沿纵轴方向布置直径75～100mm的排污管，其上间隔适当距离焊有多根敞口的短管。短管上端低于锅筒正常水位30～40mm，由上而下开成锥形裂口。这样，锅水中高浓度的盐类就由短管吸入，经下部排污管汇合后流出，即使水位波动也不会中断排污。排污量的大小由装在排污管上一种能较好地调节流量大小的针形阀来控制。

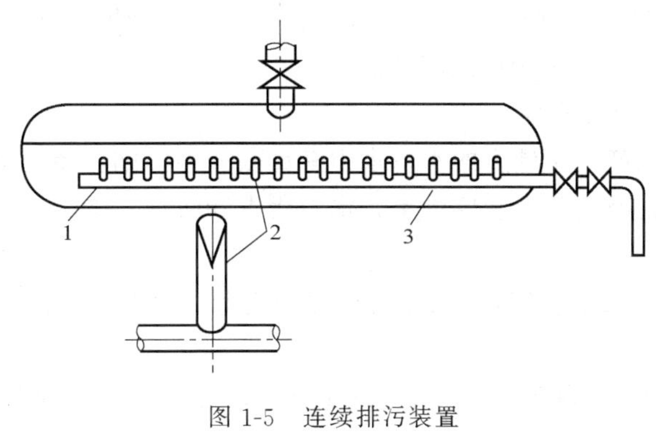

图1-5 连续排污装置

1—排污管；2—短管；3—锅筒

为了减少排污热量损失，应尽量将排污水引到膨胀箱和热交换器中回收利用。

3. 排污装置的安全技术要求

① 在锅筒和每组水冷壁下集箱的最低处，都应安装排污阀；过热器集箱、每组省煤器的最低处，都应安装放水阀。有过热器的锅炉一般应装设连续排污装置。

② 排污及放水阀宜采用闸阀或斜截止阀。排污阀的公称通径为20～65mm，卧式锅壳式锅炉锅筒上的排污阀的公称通径不得小于40mm。

③ 额定蒸发量大于等于1t/h或额定蒸汽压大于或等于0.7MPa的锅炉，以及额定出口温度高于或等于120℃的锅炉，排污管上应装两个串联的排污阀。

④ 每台锅炉应装独立的排污管，排污管应尽量减少弯头，保证排污畅通并接到室外安全的地点或排污膨胀箱，排污管通过墙壁时，要用套管保护，以利热胀冷缩。

⑤ 如果几台锅炉的排污阀合用一个总排污管，必须有妥善的安全措施。采用有压力的排污膨胀箱时，排污箱上应装设安全阀。

⑥ 排污阀、排污管不应采用螺钉扣连接。

第三节 锅炉给水安全技术

一、锅炉用水的基本概念

锅炉用水，因其工艺流程不一，名称也不一。为了不至于混淆，现根据习惯用语介绍如下。

1. 原水

原水是指锅炉的水源水，即没有经过任何处理的天然水（如江河水、湖泊水、水库水、地下水等），故又称生水（硬水）。

原水水质的分类如下。

(1) 按含盐量分　低含盐量水（200mg/L以下）；中等含盐量水（含盐量在200～500mg/L）；较高含盐量水（含盐量在500～1000mg/L）；高含盐量水（含盐量在1000mg/L以上）。

江河湖水、水库水都是属于低含盐量的水，地表水是中等含盐量水。高含盐量水一般不能直接用于锅炉。

(2) 按硬度分　小硬度水（硬度在0.1mmol/L以下）；较小硬度水（硬度在1.0～3.0mmol/L）；中等硬度水（硬度在3.0～6.0mmol/L）；高硬度水（硬度在6.0～9.0mmol/L）；极高硬水（硬度在9.0mmol/L以上）。

(3) 按硬度与碱度的关系分

① 碱性水：是指碱度大于硬度的水，水中有重碳酸钾、钠，硬度全部是“暂硬”。

② 非碱性水：是指碱度等于硬度的水，水中无重碳酸钾、钠。

2. 净化水

原水经过沉淀、澄清或过滤等方法处理称为净化水，简称净水。

3. 软化水

原水经过软化处理（总硬度达到标准范围内）称为软化水，简称软水。

4. 给水

直接进入锅炉，被锅炉加热或蒸发的水称为锅炉给水，给水通常由生产回水和补给水两部分混合而成。

5. 生产回水

当蒸汽或热水的热量被利用以后，其凝结水或低温水应尽量回收、循环使用，这部分水称为生产回水。努力提高给水中回水所占的比例，不仅可以改善水质，而且可以减少生产补给水量。如果蒸汽或热水在生产流程中已被严重污染，就不宜直接进行回收。

6. 补给水

锅炉在运行中由于蒸发、排污、泄漏、取样等要损失一部分水，特别是当生产回水被污染不能回收利用，或无蒸汽凝结水时，都必须补充符合“水质标准”要求的水，这部分水叫补给水。

补给水是锅炉给水中除去生产回水外，再补充的那一部分水，当锅炉不利用生产回水时，补充水就等于给水。

7. 锅水

正在运行的锅炉系统中流动着的水称为锅炉水。

8. 排污水

为了除去锅炉水中的杂质（过量的盐分、碱度等）和泥垢，以保证锅炉水质符合要求，必须按规定的要求经常从锅中排放掉一部分锅炉水，这部分水称为排污水。

9. 冷却水

锅炉运行中用于冷却锅炉某一附属设备的水，称为冷却水。

锅炉供水所用的原水中由于含有悬浮物、胶体物质、溶解物质等杂质，如果不经过处理直接用作锅炉给水，对锅炉的危害极大，归纳起来可产生以下3种危害（详见表1-13）：

① 在锅炉内结水垢、水渣；

② 造成锅炉金属腐蚀；

③ 恶化蒸汽品质。

表 1-13　水中杂质对锅炉的影响

名称	对锅炉用水的影响			对锅炉的影响		
	碱度	硬度	溶解固形物	腐蚀	结垢	污染空气
碳酸氢钙	√	√	√	√	√	
碳酸氢镁	√	√	√	√	√	
碳酸氢铁	√	√	√	√	√	
硫酸钙		√	√		√	
硫酸镁		√	√		√	
氯化钙		√	√	√	√	
氯化镁		√	√	√	√	
氯化钠			√	√		√
硫酸钠			√			√
碳酸钠	√		√	√		√
碳酸氢钠	√		√	√		√
氢氧化钠	√		√	√		√
氧气				√		
硫化氢				√		
有机、无机酸			√	√		
悬浮物					√	√
油脂			√		√	√

注：表中的“√”表示对该项有影响。

二、锅炉用水的主要评价指标

锅炉用水的主要评价指标，是衡量锅炉用水是否符合水质标准的技术性指标，主要有以下几项。

1. 悬浮物

悬浮物是水样中用规定过滤材料所分离出的固形物，其单位是 mg/L。

水中悬浮物不但会引起蒸汽品质恶化并使锅炉结生水垢，采用离子交换处理时，还会使树脂遭到污染。

2. 含盐量和溶解固形物（*S*）

含盐量表示水中各种溶解盐类的总和，其单位是 mg/L。

溶解固形物是指溶解于水中且于 105～110℃ 不挥发性物质的含量总和，其单位同含盐量。

因为水中溶解的大部分盐类都是强电解质，它们在水中全部电离成离子，所以可以利用水中离子的导电能力，即用电导率评价水中含盐量的高低。

根据水中的含盐量（或溶解固形物），可以判断水质的好坏，其值越大，水质越差。若锅炉给水的含盐量过高，会使排污过高，很容易引起汽水共腾和锅炉腐蚀，并由于水的沸点升高而浪费燃料，影响锅炉效率。因此含盐量是锅炉水质标准中的一项重要指标，是确定锅炉排污量的重要依据之一。

3. 硬度（*H*）

总硬度是指水中钙盐和镁盐的总含量，其单位是 mmol/L。总硬度可以表示水中阴离子存在的情况，又可以分为以下几种硬度。

(1) 碳酸盐硬度　碳酸盐硬度是指水中钙、镁的重碳酸盐碳酸盐含量之和。由于天然水中的碳酸根含量极少，所以一般将碳酸盐硬度看作钙、镁的重碳酸盐含量。

含有碳酸盐硬度的水质，在煮沸加热过程中可以生成沉淀而消除，所以过去将碳酸盐的硬度俗称暂时硬度。

(2) 非碳酸盐硬度　非碳酸盐硬度是指水中钙、镁的氧化物、硝酸盐、硫酸盐、硅酸盐等盐类的含量。由于这些盐类虽然经过加热煮沸也不能除去，故又称为永久硬度。

4. 碱度（A）

碱度是指水中所含能接受氢离子的物质的含量。

给水碱度的大小，直接关系到水处理方法的选择和水处理的成本。锅炉水的碱度直接影响防垢、防腐的效果。因此，碱度也是锅炉用水中的一项重要指标。

5. 氯离子

水中氯离子的含量也是常见的一项水质指标。水中氯离子含量越低越好，氯离子含量高了，易产生汽水共腾，引起锅炉腐蚀。由于氯离子在锅炉运行中较稳定，不挥发，也不会呈固相析出，所以常以锅水和给水中氯离子含量之比来表示锅水的浓缩倍率，用以指导锅炉排污。用氯离子的含量还可以间接控制溶解固形物的含量。氯离子的含量以 mg/L 表示。

6. pH 值

这是表示水的酸碱性的指标，pH 值越大，碱性越强 pH 值越小，酸性越强，pH 值最小为 1，最大为 14，pH 值等于 7 时为中性。无论是给水或锅水都要求一定的 pH 值，因为它直接影响着锅炉的结垢和腐蚀速度。

7. 相对碱度

相对碱度指标的规定是为了防止锅炉发生苛性脆化。当锅水相对碱度大于 0.2（即 20%）时，就存在锅炉产生苛性脆化的危险。

8. 含氧量

氧在水中的溶解度，取决于水温和水面上气体中氧的含量。所以，空气中的氧气是使水溶解大量氧气的主要来源。水温高，溶解度小；水面上气体中氧含量低，溶解度也小，故氧气在水中的溶解度与水温和水面上氧气的分压力有关。

9. 二氧化硅

水中二氧化硅的含量是以 mg/L 表示。在一般的天然水中，二氧化硅的含量并不大，但是对锅炉水垢的性质和生长速度却有很大的影响，特别是在硬度较低、含盐量较小的水中，二氧化硅的相对含量较大时，易结生坚硬的导热性极差又难以清除的硅酸盐水垢。另外，天然水中 PO_4^{3-}、SO_4^{2-}、Fe^{3+} 等离子量也常作为低压锅炉用水的评价指标，以预示对锅炉可能产生的影响。

10. 磷酸根

磷酸根是指水中磷酸根的含量，其单位是 mg/L。天然水中一般不含磷酸根。但是为了消除给水中残余硬度，或者为了防止晶间腐蚀而进行锅内校正处理时，有时需要向锅炉内加入一定数量的磷酸盐。因此磷酸根也列为锅水的一项重要指标。磷酸根超过 30mg/L 时，容易生成磷酸盐沉淀，黏附在金属壁上，形成水垢。

三、水垢的危害

含有杂质（主要是硬度）的给水进入锅炉后，不断地蒸发、浓缩，当达到过饱和程度时，在锅炉水侧的金属表面，以固体析出的沉淀物即称为水垢。

1. 导热性差

水垢的热导率要比锅炉钢板的小数十到数百倍，见表1-14。

表1-14　各种不同水垢的热导率

水垢种类	水垢特征	热导率/[kcal/(m²·h·℃)]
碳酸	结晶型硬垢	0.5～5
盐水垢	非结晶型软垢	0.2～1
硫酸盐水垢	坚硬致密	0.2～2.5
硅酸盐水垢	坚硬	0.05～0.2
混合水垢	坚硬	0.7～3
含油水垢	坚硬	0.1

注：1cal=4.1840J，下同。

2. 浪费燃料

结垢后会使受热面传热情况恶化，增高排烟温度，降低锅炉热效率，浪费燃料。根据测定，水垢厚度与浪费燃料的关系见表1-15。

表1-15　水垢厚度与浪费燃料的关系

水垢厚度/mm	浪费燃料/%	水垢厚度/mm	浪费燃料/%
0.5	2	5	15
1	3～5	8	34
3	6～10		

3. 影响安全运行

锅炉正常运行时，金属受热后很快将热量传递给锅水，两者温差为30～100℃。有水垢时，金属的热量由于受到水垢的阻挡，很难传递给炉水，因而温度急剧升高，强度显著下降，从而导致受压部件过热变形、鼓包，甚至爆破。

4. 破坏水循环

锅炉内结生水垢后，由于传热不好，使蒸发量降低，减少锅炉出力。若水管内结垢，流通截面积减少，增加了水循环的流动阻力，严重时会将水管完全堵塞，破坏正常的水循环，造成爆管事故。

5. 缩短锅炉寿命

水垢附在锅炉受热面上，特别是管内，很难清除。为了除垢，需要经常停炉清洗，因而增加检修费用，不仅耗费人力、物力，而且由于经常采用机械方法与化学方法除垢，会使受热面受到损伤，缩短锅炉的使用年限。

四、水垢的清除

虽然人们为了防止锅内水垢的产生以及其他因水质带来的危害，采用水处理的方法清除水中的有害杂质，但无论哪种水处理方法都不能绝对地清除水中杂质。在运行锅炉中不可避免地有一个杂质积累和水垢生成过程。因此，除采用合理的水处理方法外，还要及时清除锅炉内产生的水垢。目前，清除水垢的方法有3种：手工除垢、机械除垢、化学除垢。

1. 手工除垢

手工除垢是用特制的刮刀、铲刀及钢丝刷等专用工具来清除水垢，这种方法只适用于清除面积小、结构不紧凑的锅炉，对于水管锅炉及结构紧凑的火管锅炉的管束上结垢，则不易清除。

2. 机械除垢

机械除垢的机具主要有电动洗管器和风动除垢器。电动洗管器主要是用来清除管内水垢，它由电动机、铣刀头和金属软管内的软轴组成。使用时，电动机带动软轴旋转，固定在软轴上的铣刀一同旋转，用旋转的铣刀刮掉管壁上的水垢。

风动除垢器常用的是空气锤或压缩空气枪。

3. 化学除垢

化学除垢，通常多称为水垢的“化学清洗”，化学清洗是目前比较有效、经济、简便、迅速的除垢方法，并已在国内得到广泛应用。

化学清洗是利用化学反应将水垢溶解除去的方法。清洗的过程是水垢通过与化学清洗剂进行反应后，不断地溶解，并不断地被水带走的过程。由于所加的化学清洗剂不同和反应的性质不同，故分为各种化学清洗方法，其主要的化学清洗方法是盐法、酸法、碱法、螯合剂法、氧化法、还原法、转化法，目前应用较多的是酸法和碱法。

在化学清洗中大都使用酸性清洗剂，这些酸是具有除去金属表面的沉积物的能力，但也会引起金属的腐蚀。为了防止酸对金属的腐蚀，最经济有效、方便可行的措施是采用酸洗缓蚀剂，向酸类清洗液中加入非常少数量的酸洗缓蚀剂，就能大大减少甚至近乎停止酸对金属的腐蚀破坏，而几乎不减弱酸对垢类的作用。

4. 化学清洗时应注意的事项

① 化学清洗应当在有经验的工程师或经过专门化学清洗技术培训合格的人员指导和统一指挥下进行。

② 化学清洗前，应当对参加清洗的工作人员进行清洗前的安全技术教育。与清洗无关人员不得在清洗现场逗留。

③ 清洗前，应对清洗系统及与清洗系统有关的设备、设施进行全面检查，确保有关设备、设施无泄漏，安全可靠。

④ 准备好急救药品和劳动保护用品，如纱布、绷带、防酸工作服、橡胶手套、耐酸鞋、防护眼镜等及有关药品，直接接触苛性碱和酸的人员，必须穿戴劳动保护用品。清洗时应配备有经验的医务人员。

⑤ 配酸时，应先加水，再加缓蚀剂。最后加酸次序不得倒转；破碎大块苛性碱时，应在有盖的槽中进行，并定时搅拌。

⑥ 注药、搅拌或加热液体时，不要俯视容器，以防液体溅出烧伤作业人员。

⑦ 如有酸碱溅到皮肤上，必须立即用水冲洗，水洗后，应立即涂上备用的药品。

⑧ 清洗时，应定时地对清洗系统进行检查，防止发生泄漏等问题。如发生泄漏等问题，应立即采取补救措施。如发生严重泄漏等问题，应停止清洗，待修复后再进行清洗。

五、锅炉水处理

工业锅炉水处理的方法很多，但总括出来可分为锅内处理和锅外处理两大类。

锅内处理亦即锅内加药法，就是创造并保持锅水适当的碱性运行条件，使给水中的结垢物质以非黏结性的、松散的水渣形式分离出来，从而通过定期排污排出锅外，防止和减少锅炉的结垢和腐蚀。对于蒸发量在 2t/h 以下或工作压力小于 0.78MPa 的锅壳式锅炉，因其水容量大，受热面蒸发率低，对水质要求不甚严格，这种方法比较经济。

锅外处理就是在给水进入锅炉之前，通过物理、化学的及电化学的方法，将能够生成水垢的及具有腐蚀性的物质，如钙盐类、镁盐类、氧气、二氧化碳气体等除去。

锅内、锅外水处理方法的优缺点对比，见表1-16。

表1-16 锅内、锅外水处理方法优缺点比较

水处理方法	优点	缺点	适用炉型
锅外处理	处理水质好、排污量小，水质便于控制	投资大，锅炉费用较多	较大型的、低压水管锅炉
锅内处理	设备费用省，投资少，运行锅炉简单	水质差，难以控制，排污量大	小型的低压锅炉

目前，使用效果可靠、用得较多的锅外水处理法是离子交换软化法。离子交换软化法是用某种离子交换剂中不形成水垢的离子，将水中容易生成水垢的钙、镁离子置换出来，从而使水得到软化。应用离子交换软化法，可使锅炉给水的硬度达到合格标准。

离子交换剂分为无机和有机两种。无机离子交换剂的颗粒核心结构致密，只能进行表面交换，软化效果差，故目前很少使用。有机离子交换剂的颗粒核心结构疏松，交换反应不但在颗粒表面，而且在颗粒内部同时进行，软化效果好。

有机离子交换剂分为磺质和合成树脂两种。磺质离子交换剂主要为磺化煤，机械强度低，不耐热，因而使用较少。合成树脂属于高分子化合物，具有机械强度高，交换容量大等优点因而日益被广泛使用。

离子交换剂按其含有离子的种类，分为钠离子和氢离子两种。因此，离子交换软化法又可分为钠离子软化、部分钠离子软化、氢离子软化和氢-钠离子软化等多种。

1. 钠离子软化法

钠离子软化法是利用离子交换剂中的钠离子置换水中钙、镁离子，既可以除去水中的暂时硬度，又可以除去水中的永久硬度。

经钠离子交换后，软化水的总含盐量并未减少，碱度也基本未变。如果软化水的碱度过大，还需要加酸进行除碱处理。

钠离子交换器运行一段时间后，交换剂置换钙、镁离子达到饱和后，就失去软化作用。如果再继续使用，就必须经过再生。

2. 离子交换器的结构

离子交换器的结构如图1-6所示，大体分为以下6个部分。

① 交换器本体。为立式圆柱形容器，多数为钢结构，也有用塑料或有机玻璃制成的。

② 进水装置。常用的是分配漏斗或多孔分配板，其作用是进入交换器生水分配均匀。

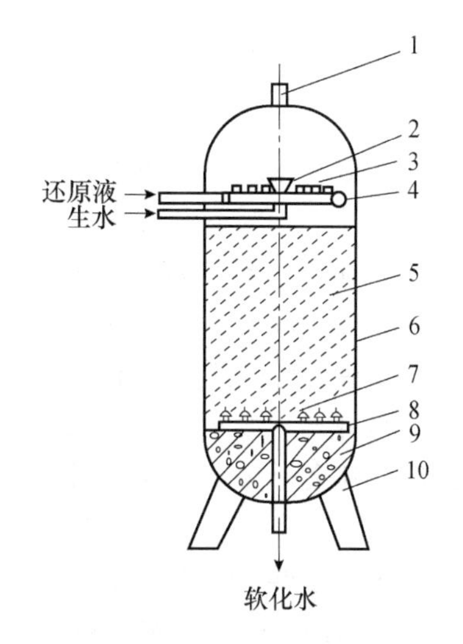

图1-6 离子交换器的结构

1—排气管；2—进水装置；3—喷嘴；4—进再生液装置；5—交换剂层；6—交换器本体；7—排水帽；8—排水装置；9—混凝土层；10—支脚

③ 进再生液装置。多采用环行管，并在管上装有喷嘴或钻有孔眼，孔眼的总面积应保证再生液有足够的流速。

④ 交换剂层。其高度按交换器直径而定，直径大的高一些。为了在反洗时交换剂能够充分松动和防止交换剂的细小颗粒流失，在交换剂表面至进水装置有一定水垫层。由于交换剂在交换器中基本处于静止状态，因此，通常称为固定床离子交换器。

⑤ 底部排水装置。多采用支管或孔板排水，也有布置砂层的。支管上装有排水帽，或者在开孔处包滤布。孔板上也均匀地装有许多排水帽，或在孔板间夹涤纶布，其作用是使出水均匀，并防止带出交换剂。

⑥ 排气管。一般从交换器顶部引出的，其作用是排除交换器内的空气和监视溶液是否充满。

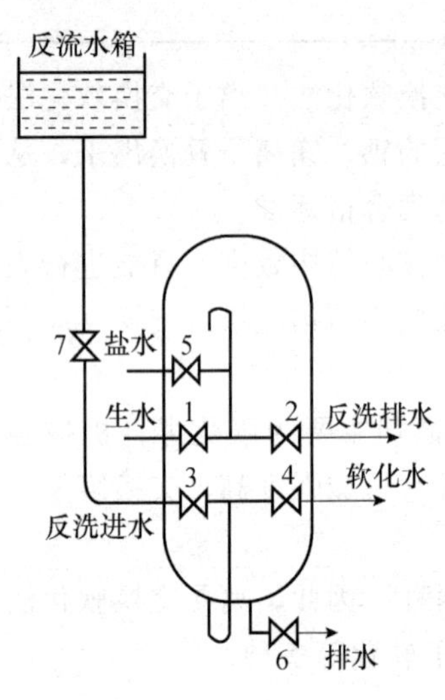

图 1-7 单级钠离子交换软化系统

3. 离子交换器的运行

单级钠离子交换软化系统见图 1-7，由交换（过滤）器、反洗水箱和食盐溶解器等组。

(1) 正常运行　交换器正常运行即水软化处理阶段。这时阀门 1 和阀门 4 开启，其余全部关闭。水的软化效果与水流过交换器的速度有关，应根据生水的硬度来调整水的流速，硬度大，流速应相对降低。软化时，应定期化验出水硬度。刚开始可每隔 1～2h 化验一次。当出水硬度逐渐升高，接近水质标准时，则应缩短化验时间。当出水硬度超过锅炉给水合格标准时，应立即停止运行。

(2) 再生阶段　交换剂再生阶段包括反洗、再生、正洗 3 个步骤。

① 反洗，又称逆洗。目的是松动交换剂层，为再生创造充分接触条件，同时冲掉交换剂层的气泡。此时，阀门 3 和 2 开启，其余全关闭。当有反洗水箱时，还应开启阀门 7。反洗用的水质应不致污染交换剂，反洗至出水清净为止，一般为 10～20min。

② 再生。目的是使失效的交换剂恢复软化能力。此时阀门 5 和阀门 6 开启，其余都关闭。如果在再生初期，使用浓度较小的再生液，后期使用浓度较大的再生液，即采用所谓分步再生法，可以节约再生剂，提高再生效率。再生时间 12～15min。

③ 正洗。目的是排除再生产物（氯化钙、氯化镁）和残余的再生溶液。此时阀门 1 和 6 开启，其余全关闭。正洗多使用软化水，一般需 30～40min。正洗至出水质量符合标准为止。

在上述再生阶段，再生液由交换器的上部进入，然后从下部排出。其流向与运行时生水的流向相同，故称为顺流再生。因为再生液在流动过程中，首先接触到的是上部完全失效的交换剂，所以这一部分交换剂的再生效果好。当再生液继续向下流，逐渐与交换底部的交换剂接触时，由于再生液中已积累了相当数量被置换出来的钙离子、镁离子，所以使一部分交换剂的再生程度越来越低，因而会直接影响到正常运行时的出水质量。

第四节　锅炉运行的安全管理技术

锅炉的各项性能指标，最终体现在运行使用中，锅炉的各种事故，也大都发生在运行当中。当然，影响锅炉性能和造成各种事故的因素是多方面的，涉及设计、制造等各个环节。但锅炉一旦投入使用，其“先天”的状况就已确定，而以后的使用就成了决定性的环节。国内有关统计数据表明，因运行使用不当造成的锅炉事故接近锅炉事故总数的一半，因此，加强锅炉运行管理是十分必要的。下面主要介绍锅炉运行的安全操作程序，用以指导锅炉的实际运行操作。

一、承压系统的安装及检查

锅炉在安装前，首先要对其部件进行全面检查，要对锅筒、水冷壁管以及炉内砖砌物进行检查，发现缺陷应及时处理。现场安装的锅炉，应检查各部件腐蚀及损坏情况，对变形和腐蚀严重的部件予以更换。各部件应认真保管，不能及时安装时，应采取必要的防腐措施。

锅炉的安装工程，必须由依照《特种设备安全监察条例》取得许可证的单位进行。

锅炉的安装应严格遵守《蒸汽锅炉安全技术监察规程》、《特种设备安全监察条例》及有关部门制定的规范标准，不得随便自行施工。

二、锅炉启动前的准备

1. 对锅炉进行全面检查

对新装、新迁和检修后的锅炉，在点火前要进行全面检查，检查的重点是：

① 对受热面和受压元件进行内外部检查，检查其有无积灰、结焦、磨损、鼓包、变形和腐蚀以及铁锈和焊渣等；

② 对燃烧器、炉膛、烟道进行内外部检查，检查炉排和各部件是否平整，动作是否灵活，炉膛是否完好；

③ 检查各种安全附件以及各种测量仪表是否齐全、完好；

④ 检查辅助设备，包括风机、水泵、磨煤机、排粉机，确认各项均符合启动要求后才能点火启动锅炉。

2. 锅炉上水

上水前应关闭锅炉上各种门孔，并把各种阀门调到适当位置，例如所有排气阀及给水管路上阀应开启；所有排污阀、放水阀、疏水阀（过热器疏水阀除外）应关闭；主汽阀、吹灰阀应关闭。

上水速度应缓慢。对工业锅炉来说，全部上水时间在夏季不少于1h；冬季不小于2h，水温不宜过高，最高不宜超过90～100℃，以防止产生过大的温差应力。

给锅筒上水应通过省煤器。上水到锅筒最低水位时，应停止上水，这是为避免水受热膨胀后产生高水位和满水事故。

停止上水后，应检查各种阀门及汽水系统有无泄漏。

3. 烘炉

带炉墙和炉拱的锅炉，炉墙在施工完毕后或长期停用以后，在参加运行之前必须进行干燥，即所谓的烘炉。烘炉就是烧木材，以文火慢慢地烘烤炉墙，使它慢慢干燥，并使受热面逐渐受热膨胀。烘炉的后期可以用煤逐渐代替木材烘烤，烘炉应小心进行，既要控制温升，又要保证均匀加热。如果干燥过快，炉墙内产生的水汽可挤压炉墙砖移动，另外，炉墙干湿不均易造成炉墙裂缝及变形等问题，影响锅炉的安全使用。

烘炉时间长短，应根据具体情况而定，即根据炉型、炉墙结构以及施工季节不同而定。一般小型工业锅炉的烘炉时间为3～4天，无炉墙锅壳锅炉可约少1/2，待炉墙达到烘干标准方可停止。

用煤烘烤时，如果炉排是链条式的，则必须启动炉排，使其缓缓移动，以防烧坏。

一般的烘干标准是：炉墙外层砖缝里的泥浆应干燥，取样分析炉墙灰缝中的水分应下降到2.5%～3%，炉墙外层表面各部分的温度应达到50℃左右，并均匀一致。

烘炉的后期也可以和煮锅同时进行，以缩短时间。

4. 煮锅

煮锅的目的是清除受热面的铁锈、油垢和其他脏物，并使受热面水侧形成一层钝化膜，防止水侧腐蚀。煮锅的方法如下。

① 每吨锅水中加入磷酸三钠2～3kg（或碳酸钠3～4.5kg）和氢氧化钠2～4kg。但不能将固体药物直接加入锅筒内。

② 在无压下将药品熔化，用加药泵注入锅筒，煮锅过程中应保持锅炉在最高水位。

③ 加热升温，使锅内水沸腾，并维持10～12h之后减弱燃烧，进行排污，并保持水位。

④ 再加强燃烧运行12～24h，然后停火冷却，排出锅水，并及时用清水冲洗干净，直至各部件水侧无脏物为止。冲洗时必须将化学药物冲净，以免运行时产生泡沫。

在配制煮锅药品时，工作人员必须穿戴防护衣帽，以免被药液灼伤。

三、锅炉点火

锅炉点火是在做好点火前的一切检查和准备工作之后进行的，锅炉点火所需时间应根据炉型、燃烧方式和水循环等情况而定。水循环好的锅炉，从冷却开始经2～3h可达到运行状态；水循环差的锅炉，点火时间要长一些，如火管锅炉和双锅筒水管锅炉（下锅筒无加热装置），一般需6～8h。

锅炉燃用不同燃料，因而燃烧方式也各不相同。点火时应注意的安全问题也各异，见表1-17。

表1-17 燃用不同燃料锅炉的点火安全要求

燃料种类	点火安全要求
燃油锅炉	1. 点火前，必须对烟道和炉膛系统采用强制通风的方式进行置换，炉膛负压保持5～10mmH_2O，时间不少于5min，务必使可能积存的油气或可燃物彻底排尽 2. 点火时应维持炉膛负压3～5mmH_2O 3. 点火时人不应正对点火孔，要从侧面引燃 4. 严禁先喷油，后插入火把，用蒸汽雾化燃烧器，还应先排除冷凝水 5. 若一次点火不着或在运行中突然灭火，则必须首先关闭油阀，并按要求1充分通风排气后再重新点火
燃气锅炉	1. 点火前必须强制通风置换，炉膛负压保持5～10mmH_2O，时间不少于5min 2. 通风置换前，严禁明火带入炉膛和烟道中，点火时应维持炉膛负压3～5mmH_2O 3. 若一次点火不着必须立即关闭燃气阀，停止进气，待再次置换通风后，重新点火，严禁利用炉膛余火进行二次点火

续表

燃料种类	点火安全要求
燃煤锅炉	1. 一般采用自然通风，彻底通风 10～15min 2. 点火时如自然通风不足，可启动引风机 3. 点火有困难时（炉膛或烟道空气潮湿或温度太低），可在靠近烟囱底部堆烧木材，保持通风
燃煤粉锅炉	1. 点火前，应对一次风管逐根吹扫，每根吹扫时间为 2～3min，以清除管内可能积存的煤粉 2. 点火前，必须强制通风置换，炉膛负压保持 5～10mmH_2O，时间不少于 5min 3. 若一次点火不着或发生熄灭，应立即停止送粉，并对炉膛进行充分的通风换气

锅炉点火后，燃烧应缓慢加强，使锅炉各部件温度逐渐升高，防止各部件温差应力过大，造成损坏。

四、锅炉升压

锅炉点火后，受热面被加热，水冷壁管和对流管束中不断产生蒸汽，由于主蒸汽阀关闭，所以压力不断升高，这个过程称为升压过程，这是从点火到正常运行的关键阶段。

随着压力升高，汽水系统的部件温度也不断升高，受热将产生金属热膨胀，通常采用控制升压速度来控制热膨胀的快慢。一般要求从冷炉点火到压力升高到工作条件需要 3～4h。各炉型升压时间表见表 1-18。

表 1-18　锅炉点火升压时间

类别	火管锅炉	水管锅炉	快装锅炉
时间①/h	5～6	3～4	0.5～1

① 夏季可取最小值，冬季可取最大值，长期停用或修理的锅炉应适当延长点火升压时间。

在升压过程中，应注意炉墙及各部件的热膨胀情况，不得有异常的变形和裂纹。

当压力升到 0.05～0.1MPa（表）应检查水位表的可靠性。

当压力升到 0.2～0.3MPa（表）应校验锅炉上所有的压力表，此时还应拧紧汽水系统各种螺栓。

当压力升到 0.3～0.4MPa（表）时，应依次进行下锅筒和下联箱的短期排污。

五、并炉和送汽

两台或两台以上锅炉合用一条蒸汽母管或接入同一分汽缸时，点火升压锅炉与母管或分汽缸联通称为并炉。

并炉前要进行暖管，即用蒸汽将冷的蒸汽管道、阀门等均匀加热，并把蒸汽冷凝成的水排掉，并炉应在锅炉蒸汽压力与蒸汽母管汽压相差±（0.05～0.1）MPa 时进行。

先缓开主汽门（有旁路的应先开通旁通门），等汽管中听不到汽流声音时，才能开大主汽门，主汽门全开后回一圈，再关旁通门，并炉时，应注意水位、汽压变动，若管内有水击现象应疏水后再并炉。

六、锅炉运行时的管理与维护

要使锅炉在运行时安全，必须做好锅炉运行的管理和维护工作，使用锅炉的单位应根据情况建立以岗位责任制为主要内容的各项规章制度，如锅炉安全操作规程、交接班制度、安全检查制度、事故报告制度等，对用煤粉、油、气作燃料的锅炉还应制定防火、防爆细则，并保证贯彻执行。具有自动控制系统的锅炉，还应建立巡回检查和定期对自动仪表进行校验、检修的制度。

主管部门应根据锅炉设备情况制定锅炉管理方面的规章制度，搞好维护保养、定期检修等工作。

锅炉操作人员应取得《特种作业人员操作证》后，方可独立操作，任何人不得同意或强令操作人员违章作业。

锅炉运行中，操作人员应认真执行有关锅炉运行的各项制度，做好运行值班记录和交接班记录，严格遵守劳动纪律，不得擅自离开岗位，不得做与本岗位无关的事。为了防止负荷突变发生事故，锅炉操作间和主要用汽地点应设有通信或信号装置。

蒸汽锅炉在正常运行时，主要是对锅炉的水位、蒸汽品质和燃烧情况进行监视和控制。

锅炉的水位是保证正常供汽和安全运行的重要指标。锅炉在运行时应保持水位在正常水位线处，允许有轻微的波动。负荷低时，水位稍高；负荷高时，水位稍低。在任何情况下锅炉的水位不应降低到最低水位线以下和升到水位线以上。通常水位允许的波动范围，一般不超过正常水位线±100mm。为了保证水位计灵敏清晰和防止堵塞，每班至少冲洗一次。在运行中如果水位计有轻微泄漏，都会影响水位计指示的准确性，若不及时处理，泄漏会越来越严重。明显可见的泄漏容易发现，轻微的泄漏往往不易察觉。因此，每班冲洗水位计之前，可用手电筒检查旋塞和各连接部位，如果手电筒玻璃面上有水汽凝结，就说明有泄漏，应及时排除。当水位表内看不到水位时，应立即检验水位表，或采用“叫水”的方法，查明锅内实际水位。在未肯定锅炉实际水位情况下，不得向锅炉上水。

锅炉运行时，汽压与负荷的变化有很大关系。当负荷突然增加时，汽压就立即下降；负荷突然减少时，汽压就立即上升。这时应根据负荷变化，调节燃烧速度，以保证锅炉的汽压在正常压力下运行。锅炉的汽压是通过压力表显示的，压力表的指针不得超过表示锅炉最高压力的红线，超过红线时，安全阀必须开始排汽（若不能排汽，必须立即用人工方法开启安全阀)，为了保持压力表和安全阀的灵敏可靠，必须定期检验和冲洗。

锅炉在运行中要保持汽压和水位的稳定，必须掌握好燃烧和进水的操作技术，以及用汽规律。为了保持锅炉汽压和水位稳定，锅炉上水应勤，每次上水不能过多，如果一次上水过多，会引起汽压下降。若上水时间间隔过长，则不易保持水位稳定。目前不少工业锅炉采用给水自动调节器，这对稳定水位，改善司炉人员工作条件起到很好的作用。

为了保证锅炉受热面的传热效能，锅炉在运行时必须对易积灰面进行吹灰。适当的吹灰可节约燃料1%～1.5%。吹灰时，应增大燃烧室的负压，以防炉内火焰喷出伤人。

为了保持良好的蒸汽品质和受热面内部的清洁，防止发生汽水共腾和减少水垢的产生，从而保持锅炉的高效率安全运行，锅炉的给水必须经过处理，使之符合锅炉水质标准，同时锅炉在运行中必须进行排污。

根据锅炉的结构特点和水质情况，锅炉排污分为连续排污和定期排污两种。

连续排污多用于大中型蒸汽锅炉，其目的是为了将上锅筒蒸发面以下100～200mm盐分浓度最大的锅水，通过排污装置连续不断地排出锅外，以维持规定的锅水含盐量。排污量应根据对锅水的化验结果来确定，并通过调节排污管上针形阀的开度来实现。

定期排污是指隔一定时间集中地从锅筒和集箱底部放出锅水，排出沉积的泥渣、污垢。排污量的多少和间隔，应根据炉型、给水质量和锅炉负荷的大小而定。一般每班定期排污一次，定期排污最好是在低负荷或停止用汽时进行。因为这时锅水中的泥渣、污垢易沉淀在汽锅的底部。排污前应调整锅水内水位比正常水位高30～50mm，并检查水位指示确无差错，方可排污。排污时，炉膛燃烧工况应减弱，并由两人进行操作，一人监视水位计，另一人操作排污阀。排污管上装有两个串联的排污阀，排污时，要先开快开式排污阀，后开慢开式排污阀；排污结束后，应先关慢开式排污阀，后关快开式排污阀。在开启排污阀时，禁止用大锤或其他物体敲击，也不许加杠杆。

有蒸汽过热器的锅炉，对过热器蒸汽的温度要严加控制。过热蒸汽温度偏低时，蒸汽做功能力降低，蒸汽耗量增加，甚至损坏用汽设备。过热蒸汽温度超过额定值时，蒸汽过热器的金属会发生过热而降低强度，从而威胁锅炉的安全运行。引起过热蒸汽温度变化的原因，主要与烟气放热情况有关，流经蒸汽过热器的烟气温度升高、烟气量加大或烟气流速加快，都会使过热蒸汽温度上升。蒸汽温度变化也与锅炉水位高低有关。水位高时，饱和蒸汽夹带水分多，过热蒸汽温度会下降，水位低时，饱和蒸汽夹带水分少，过热蒸汽温度会上升。对小型蒸汽锅炉的过热蒸汽温度，一般应通过调节燃料的供给量和送风量，从而改变燃烧的工况来调节。大中型锅炉的过热蒸汽温度，一般是通过减温器来调节的。

工业锅炉因燃用燃料和燃烧的方式不同，则燃烧操作方式也各有异同，但要求都必须保持良好的燃烧工况。

层燃炉中的手烧炉，在燃烧过程中要勤加煤、拨火和清炉，动作要迅速敏捷，最好选用锅炉负荷小的时候进行。链条炉和往复炉在燃烧过程中对燃烧的调整主要是指煤层厚度、炉排速度（往复频率）和炉膛通风3方面，根据锅炉负荷变化情况及时进行调整。对燃烧工况的调整力求使炉膛内的火力维持均匀、稳定，并达到燃料的完全燃烧。燃料燃烧的好坏，一般可以从炉膛火焰的颜色、锅炉排出的炉渣和烟囱冒出烟的颜色来判断。火焰的颜色反映了燃烧温度的高低。如果炉膛内火焰呈金黄色或浅橙色，炉渣呈灰白色且不夹有黑色的小煤粒，烟囱冒出的烟是浅灰色，说明炉内燃烧工况良好。反之，如果炉膛内的火焰暗红，炉渣呈黑色，且夹有煤粒、煤块，烟囱冒黑烟，则说明燃烧工况不良。如果炉膛内的火焰呈刺眼的白色，烟囱冒白烟，虽然燃料燃烧完全，但因过量空气系数太大，排烟热损失增加，反而降低了锅炉热效率。因此，司炉人员要经常注意观察炉膛内的燃烧情况，并做到勤调整。

燃油锅炉的运行中，为了保持良好的燃烧工况，司炉人员必须注意火焰的颜色、火焰的分布、风量的配合、烟色的变化等。燃烧的工况良好时，炉内火焰的烟色应呈浅橙色，炉内清晰，火焰中心应在炉膛中部；四周分布均匀，充满度好，火焰既不触及炉壁，也不冲刷炉底，又不延伸到炉膛出口，烟囱冒出的烟为淡白色。若炉内火焰为白色时，则属于雾化空气、二次风量或雾化蒸汽量过大，这时烟囱冒白烟。若炉内火焰呈暗红色，则是雾化空气、二次风量或雾化蒸汽量过小，或者供油量过大，这时烟囱冒黑烟，炉内也看不清。当火焰呈白色或暗红色，烟色为白色或黑色时，燃烧工况不佳，必须立即采取适当措施予以改善。

燃气（天然气、煤气）锅炉在运行过程中，燃烧工况良好的特征是：火焰均匀分布在全部炉膛、火焰既不冲刷炉底，也不延伸到炉膛出口；燃用天然气和焦炉煤气时，火焰为明亮的麦黄色；燃用高炉煤气和发生炉煤气，火焰呈浅蓝色；排出的烟色应完全是透明的，即烟囱不见冒烟。燃气锅炉要获得良好的燃烧工况，燃气与空气的配合非常重要：当空气供应不足时，火焰则长而暗红，烟囱冒黑烟；当空气供应过多时，火焰变短，不能充满炉膛。当锅炉负荷减小时，要先减小燃气，然后再减少空气的供给量和引风量，当锅炉负荷增加时，要先增加空气供应量和引风量，然后再加大燃气。

煤粉炉正常燃烧的关键，在于正确地增减煤粉量和调节一、二次风的配合关系。正常运行时，煤粉喷出后距离喷嘴不远即开始着火，燃烧稳定，火焰中不带有停滞的烟层和分离出的煤粉，温度1400℃左右，呈亮白色，火焰行程不碰后炉墙，并均匀地充满整个炉膛，烟囱冒淡灰色烟。当锅炉负荷增加时，要先增加引风量和空气供应量，再增加煤粉供应量；当锅炉负荷减少时，应先减少煤粉的供应量，然后再减少空气供应量和引风量。一台锅炉装有几个燃烧器时，每个燃烧器的给煤粉量应尽可能均衡，但炉膛两侧燃烧器的给煤粉量可适当少些，并且当锅炉负荷增加时，其给煤粉量也不宜增加过多。锅炉在低负荷时，可相应停止部分燃烧器，以维持燃烧稳定。但是，煤粉炉的最低负荷是有限的，一般不宜低于额定负荷的50%～70%，否则难以保持正常燃烧。

沸腾炉正常燃烧的关键，在于正确调节沸腾料层的送风、风室静压和沸腾料层的温度。正常运行时，在一般情况下，燃烧直径小于10mm的煤粒，送风量最小必须保持$1800m^3/(m^2 \cdot h)$。否则，难以正常沸腾，时间长了还有结焦的可能。若风量过大，一方面会增加排烟热损失和固体未完全燃烧热损失，降低锅炉热效率；另一方面会使炉料不断减少，厚度减薄，降低料池蓄热能力，破坏正常运行。运行中可以通过观察风室压力计的水柱（风室静压）变化，了解沸腾料层运行的好坏。不同煤种的料层阻力不同，如烟煤每100mm厚的料层阻力$70 \sim 75mmH_2O$（$1mmH_2O = 9.80665Pa$）；无烟煤$85 \sim 90mmH_2O$；煤矸石$100 \sim 110mmH_2O$。料层过厚，阻力增大，送风量下降，影响正常燃烧和锅炉出力；料层过薄，容易出现“火口”和“沟流”，使沸腾不均匀，并且容易结焦。因此，沸腾正常时，风室压力计水柱液面上下轻微跳动，跳动幅度约10mm。如果压力计水柱液面跳动缓慢且幅度很大，可能是冷灰过多，沸腾料层过厚，应及时调节。料层温度一般应控制在比灰渣开始变形时温度低100～150℃，但为了使燃料迅速燃尽，最好在安全允许范围内将料层的温度尽量提高。通常燃烧烟煤时，料层温度应控制在850～950℃；燃烧无烟煤时，料层温度应控制在950～1050℃。料层温度可以通过风量和煤量的恰当配合来控制。

七、停炉及停炉后的保养

锅炉的停炉有事故停炉和正常停炉两种。

1. 事故停炉

事故停炉又称紧急停炉。事故停炉时应立即停止向炉内供给燃料，必要时扒出炉内燃煤或用湿炉灰将火压灭。其他操作应按正常停炉处理。

蒸汽锅炉在运行中，遇到有下列情况之一急停炉。

① 锅炉水位低于水位计的下部可见边缘。

② 不断增大锅炉给水及采取其他措施，但水位继续下降。

③ 锅炉汽压迅速上升，压力表的指针超过规定的红线，虽然安全阀已自动排汽，通风已减弱，但压力表的指针仍然上升。

④ 锅炉缺水，虽经“叫水”仍看不到水位。

⑤ 给水设备全部失效，不能给锅炉上水。

⑥ 水位计或安全阀全部失效，不能保证锅炉安全运行时。

⑦ 炉墙倒塌或锅炉构架被烧红等，严重威胁人身或设备安全时。

⑧ 锅炉受压元件发生爆破泄汽时。

⑨ 锅炉满水，经放水仍不能见到水位时。

⑩ 锅炉元件损坏，严重危及运行人员安全时。

⑪ 其他异常情况危及锅炉安全运行。

2. 正常停炉

正常停炉即有计划停炉，经常遇到的是锅炉定期检验或供暖季节已过需要停炉。正常停炉应严格按照锅炉安全操作规程的规定进行：一般是先停止向炉膛供给燃料，停止送风，降低引风，同时随负荷的逐渐降低而减少上水。但应维持锅筒内水位稍高于正常水位。停止供汽后，关闭主汽门，开启过热器出口联箱疏水门和对空排汽门，以冷却过热器，并避免锅炉内压力继续升高，开启省煤器旁通烟道，开启再循环管，以冷却省煤器。

锅筒内无汽压时，开启空气门；锅筒内水温降到70℃以下时，方可放水，当炉温降低时，必须及时除灰和清理受热面上的积灰。

对燃油和燃气锅炉，炉膛停火后，引风机至少要继续引风5min以上，才能关闭引风机。同时停炉手应立即将风门、灰门等关闭，防止炉温急剧降低。另外，燃油锅炉停炉后，为了防止油管内存油凝结，应用蒸汽吹扫管道，但严禁向无火焰的炉膛内吹扫存油。

3. 停炉后的保养

锅炉停用后，放出锅水，由于锅内湿度很大，将在锅内表面生成一层黄色的铁锈，即三氧化二铁，被腐蚀的部分，在一定的条件下，会继续与铁化合生成四氧化三铁，因而加剧了腐蚀，使金属壁减薄，机械强度下降，必然威胁锅炉的安全和缩短锅炉使用寿命。因此当锅炉长时间不用时，必须对锅炉进行适当的保养。

锅炉的保养有干法保养、湿法保养和气相保养3种。

(1) 干法保养　当锅水全部排出后，先用木材维持微火将锅炉烘干，或者向锅内送入热风，使其干燥。烘炉完毕、待锅炉冷却后，在锅内放入干燥剂（无水氯化钙或生石灰），其数量为，无水氯化钙1～2kg/m^3，生石灰1～3kg/m^3。干燥剂放在敞口的托盘内，敞口向上，以使干燥剂吸收水分。放好干燥剂后，密封锅炉的所有人孔、手孔、阀门，使之与外界大气隔绝。一个月后，打开锅炉，检查干燥剂是否已吸湿后失效，如已失效，则应放入新的干燥剂，或者将受潮的干燥剂取出，加热到105～110℃烘干，再置入锅炉使用，以后每隔两个月检查一次。

锅炉长期停用，其受热面外壁应涂防锈漆，并将所有通风闸门，灰门等关闭。在炉膛及烟道内适当地方可放置干燥剂。

用干法保养的锅炉，再投入运行前，必须将锅炉内放置的干燥剂连同敞口槽一同取出，并将各管道的堵板除去。

(2) 湿法保养　锅炉的湿法保养是用碱度较高的软水灌满锅炉，利用碱液和金属作用形成的氧化保护膜来防止腐蚀。通常是在软水中或凝结水中加入碳酸钙（2kg/m^3）或氢氧化钠（0.5kg/m^3）和磷酸三钠（0.1kg/m^3）、亚硫酸钠（0.25kg/m^3）三种混合液的方法。在药品注入锅炉后，都要在燃烧室内生火，直至炉内压力升到0.2～0.3MPa，并使锅内水循环，然后保持2～3h，直至浓度一致后，再停火、降压，然后再用防腐液通过过热器和省煤器等处灌满锅炉为止，以后每隔一定时间进行化验，如果浓度降低应补充。

锅炉再次启用前，需将所有溶液放出，或放出一半再加上水稀释，直到符合炉水要求的浓度为止。

(3) 气相保养　气相保养又叫气相缓蚀法保养。它采用一种TH901保护剂（缓蚀剂），放入需要长期停用的锅内，通过保护剂挥发的气体在锅内金属表面形成一层保护膜，从而达到防锈的目的。

TH901保护剂克服了传统“干法”和“湿法”保养锅炉的缺陷，并具有高效、方便、价廉的特点，可有效地防止锅炉停用期间的腐蚀也可用于其他类型的各种钢制容器、管道等设备停用期间的防腐保护。

TH901保护剂的使用方法是：将要长期停用的锅炉趁热排完锅水，接着打开人孔、手孔，按1kg/m^{3}空间量将TH901保护剂放入托盘，并将托盘放入锅筒和集箱；也可将此保护剂直接撒入锅内；然后关好人孔、手孔，使其完全密闭。

使用TH901保护剂的注意事项：

① 若锅炉排水后，锅内积水过多时，保护剂的用量可适当加大0.5～1倍；

② 保护剂对锅炉运行无害，锅炉重新起用时，不必清除保护剂，只需取出托盘即可；

③ 若系生活锅炉，启用时先用清水冲洗一遍，即可正常运行。

第五节　常见锅炉事故种类及处理技术

一、锅炉超压事故

1. 锅炉超压的现象

① 汽压急剧上升，超过许可工作压力，压力表指针超“红线”安全阀动作后压力仍在升高。

② 超压联锁保护装置动作时，应发出超压报警信号，停止送风、引风、给煤。

③ 蒸汽温度升高而蒸汽流量减少。

2. 锅炉超压的处理

① 迅速减弱燃烧，手动开启安全阀或放气阀。

② 加大给水，同时在下汽包加强排污（此时应注意保持锅炉正常水位），以降低锅水温度，从而降低锅炉汽包压力。

③ 如安全阀失灵或全部压力表损坏，应紧急停炉，待安全阀和压力表都修好后再升压运行。

④ 锅炉发生超压而危及安全运行时，应采取降压措施，但严禁降压速度过快。

⑤ 锅炉严重超压消除后，要停炉对锅炉进行内、外部检验，要消除因超压造成的变形、渗漏等，并检修不合格的安全附件。

二、锅炉缺水事故

1. 锅炉缺水的现象

① 水位低于最低安全水位线，或看不见水位，水位表玻璃管（板）上呈白色。

② 双色水位计呈全部气相指示颜色。

③ 高低水位警报器发生低水位警报信号。

④ 低水位联锁装置，水位低于规定值应使送风机、引风机、炉排减速器电机停止运行。

⑤ 过热器汽温急剧上升，高于正常出口汽温。

⑥ 锅炉排烟温度升高。

⑦ 给水流量小于蒸汽流量，如若因炉管或省煤器管破裂造成缺水时，则出现相反现象。

⑧ 缺水严重时，可嗅到焦味。

⑨ 缺水严重时，从炉门可见到烧红的水冷壁管。

⑩ 缺水严重时，炉管可能破裂，这时可听到有爆破声，蒸汽和烟气将从炉门、看火门处喷出。

2. 锅炉缺水的处理

① 通过“叫水”，判为严重缺水时，必须紧急停炉，严禁盲目向锅炉给水。

② 通过“叫水”，判为轻微缺水时，应减少燃料，鼓风，引风，并缓慢给水。

三、锅炉满水事故

1. 锅炉满水的现象

① 水位高于最高许可线，或看不见水位，水位表玻璃管（板）内颜色发暗。

② 双色水位计呈全部水相指示颜色。

③ 高低水位警报器发生高水位警报信号。

④ 过热蒸汽温度明显下降。

⑤ 给水流量不正常地大于蒸汽流量。

⑥ 分汽缸大量存水，疏水器剧烈动作。

⑦ 严重时蒸汽大量带水，含盐量增加，蒸汽管道内发生水锤声，连接法兰处向外冒汽滴水。

2. 锅炉满水的处理

冲洗水位表，确定是轻微满水还是严重满水。方法：先关闭水位表，水连管旋塞，再开启放水旋塞，如能看到水位线从上下降，表明是轻微满水，停止给水，开启排污阀，放至正常水位。

如严重满水时，因采取紧急停炉措施。

四、锅炉汽水共腾事故

1. 锅炉汽水共腾的现象

① 水位表内水位上下急剧波动，水位线模糊不清。

② 锅水碱度、含盐量严重超标。

③ 蒸汽大量带水，蒸汽品质下降，过热器出口汽温下降。

④ 蒸汽管道内发生水锤、法兰连接处发生漏汽漏水。

2. 锅炉汽水共腾的处理

① 减弱燃烧，关小主汽阀，减少锅炉蒸发量，降低负荷并保持稳定。

② 完全开启上锅筒的表面排污阀（连续排污阀），并适当进行锅筒下部的排污。同时加大给水量，以降低锅水碱度和含盐量，此时应注意保护水位的控制。

③ 采用锅内加药处理的锅炉，应停止加药。

④ 开启过热器、蒸汽管道和分汽缸上的疏水阀。

⑤ 维持锅炉水位略低于正常水位。

⑥ 通知水处理人员采取措施保证供给合格的软化水。增加锅水取样化验次数，直至锅水合格后才可转入正常运行。

⑦ 在锅炉水质未改善前，严禁增大锅炉负荷。事故消除后，应及时冲洗水位表。

五、锅炉爆管事故

1. 锅炉爆管的现象

① 爆管时可听到汽水喷射的响声，严重时有明显的爆破声。

② 炉膛由负压燃烧变为正压燃烧，并且有炉烟和蒸汽从炉墙的门孔及漏风处大量喷出。

③ 给水流量不正常，大于蒸汽流量。

④ 虽然加大给水，但水位常常难以维持，且汽压降低。

⑤ 排烟温度降低，烟气颜色变白。

⑥ 炉膛温度降低，甚至灭火。

⑦ 引风机负荷加大，电流增高。

⑧ 锅炉底部有水流出，灰渣斗内有湿灰。

2. 锅炉爆管的处理

① 炉管破裂泄漏不严重且能保持水位，事故不致扩大时，可以短时间降低负荷维持运行，待备用炉启动后再停炉。

② 炉管破裂不能保持水位时，应紧急停炉，但引风机不应停止，还应继续给锅炉上水，降低管壁温度，使事故不致再扩大。

③ 如因锅炉缺水，管壁过热而爆管时，应紧急停炉，且严禁向锅炉给水，这时应尽快撤出炉内余火，降低炉膛温度，降低锅炉过热的程度。

④ 如有几台锅炉并列供汽，应将事故锅炉的主蒸汽管与蒸汽母管隔断。

六、过热器管爆破事故

1. 过热器管爆破的现象

① 过热器附近有蒸汽喷出的响声或爆破声。

② 蒸汽流量不正常地下降，且流量不正常地小于给水流量。

③ 炉膛负压减小或变为正压，严重时从炉门、看火孔向外喷汽和冒烟。

④ 过热器后的烟气温度不正常地降低或过热器前后烟气温差增大。

⑤ 损坏严重时，锅炉蒸汽压力下降。

⑥ 排烟温度显著下降，烟囱排出烟气颜色变成灰白色或白色。

⑦ 引风机负荷加大，电流增高。

2. 过热器管爆破的处理

① 过热器管轻微破裂，可适当降低负荷，在短时间内维持运行，此时应严密监视泄漏情况，与此同时，迅速启动备用锅炉。若监视过程中故障情况恶化，则应尽快停炉。

② 过热器管破裂严重时，必须紧急停炉。

七、省煤器管爆破事故

1. 省煤器管爆破和现象

① 锅炉水位下降，给水流量不正常地大于蒸汽流量。

② 省煤器附近有泄漏响声，炉墙的缝隙及下部烟道门向外冒汽漏水。

③ 排烟温度下降，烟气颜色变白。

④ 省煤器下部的灰斗内有湿灰，严重时有水往下流。

⑤ 烟气阻力增加，引风机声音不正常，电机流量增大。

2. 省煤器管爆破的处理

① 对于不可分式省煤器，如能维持锅炉正常水位时，可加大给水量，并且关闭所有的放水阀门和再循环管阀门，以维持短时间运行，待备用锅炉投入运行后再停炉检修。如果事故扩大，不能维持水位时，应紧急停炉。

② 对于可分式省煤器，应开启旁通烟道挡板，关闭烟道挡板，暂停使用省煤器。同时开启省煤器旁通水管阀门，继续向锅炉进水。烟、水可靠隔绝后，将省煤器内存水立刻放掉，开启空气阀或抬起安全阀。如烟道挡板严密，在能确保人身安全的条件下可以进行检修，恢复运行，否则应停炉后再检修。

八、锅炉水锤事故

1. 锅炉水锤的现象

① 在锅炉和管道处发出有一定节律的撞击声，有时响声巨大，同时伴随给水管道或蒸汽管道的强烈振动。

② 压力表指针来回摆动，与振动的响声频率一致。

③ 水锤严重时，可能导致各连接部件，如法兰开裂、焊口开裂、阀门破损等。

2. 蒸汽管道水锤的处理

① 减少供汽，必要时关闭主汽阀。

② 开启过热器集箱和蒸汽管道上的疏水阀进行疏水。

③ 锅筒水位过高，应适当排污，保持正常水位。

④ 加强水处理工作，保证给水和锅水质量，避免发生汽水共腾。

⑤ 水锤消除后，检查管道和管架、法兰等处的状况，如无损坏再暖管一次进行供汽。

3. 给水管道水锤的处理

① 开启给水管道上的空气阀排除空气或蒸汽。

② 启用备用给水管道继续向锅炉给水。如无备用管路时，应对故障管道采取相应措施进行处理。

③ 检查给水泵和给水止回阀，如有问题及时检修。

④ 保持给水温度均衡。

九、锅炉受热面变形事故

1. 受热面变形的现象

① 水冷壁管变形可直接从看火门或炉门处看到，当同时伴随缺水时，则可见到变红弯曲的水冷壁管。

② 对卧式内燃锅炉的炉胆，可从前后观察孔见到炉胆壁向火侧凸出变形的情况。

2. 受热面变形的原因

① 锅炉严重缺水，受热面得不到锅水的冷却而过热变形。

② 设计结构不良。如局部循环流速过低、停滞，使壁温超过允许温度，发生变形。

③ 安装错误，使受压部件不能自由膨胀。

④ 水质不合格，水垢较厚，水渣过多。

自　测　题

1. 锅炉水位应经常保持在正常水位线处，并允许在正常水位线上下（　　）mm 之内波动。

A. 10　　B. 30　　C. 50　　D. 100

2. 锅炉排污的目的是（　　）。

A. 降压　　B. 降低水位

C. 降低锅水杂质含量　　D. 改变锅水的饱和度

3. 锅炉压力表表盘大小应保证司炉人员能清楚地看到压力指标值，表盘直径不应小于（　　）mm。

A. 10　　B. 50　　C. 80　　D. 100

4. 为防止炉膛爆炸，气、油炉、煤粉炉在点燃时，应按照（　　）的顺序操作。

A. 先送风，之后投入点燃火炬，最后送入燃料

B. 先送入燃料，之后投入点燃火炬，最后送风

C. 先投入点燃火炬，之后送风，最后送入燃料

D. 先送入燃料，之后送风，最后投入点燃火炬

5. 锅炉启动应按下列步骤进行：（　　）。

A. 检查-烘炉-上水-煮炉-点火升压-暖管并汽

B. 检查-上水-点火升压-烘炉-煮炉-管暖并汽

C. 检查-上水-煮炉-烘炉-点火升压-暖管并汽

D. 检查-上水-烘炉-煮炉-点火升压-暖管并汽

6. 在锅炉重大事故中，不包括（　　）。

A. 缺水事故　　B. 满水事故　　C. 汽水共腾　　D. 介质伤害

7. 发现锅炉缺水时，应首先判断是轻微缺水还是严重缺水，然后酌情予以不同的处理。通常判断缺水程度的方法是（　　）。

A. 叫水　　B. 缺水　　C. 满水　　D. 汽水

8. 锅炉的主要承压部件如锅筒、封头、管板、炉胆等，不少是直接受火焰加热的。锅炉一旦严重缺水，上述主要受压部件得不到正常冷却，甚至被烧，金属温度急剧上升甚至被烧红，如给严重缺水的锅炉上水，酿成的爆炸称为（　　）。

A. 水蒸气爆炸　　B. 超压爆炸

C. 缺陷导致爆炸　　D. 严重缺水导致爆炸

9. 锅炉承受的压力并未超过额定压力，但因锅炉主要承压部件出现裂纹、严重变形、腐蚀、组织变化等情况，导致主要承压部件丧失承载能力，突然大面积破裂爆炸称为（　　）。

A. 水蒸气爆炸　　B. 超压爆炸

C. 缺陷导致爆炸　　D. 严重缺水导致爆炸

10. 由于安全阀、压力表不齐全、损坏或装设错误，操作人员擅离岗位或放弃监视责任，关闭或关小出汽通道，无承压能力的生活锅炉改作承压蒸气锅炉等原因，致使锅炉主要承压部件筒体、封头、管板、炉胆等承受的压力超过其承载能力而造成锅炉爆炸称为（　　）。

A. 水蒸气爆炸　　B. 超压爆炸

C. 缺陷导致爆炸　　D. 严重缺水导致爆炸

11. 因工作压力下高于100℃的饱和水形成极不稳定、在大气压力下难以存在的“过饱和水”，其中的一部分即瞬时汽化，体积骤然膨胀许多倍，在容器周围空间形成爆炸称为（　　）。

A. 水蒸气爆炸　　B. 起压爆炸

C. 缺陷导致爆炸　　D. 严重缺水导致爆炸

12. 锅炉的安全附件不包括（　　）。

A. 安全阀　　B. 气压表　　C. 压力表　　D. 水位计

13. 按载热介质分，锅炉的种类不包括（　　）。

A. 蒸汽锅炉　　B. 热水锅炉

C. 有机热载体锅炉　　D. 锅壳式锅炉

14. 正常停炉中应注意的主要问题是（　　），以避免锅炉部件因降温收缩不均匀而产生过大的热应力。

A. 注意温度的变化　　B. 降低炉内压力

C. 迅速降低炉内温度　　D. 防止降压降温过快

15. 小于等于0.2t/h的锅炉，水位表可只装（ ）。

A. 1只 B. 2只 C. 3只 D. 4只

16. 水在管道中流动时，因速度突然变化导致压力突然变化，形成压力波并在管道中传播的现象称为（ ）。

A. 叫水 B. 满水 C. 水击 D. 缺水

17. 锅炉水位高于水位表最高安全水位刻度线时所引发的事故称为（ ）。

A. 锅炉缺水事故 B. 锅炉满水事故

C. 锅炉汽水共腾 D. 锅炉爆管

18. 锅炉检修前，要让锅炉按正常停炉程序停炉，缓慢冷却，用锅水循环和炉内通风等方式，逐步把锅内和炉膛内的温度降下来；当锅水温度降到（ ）以下时，把被检验锅炉上的各种门孔统统打开，打开门孔时注意防止蒸汽、热水或烟气烫伤。

A. 30℃ B. 50℃ C. 70℃ D. 80℃

19. 在起动锅炉点火时要认真按操作规程进行点火，严禁采用“爆燃法”，点火失败后先通风吹扫（ ）min后才能重新点火。

A. 4～8 B. 5～10 C. 6～11 D. 7～12

20. 锅炉按用途分不包括（ ）。

A. 燃煤锅炉 B. 电站锅炉

C. 工业锅炉 D. 机车锅炉

21. 下列不属于锅炉的工作特征的是（ ）。

A. 爆炸的危害性 B. 自身的复杂性

C. 易于损坏性 D. 使用广泛性

22.《蒸汽锅炉安全技术监察规程》适用于（ ）的固定式蒸汽锅炉。

A. 以油为介质 B. 以水或油为介质

C. 以水为介质 D. 各种介质

23. 导致锅炉爆炸的主要原因之一是（ ）。

A. 24h不停地使用锅炉 B. 锅炉严重缺水

C. 炉渣过多 D. 压力太高

24. 锅炉运行中，炉管突然破裂，水汽大量喷出的事故叫（ ）。

A. 汽水共腾 B. 水击 C. 爆管 D. 炉膛爆炸

25. 如果锅炉发生严重满水事故时应采取（ ）的措施。

A. 将自动给水改为手动 B. 关闭给水阀门

C. 减少燃料和送风 D. 紧急停炉

26. 如果判明锅炉严重缺水，则应（ ）。

A. 立即加大给水量 B. 马上开启空气阀及安全阀快速降压

C. 紧急停炉 D. 停止向负载供汽

27. 下列现象中哪一个不是满水事故的现象（ ）。

A. 水位表内看不到水位，但表内发暗 B. 水位报警器发出高水位警报

C. 给水流量不正常地大于蒸汽流量 D. 过热蒸汽温度升高

28. 下列现象中哪一个不是锅炉缺水事故的现象（ ）。

A. 报警器发出低水位警报 B. 表内看不到水位，表内发白发亮

C. 给水流量不正常的大于蒸汽流量 D. 锅炉排烟温度上升

29. 蒸汽锅炉爆炸时，主要爆炸力来自（ ）。

A. 锅筒中的饱和水 B. 锅筒中的蒸汽

C. 炉膛火焰 D. 烟道里的烟气

30. 关于引起锅炉事故的原因，分析不当的是（　　）。

A. 省煤器损坏会造成锅炉缺水而被迫停炉

B. 煤灰渣熔点低、燃烧设计不当易产生锅炉结渣

C. 锅炉发生水击事件时，管道常因受压骤减而被破坏

D. 尾部烟道二次燃烧主要发生在燃气锅炉上

31. 汽水共腾处理的方法有（　　）。

A. 减弱燃烧，降低负荷，关小主汽阀

B. 马上紧急停炉修理

C. 加强蒸汽管道和过热器的疏水

D. 全开连续排污阀并打开定期排污阀放水，同时上水，以改善锅水品质

E. 待水质改善、水位清晰时，可逐渐恢复正常运行

32. 缺陷导致爆炸是指锅炉承受的压力并未超过额定压力，但因锅炉主要承压部件出现（　　）等情况，导致主要承压部件丧失承载能力，突然大面积破裂爆炸。

A. 裂纹　　B. 严重变形　　C. 腐蚀　　D. 组织变化

E. 胀口渗漏

33. 锅炉压力容器使用安全管理的要点有（　　）。

A. 使用定点厂家合格产品　　B. 即买即安装使用

C. 登记建档　　D. 专责管理

E. 持证上岗

34. 停炉保养主要指锅内保养，即汽水系统内部为避免或减轻腐蚀而进行的防护保养，常见的保养方式有（　　）。

A. 压力保养　　B. 湿法保养　　C. 干法保养　　D. 充气保养

E. 电化保养

35. 锅炉在正常运行中的监督调节有（　　）。

A. 锅炉炉膛温度的监督调节　　B. 锅炉水位的监督调节

C. 锅炉气压的监督调节　　D. 气温及燃烧的监督调节

E. 排污和吹灰

复习思考题

1. 锅炉的参数有哪些？

2. 锅炉安全附件的作用是什么？常见的锅炉安全附件有哪些？

3. 法律法规对锅炉安全的规定有哪些？

4. 水垢对锅炉有什么危害？如何避免？

5. 锅炉运行的安全要求有哪些？

6. 锅炉停炉后保养的目的是什么？常用的保养方法有哪几种？

7. 在哪些情况下锅炉要紧急停炉？

8. 锅炉常见的事故有哪些？如何防范？

第二章　压力容器安全技术

学习目标

1. 了解压力容器的基本知识。
2. 熟悉法律法规对压力容器安全规定的要求。
3. 掌握压力容器运行、使用、维护保养安全技术要求。
4. 熟悉气瓶安全技术要求。

事故案例

[案例1] 2005年4月14日，铜陵市××钢铁有限责任公司制氧车间调压站发生一起重大燃爆事故。事故的起因是气动调节阀内有超极限的润滑油脂，在通入氧气后绝热压缩产生高温和氧气与油脂反应放出的热量，导致管道内温度超过了燃点，造成气动调节阀内部介质燃爆。正在现场检修作业的8名工作人员中，3人死亡，4人重伤（数月后4名伤员医治无效，全部死亡）。

[案例2] 1944年10月20日，美国东部俄亥俄州克里夫兰市一个液化天然气贮罐基地发生重大事故。事故从一台ϕ21.3m×12.8m的圆桶形贮罐开始，先在其1/3～1/2高度处泄漏喷出气体和液体，接着听到雷鸣般响声，形成二次空间爆炸，变成火焰，然后贮罐爆炸，酿成大火，20min后，进一步引起邻近的ϕ17.4m球罐的倒坍爆炸。事故造成128人死亡，400余人受伤，直接损失达680万美元。大火烧毁面积11.7m^2，受害范围65万平方米。

[案例3] 国内某厂浴室用的一台换热器发生爆炸，强大气浪将浴室后墙冲垮，房屋倒塌134m^2，房顶板全部倒塌，所有洗澡人员全部被压在里面。该浴室用换热器系自行制造，工艺质量（特别是焊缝质量）低劣，曾发生焊缝大量漏水，但敷焊了事，最终导致灾难性事故的发生。

[案例4] 国内某厂ϕ1000mm加压变换冷却塔，8mm厚16Mn钢板卷焊，操作压力为0.8MPa。1970年投产时原高8m，1973年为提高冷却能力，增高3m。现场焊接施工时，为抢时间，提高的3m内壁处未经喷铝防腐，因受H_2S腐蚀壁厚逐渐减薄，在使用、维修中也有所觉察（补焊过三次），但都没有重视，终于在1976年12月爆成2段而倒塌，爆炸口接高段筒体器材的壁厚已不到1mm，最厚的不到3mm。

[案例5] 1974年4月15日，罗马尼亚波特什蒂年产20万吨乙烯装置，因乙烯球罐材质不合格引起破裂，3台乙烯球罐相继炸裂，造成死亡1人，四五十人受伤，损失达1000万美元。

第一节　压力容器基本知识

一、概述

广义上讲，凡是器壁两侧存在一定压力差的所有密闭容器，均可称作压力容器。从这个意义上来说，小到日常生活中的真空罐头、汽水瓶、啤酒瓶、喷雾剂、喷发胶瓶、压力锅、液化石油气瓶等；大到工业生产中的各种承压设备、贮槽，交通运输的槽车、气瓶、贮罐等都属于压力容器。可以说压力容器遍布人们日常生活和国民经济各部门、各领域，现代社会生产、生活离不开压力容器。

这里所讲的压力容器指的是狭义上的。狭义上的压力容器是指根据《条例》规定：盛装气体或者液体，承载一定压力的密闭设备，其范围规定为最高工作压力大于或者等于0.1MPa（表压），且压力与容积的乘积大于或者等于2.5MPa·L的气体、液化气体和最高工作温度高于或者等于标准沸点的液体的固定式容器和移动式容器；盛装公称工作压力大于或者等于0.2MPa（表压），且压力与容积的乘积大于或者等于1.0MPa·L的气体、液化气体和标准沸点等于或者低于60℃液体的气瓶、氧舱等。

压力容器的用途十分广泛。在石油化学工业、能源工业、科研和军工等国民经济的各个部门都起着重要作用的设备。压力容器一般由筒体、封头、法兰、密封元件、开孔和接管、支座等六大部分构成容器本体（见图2-1）。此外，还配有安全装置、表计及完全不同生产工艺作用的内件。压力容器由于密封、承压及介质等原因，容易发生爆炸、燃烧起火而危及人员、设备和财产的安全及污染环境的事故。目前，世界各国均将其列为重要的监检产品，由国家指定的专门机构，按照国家规定的法规和标准实施监督检查和技术检验。

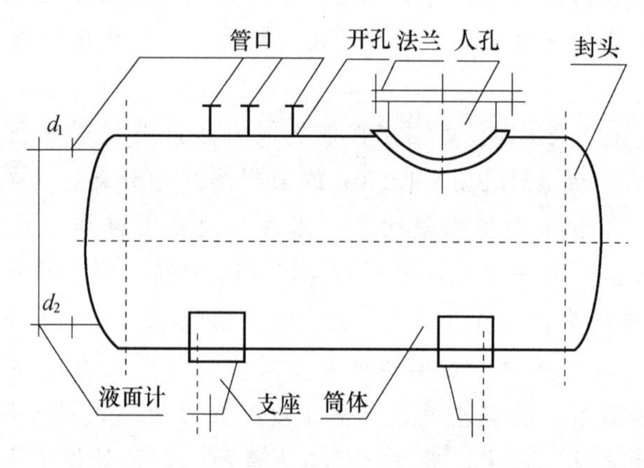

图2-1　压力容器本体图

二、压力容器分类

压力容器种类繁多，不同类别的压力容器，其危险程度也不同。对于不同类别的压力容器采用不同的管理方法和管理措施，既可以节约成本，又可以确保压力容器的安全。压力容器的分类方法很多，从使用、制造和监检的角度分类，压力容器一般分为固定式和移动式两大类。

1. 固定式

固定式压力容器是指除了用于运输储存气体的盛装容器以外的所有容器（如图2-2所示）。这类容器有固定的安装和使用地点，工艺条件和使用操作人员也比较固定，容器一般不单独装设，而是用管道与其他设备相连接。固定式压力容器还可以按它的压力等级、介质特性和用途进行分类。

(1) 按承受压力的等级分　低压容器（代号L，$0.1\text{MPa} \leqslant p < 1.0\text{MPa}$）、中压容器（代号M，$1.6\text{MPa} \leqslant p < 10\text{MPa}$）、高压容器（代号H，$10\text{MPa} \leqslant p < 100\text{MPa}$）和超高压容器

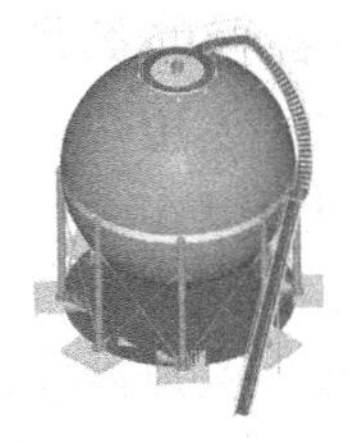

图 2-2　固定式压力容器

(代号 U，$p \geqslant 100$MPa)。

(2) 按盛装介质分　非易燃、无毒；易燃或有毒；剧毒。

(3) 按工艺过程中的作用不同分

① 反应容器 (代号 R)：用于完成介质的物理、化学反应的容器如反应器、反应釜、分解锅、硫化罐、分解塔、聚合釜、高压釜、超高压釜、合成塔、变换炉、蒸煮锅、蒸球、蒸压釜、煤气发生炉等。

② 换热容器 (代号 E)：用于完成介质的热量交换的容器，主要是用于完成介质的热量交换的压力容器，如管壳式余热锅炉、热交换器、冷却器、冷凝器、加热器、消毒锅、染色器、烘缸、蒸炒锅、预热锅、溶剂预热器、蒸锅、蒸脱机、电热蒸汽发生器、煤气发生炉水夹套等。

③ 分离容器 (代号 S)：用于完成介质的质量交换，气体净化，固、液、气分离的容器，主要是用于完成介质的流体压力平衡缓冲和气体净化分离的压力容器，如分离器、过滤器、集油器、缓冲器、洗涤器、吸收塔、铜洗塔、干燥塔、汽提塔、分汽缸、除氧器等。

④ 贮运容器 (代号 C，其中球罐代号为 B)：用于盛装液体或气体物料、贮运介质或对压力起平衡缓冲作用的容器，主要是用于贮存、盛装气体、液体、液化气体等介质的压力容器，如各种形式的贮罐。

2. 移动式

移动式压力容器属于贮运容器，它与贮存容器的区别在于移动式压力容器没有固定的使用地点，一般也没有专职的使用操作人员，使用环境经常变换，不确定因素较多，管理复杂，因此容易发生事故。容器在气体制造厂充气，然后运到用气单位。移动式压力容器按其容积大小及结构形状可以分为气瓶 (第三节单独介绍) 和槽车 (图 2-3) 两类。

图 2-3　槽车

三、压力容器的类别

为了更有效地实施科学管理和安全监检，我国《压力容器安全监察规程》中根据工作压力、介质危害性及其在生产中的作用将压力容器分为3类，并对每个类别的压力容器在设计、制造过程，以及检验项目、内容和方式做出了不同的规定。压力容器已实施进口商品安全质量许可制度，未取得进口安全质量许可证书的商品不准进口。

1. 第三类压力容器（代号为Ⅲ）

具有下列情况之一的，为第三类压力容器：

① 高压容器；

② 中压容器（仅限毒性程度为极度和高度危害介质）；

③ 中压贮存容器（仅限易燃或毒性程度为中度危害介质，且 $pV \geqslant 10\text{MPa} \cdot \text{m}^3$）；

④ 中压反应容器（仅限易燃或毒性程度为中度危害介质，且 $pV \geqslant 0.5\text{MPa} \cdot \text{m}^3$）；

⑤ 低压容器（仅限毒性程度为极度和高度危害介质，且 $pV \geqslant 0.2\text{MPa} \cdot \text{m}^3$）；

⑥ 高压、中压管壳式余热锅炉；

⑦ 中压搪玻璃压力容器；

⑧ 使用强度级别较高（指相应标准中抗拉强度规定值下限大于等于540MPa）的材料制造的压力容器；

⑨ 移动式压力容器，包括铁路罐车（介质为液化气体、低温液体）、罐式汽车［液化气体运输（半挂）车、低温液体运输（半挂）车、永久气体运输（半挂）车］和罐式集装箱（介质为液化气体、低温液体）等；

⑩ 球形贮罐（容积大于等于 50m^3）；

⑪ 低温液体贮存容器（容积大于 5m^3）。

2. 第二类压力容器（代号为Ⅱ）

具有下列情况之一的，为第二类压力容器：

① 中压容器；

② 低压容器（仅限毒性程度为极度和高度危害介质）；

③ 低压反应容器和低压贮存容器（仅限易燃介质或毒性程度为中度危害介质）；

④ 低压管壳式余热锅炉；

⑤ 低压搪玻璃压力容器。

3. 第一类压力容器（代号为Ⅰ）

除上述规定以外的低压容器为第一类压力容器。

四、压力容器代号标记法

压力容器注册编号的前3个代号的含义分别是：第一个代号表示容器的类别，用罗马数字Ⅰ、Ⅱ、Ⅲ分别表示第一、二、三类压力容器；第二个代号表示压力容器的压力等级，英文字母L、M、H、U分别表示低压、中压、高压、超高压；第三个代号表示压力容器的用途，英文字母R、E、S、分别表示反应容器、换热容器、分离容器，C表示贮存容器，B表示球形贮槽，LA表示液化气体汽车罐车，LT表示液化气体铁路罐车。

例如：

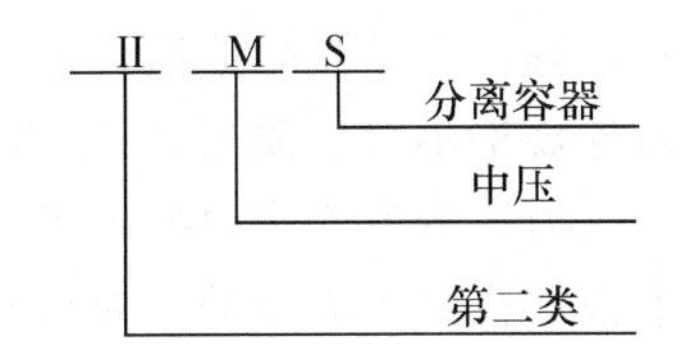

五、压力容器事故率高的原因

设备事故率的大小，影响因素较多，也十分复杂。它不但与整个工业领域的各项技术水平有关，而且还与社会文化和人的素质有关。

在相同的条件下，压力容器的事故率要比其他机械设备高得多。本来压力容器大多数是承受静止而比较稳定的载荷，并不像一般转动机械那样容易因过度磨损而失效，也不像高速发动机那样因承受高周期反复载荷而容易发生疲劳失效。究其原因，主要有以下几方面。

1．技术条件

(1) 使用条件比较苛刻　压力容器不但承受着大小不同的压力载荷（在一般情况下还是脉动载荷）和其他载荷，而且有的还是在高温或深冷的条件下运行，工作介质又往往具有腐蚀性，工况环境比较恶劣。

(2) 容易超负荷　容器内的压力常常会因操作失误或发生异常反应而迅速升高，而且往往在尚未发现的情况下，容器即已破裂。

(3) 局部应力比较复杂　例如，在容器开孔周围及其他结构不连续处，常会因过高的局部应力和反复的加载卸载而造成疲劳破裂。

(4) 常隐藏有严重缺陷　焊接或锻制的容器，常会在制造时留下微小裂纹等严重缺陷，这些缺陷若在运行中不断扩大，或在适当的条件（如使用温度、工作介质性质等）下都会使容器突然破裂。

2．使用管理

(1) 使用不合法　购买一些没有压力容器制造资质的工厂生产的设备作为承压设备，并非法当压力容器使用，以避开报装、使用注册登记和检验等安全监察管理，留下无穷后患。

(2) 容器虽合法而管理操作不符合要求　企业不配备或缺乏懂得压力容器专业知识和了解国家对压力容器的有关法规、标准的技术管理人员。压力容器操作人员未经必要的专业培训和考核，无证上岗，极易造成操作事故。

(3) 压力容器管理处于“四无”状态　即一无安全操作规程，二无建立压力容器技术档案，三无压力容器持证上岗人员和相关管理人员，四无定期检验管理。使压力容器和安全附件处于盲目使用、盲目管理的失控状态。

(4) 擅自改变使用条件，擅自修理改造　经营者无视压力容器安全，为了适应某种工艺的需要而随意改变压力容器的用途和使用条件，甚至带“病”操作，违规超负荷超压生产等造成严重后果。

(5) 地方政府的安全监察管理部门和相关行政执法部门管理不到位　安全监察管理部门和相关行政执法部门的工作未能适应社会主义市场经济的发展，特别是规模小、分布广的民营和私营企业的激增，使压力容器的安全监察管理存在盲区和管理不到位的现象，助长了压力容器的违规使用和违规管理。

六、压力容器事故分析程序

一般压力容器出现事故的主要原因是以下情况造成的：容器结构不合理、设计计算有误、粗制滥造、错用材料、强度不足等，尤其是焊缝质量低劣，没有执行严格的质量管理制度，安装不符合技术要求，安装附件规格不对、质量不好，以及在运行中超压、超负荷、超温，没有执行定期检验制度等，使压力容器发生失效导致事故发生。

压力容器事故的原因，一般来说往往是多方面的，对事故的技术分析，要找出主要原因和直接原因。首先进入事故现场，进行认真的检查与调查，必要时进行技术检验和鉴定，作出综合分析并确定事故原因。

1. 检查事故现场

在事故发生后，应迅速进入现场，进行周密的检查、观察和必要的技术测量，搜集容器爆炸碎片，拍摄现场照片等，尽力搜集较完整的第一手资料，其检查的主要内容如下。

(1) 容器本体破裂情况检查　检查容器本体的破裂情况是事故现场检查的最主要内容。

首先对容器破断面进行初步观察，对断口的形状、颜色、晶粒和断口纤维等特征进行认真观察和记录。若破断口在容器焊缝部位，则应认真检查焊缝破断口有无裂纹、未焊透、夹渣、未融合等缺陷以及有无腐蚀物痕迹。对破断面的初步观察，大体上可以确定容器的破裂形式。其次是对容器破裂形状的检查和尺寸测量。当容器破裂后无碎块、碎片时，应测量开裂位置、方向、裂口的宽度、长度及其壁厚，并与原有周长和壁厚进行比较，计算破裂后的伸长率及壁厚减薄率；对碎裂后几大块的容器，可按原来的部位组装进行测量计算，并计算其破裂时的容积变形及碎块或碎片飞出距离，飞出破片的重量。

最后检查容器内外表面金属光泽、颜色、光洁程度。有无严重腐蚀，有无燃烧过的痕迹等。

(2) 检查安全装置是否完好　当容器发生爆炸事故后，在初步检查安全阀，压力表、温度测量仪表后，再拆卸下来进行详细检查，以确定是否超温运行。

对压力表主要检查进气口是否被堵塞以及爆炸前压力表是否已失灵。

对安全阀主要检查进气口是否被堵塞，阀瓣与阀座是否被粘住，弹簧锈蚀，卡住或过分拧紧，重锤被移动等失灵现象，以及安全阀有否开启过的迹象。必要时应放到安全阀试验台上检查开启压力的试验。对温度测量仪表主要是检查温度计或温度测量仪表是否失灵。若容器上有减压阀者，应检查有否失灵现象。

装有爆破片的容器，可检查是否已爆破。若未爆破，如有必要应作爆破压力试验，测定其爆破压力。

(3) 事故现场破坏及人员伤亡情况　压力容器爆炸后，周围建筑物的破坏情况，即地坪损坏情况、室顶、墙壁厚度及其破坏状况，与爆炸中心的距离以及门窗破坏情况与离爆炸中心的距离等。这对于估算容器爆炸量的计算有反证作用。人员伤亡，包括受伤部位及其程度，以便确定重伤或轻伤。

另外，对现场及其周围有否易燃物燃烧痕迹等也应作检查分析。

2. 事故过程调查

容器在发生事故前的运行情况，即物料数量、压力、温度等运行参数是否正常；容器是否渗漏、变形以及异常响声等。容器开始出现异常现象的时间，采取的应急措施以及安全泄压装置的动作情况；操作人员所在位置，爆炸过程及现象，如有无闪光、着火、一次或两次响声等。操作人员的操作技术水平，有无经过安全培训考试合格等情况，以利于判断有无误操作现象。

3. 压力容器设计、制造情况的调查

查阅压力容器技术资料，检查设计结构是否合理，强度是否足够；检查压力容器选材是否满足工艺要求，制造质量尤其是焊接质量是否合格；容器使用年限、投产使用年份以及检验情况等，以便判断是否因设计、制造不良引起的事故。

4. 技术检验和鉴定工作

当压力容器的操作条件比较复杂，在通过上述事故分析后仍未能确定事故原因时，需要进一步进行技术检验、计算和鉴定工作，才能确切地查明事故原因。

（1）材质分析　通过分析容器的材质成分、性能、核对制造压力容器的材料，或检查容器使用过程中所发生的变化。

① 化学成分检查。当压力容器发生事故后，应复验材质的化学成分，或着重检验对容器性能有影响的元素成分。对可能发生脱碳现象的压力容器，还要化验表面层含碳量，和内层钢材的含碳量进行对比，以便查明是否由于介质对钢材的影响，所以复验化学成分可鉴别容器是否用错钢种或运行中的影响。

② 力学性能测定。压力容器的破裂与金属材料的力学性能直接有关。一般是检查材料强度、塑性，以判断是否用错材料；对于低温下工作的容器，通过金属材料韧性指标（冲击值）的测定，即可鉴别容器是否因脆性断裂破坏的。做力学性能测定的试件，可从断口部位截取，并与其他部位的试件作对比。

③ 金相检查。金相检查观察断口及其他部位金属相的组成，判断是否有脱碳层及裂纹性质，对于鉴别事故性质作用甚大。例如可以观察到是穿晶裂纹还是晶间裂纹，观察裂纹尖端是圆的还是尖锐的。

④ 工艺性能试验。工艺性能试验主要是钢材的焊接性能试验、耐腐蚀性能试验等。试验时应取与破裂容器相同的材料、焊条和焊接工艺，以观察试样与破裂容器类同的缺陷的可能性。工艺性能试验往往是事故检查的一种辅助手段，起验证作用。

（2）压力容器断口分析　断口分析是研究分析破坏现象微观机理的一种重要手段。断口分析可分为宏观分析和微观分析两种。

① 断口的搜集及其保护、保存在压力容器发生事故的现场，应尽可能地搜集破断口或碎片截取制成断口试样。对于破断口，防止沾污表面，并用水玻璃涂其表面防止腐蚀。被沾污了的断面应加以清洗。清洗后的断口用酒精漂净，并用热风吹干，保存在干燥器中备用、备查。

② 断口宏观分析。断口宏观分析是用肉眼或借助于放大镜对断口进行观察，这是断口分析的主要手段。

金属的拉伸断口，一般由 3 个区域组成，即纤维区、放射区和剪切唇。根据这 3 个区域在整个断口所占有的断面积，大体上可确定其断裂类型。凡脆性断裂的断口，纤维区和剪切唇很小，大部分是放射区，就是说金属在断裂前没有较大塑性变形，断裂主要是在高速扩展下进行的。脆裂断口还可根据放射线（常称人字形）的指向确定裂源的起始点，并可由此查清裂纹的扩展情况。

断口微观分析是利用光学显微镜、电子显微镜对断口的微观形态进行观察，结合宏观分析确定断裂性质。

目前广泛使用的是电子显微镜，它的放大倍数可达 20000 倍。通常使用的是透视式电子显微镜和扫描电子显微镜。前者是对用断口表面复制的薄膜进行观察，后者则可直接观察实物断口。有的电子显微镜配有电子计算机，不仅可作断口定性分析，还可对断口的成分作定量分析。

(3) 压力容器事故分析中的计算　在压力容器事故分析中，往往要进行计算和液化气体过量充装可能性的计算等工作。

对压力容器进行强度计算，主要是为了判断是设计强度不足还是运行后因腐蚀减薄导致强度不足的破裂。在强度计算中测量的壁厚，应注意是破裂前的厚度，而不是破裂变形后的壁厚。对于在焊缝处破裂的容器，若有未焊透缺陷时，还要考虑未焊透处的应力集中或对疲劳强度的削弱。液化气体容器的事故分析中，还应作过量充装可能量的计算，即液化气体满液充装和过量充装时，在环境温度升高几度时，容器将发生破裂。

5. 压力容器事故综合分析

压力容器破裂爆炸事故的调查分析工作，在经过事故现场的观察检查和测量，对事故发生过程和容器设计、制造、投产后运行情况的调查了解，以及必要的技术检验、鉴定和计算之后，则应对事故原因进行综合分析确定其直接原因和主要原因。由于压力容器类型繁多，每一次事故均应按具体情况作具体分析。

(1) 爆炸事故性质及过程的判断　压力容器的破裂，有的是在工作压力下发生的，有的是在超压的情况下发生的。其中有的属于物理性爆炸，有的属于化学性爆炸，所以要具体分析事故原因，首先要正确判断爆炸的性质或过程以及容器破裂压力等。一般容器破裂及其由此引起的气体爆炸，有以下几种情况。

① 工作压力破裂的容器。当安全泄压装置正确、可靠，容器在破裂前没有开启泄放，压力表也无异常，事故后检查尚无失效、失灵，操作和工艺条件也属正常等，无超压迹象，则可判断为在工作压力下的破裂。

工作压力下破裂的容器，一般是发生在容器粗制滥造，即壁厚不够、焊缝有严重缺陷以及容器长期不作技术检验、年久失修和器壁严重腐蚀而普遍减薄的容器。工作压力下器壁上的应力超过材料屈服极限的则少见。

② 超工作压力下破裂的容器。当容器内压力较多的超过工作压力而发生爆炸，这类事故一般是操作人员违章作业，超过工作压力，而容器本身的安全泄压装置不全或失灵、失效，器壁上的应力超过材料的强度极限而发生破裂，这种破裂一般都有一段增压过程，故破裂一般都属于韧性破裂。

③ 化学反应而爆炸的容器。容器内化学反应爆炸是指发生不正常的化学反应，使气体体积增加或温度剧烈增高致使压力急剧升高导致的容器破裂。

发生化学反应爆炸的容器，其安全阀可能有排放过的迹象，但一般却来不及全量排放。爆炸后检查压力表可发现指针撞弯、不能返回零位等异常现象以及器内可能有燃烧的痕迹或残留物等。

④ 容器破裂后的二次空间爆炸。一般盛装易燃介质的容器，在其破裂后，器内逸出的易燃介质与空气混合后，在爆炸极限范围又发生的第二次爆炸，这种爆炸一般形成火灾，往往导致灾害性事故。容器破裂后的二次空间爆炸，其特征是可以看到闪光和两次响声以及常有燃烧痕迹或残留物等。

(2) 容器破裂型式鉴别

① 韧性破裂。韧性破裂的容器一般都有明显的塑性变形，破裂后其最大圆周伸长率常达10%以上，容器增大率在10%～20%。其破断口呈暗灰色纤维状，没有闪烁的金属光泽，

断口不齐平。由于材料有较好的塑性和韧性，所以容器破裂后，一般不是形成碎片，而是裂开一个口子。

② 脆性破裂。脆性破裂的容器，在破裂形状、断口形貌等方面具有一些与韧性破裂相反的特征，即没有明显的伸长变形，容器的壁厚一般也无减薄。裂口齐平，断口呈闪烁金属光泽的结晶状，厚壁容器的断口上，还常可找到人字形纹路（辐射状）。由于脆性破裂往往在一瞬间发生，器内压力无法通过一个裂口释放，因此脆性破裂的容器常裂成碎块飞出。金属的脆性断裂是由于裂纹引起的，所以破裂时实际应力较低。在运行中因温度突变而发生脆断的也多见。

③ 疲劳破裂。疲劳破裂是在反复的交变载荷作用下出现的金属疲劳破坏。一般的疲劳破坏有如下特征。

a. 由裂纹的产生和扩展所造成的，它与脆性破裂一样，一般无明显的塑性变形。

b. 破裂断口存在两个区域，一个是疲劳裂纹产生及扩展区，另一个是最后断裂区。两个区域的颜色有明显的不同。

c. 疲劳与脆性破裂的另一个不同点是只开裂一个破口泄漏，而常不产生碎片。容器在反复交变载荷作用下，由裂纹的产生发展到断裂泄漏，比脆性断裂要慢得多。

④ 腐蚀破裂。常见的压力容器腐蚀破裂形式有均匀腐蚀、点腐蚀、应力腐蚀和疲劳腐蚀等，其中最危险的是应力腐蚀破裂。常见的应力腐蚀形式及其特征如下。

a. 钢制容器的氢脆。在容器发生氢脆后，断口微观分析，常可看到钢的脱碳铁素体组织及脱碳层的深度。破坏的形式是沿晶界扩展的腐蚀裂纹。

b. 钢制容器的碱脆。碱脆是钢在热碱溶液和拉伸应力的共同作用下产生应力腐蚀的一种破坏形式。断裂常发生在应力集中的地方，断口微观分析常可发现有沿着晶界分枝型裂纹，断口上还粘附有磁性氧化铁。

c. 氯离子引起的奥氏体不锈钢制容器的应力腐蚀断裂。腐蚀裂纹的特征是穿晶型，且多数是分枝型裂纹，且多数发生在有残余应力的焊缝及其热影响区。

d. 疲劳腐蚀。或称腐蚀疲劳，是金属材料在腐蚀和应力的共同作用下引起的一种破坏形式。具有与疲劳破坏相同的断口，即断口常有两个明显不同的区域，一是腐蚀疲劳裂纹产生的扩展区，另一个是最后断裂区。疲劳腐蚀裂纹多为穿晶分布的。

一般压力容器的破坏事故，是一个涉及设计、制造、检查和使用等各个环节的复杂问题。设计制造部门必须合理设计、正确选材、精心制造、严格检验，使其达到规范标准的要求。但在长期使用中，即使合乎制造质量标准的设备，由于压力、温度、腐蚀介质量及各种复杂因素的联合作用，实际上缺陷还在形成、扩展。因此，在使用中加强压力容器的维护保养，建立健全规章制度，对于防止事故的发生是非常重要的。

七、法律法规对压力容器安全的规定

1. 压力容器的设计管理

压力容器的设计单位应当经国务院特种设备安全监督管理部门许可，方可从事压力容器的设计活动。

压力容器的设计单位应当具备下列条件：

① 与压力容器设计相适应的设计人员、设计审核人员；

② 有与压力容器设计相适应的场所和设备；

③ 有与压力容器设计相适应的健全的管理制度和责任制度。

2. 压力容器的制造、安装、改造管理

压力容器的制造、安装、改造单位应当具备下列条件：

① 有与特种设备制造、安装、改造相适应的专业技术人员和技术工人；

② 有与特种设备制造、安装、改造相适应的生产条件和检测手段；

③ 有健全的质量管理制度和责任制度。

压力容器在安装、改造、维修后，施工单位应当在验收后30日内将有关技术资料移交使用单位，使用单位应当将其存入该特种设备的安全技术档案。

3. 压力容器登记

压力容器在投入使用前或者投入使用后30日内，使用单位应当向当地质量技术监督局登记。

登记所需材料如下：

① 压力容器（氧舱）特种设备注册登记表、登记卡，附工商营业执照和组织代码证复印件；

② 安全技术规范要求的设计文件（含图纸）、产品质量合格证明、安装及使用维修说明、制造、安装过程监督检验证明；

③ 进口锅炉压力容器安全性能监督检验报告；

④ 安全阀、压力表、爆破片和紧急切断阀等安全附件的质量证明材料和校验报告；

⑤ 压力容器安装质量证明书；

⑥ 压力容器使用安全管理的有关规章制度；

⑦ 操作人员的《特种设备作业人员资格证》。

4. 压力容器迁移、过户手续

① 填写《特种设备变更注销申请表》，双方加盖公章。

② 原产权单位应当持拟转让设备的《特种设备注册登记表》及有关牌照和证书，到原注册登记机构办理注销变更手续。

③ 原产权单位应将特种设备及其部件的出厂随机文件、办理注销变更手续后的原《特种设备注册登记表》、历次检查报告、维修保养和改造记录等有关资料及其有关牌照和证书，移交给该设备的产权接收单位。

④ 易地重新安装的特种设备，新的使用单位应当按照有关规定，分别申请备案、验收检验和注册登记的顺序，其《安全检验合格》标志的有效期限重新计算。

⑤ 不需要易地重新安装的，该设备的产权接收单位或使用单位，应当重新填写《特种设备注册登记表》并到原注册登记机构重新进行注册登记（设备编号不变），设备定期检验的期限不变。

5. 设备停用

当设备由于某种原因决定停止使用时，向当地质量技术监督部门申报停用手续，填写《压力容器报停备案表》，加盖单位公章。

设备停用期间应该自行封停，并标注停用标识。

6. 重新启用

当停用设备启用时，持加盖公章的申请报告，到当地特种设备检验研究院申请检验，检验合格后方可使用。

7. 设备报废

当设备因隐患或其他原因报废时，填写《压力容器报废报告表》，加盖单位公章，送至当地质量技术监督部门。

报废设备不能出售，禁止使用。

8. 压力容器定期检验

特种设备使用单位应当按照安全技术规范的定期检验要求，在安全检验合格有效期届满前1个月向特种设备检验检测机构提出定期检验要求。

未经定期检验或者检验不合格的特种设备，不得继续使用。

(1) 年度检验　是指压力容器运行中的定期在线检验，每年至少一次。

(2) 全面检验　是指压力容器停机时的检验。安全状况等级为1、2级的每6年至少一次；安全状况等级为3级的每3年至少一次。

(3) 耐压试验　是指压力容器全面检验后所进行的超过最高工作压力的液压试验或气压试验。每两次全面检验期间内，至少进行一次耐压试验。

9. 安全技术档案

压力容器的使用单位，必须建立压力容器技术档案并由管理部门统一保管。技术档案的内容应包括：

① 压力容器档案卡；

② 安全技术规范规定的压力容器设计文件；

③ 安全技术规范规定的压力容器制造、安装技术文件和资料；

④ 检验、检测记录，以及有关检验的技术文件和资料；

⑤ 修理方案，实际修理情况记录，以及有关技术文件和资料；

⑥ 压力容器技术改造的方案、图样、材料质量证明书、施工质量检验技术文件和资料；

⑦ 安全附件校验、修理和更换记录；

⑧ 有关事故的记录资料和处理报告。

10. 压力容器使用单位的安全管理

压力容器使用单位的安全管理工作主要包括如下内容：

① 贯彻执行本规程和有关的压力容器安全技术规范规章；

② 制定压力容器的安全管理规章制度；

③ 参加压力容器订购、设备进厂、安装验收及试车；

④ 检查压力容器的运行、维修和安全附件校验情况；

⑤ 压力容器的检验、修理、改造和报废等技术审查；

⑥ 编制压力容器的年度定期检验计划，并负责组织实施；

⑦ 向主管部门和当地安全监察机构报送当年压力容器数量和变动情况的统计报表，压力容器定期检验计划的实施情况，存在的主要问题及处理情况等；

⑧ 压力容器事故的抢救、报告、协助调查和善后处理；

⑨ 检验、焊接和操作人员的安全技术培训管理；

⑩ 压力容器使用登记及技术资料的管理。

11. 操作规程

压力容器的使用单位，应在工艺操作规程和岗位操作规程中，明确提出压力容器安全操作要求，其内容至少应包括：

① 压力容器的操作工艺指标（含最高工作压力、最高或最低工作温度）；

② 压力容器的岗位操作法（含开、停车的操作程序和注意事项）；

③ 压力容器运行中应重点检查的项目和部位，运行中可能出现的异常现象和防止措施，以及紧急情况的处置和报告程序。

12. 作业人员管理

压力容器操作人员应持证上岗。压力容器使用单位应对压力容器操作人员定期进行专业培训与安全教育，培训考核工作由地、市级安全监察机构或授权的使用单位负责。

压力容器操作人员应履行以下职责：

① 按照安全操作规程的规定，正确操作使用压力容器；

② 认真填写操作记录；

③ 做好压力容器的维护保养工作，使压力容器经常保持良好的技术状态；

④ 经常对压力容器的运行情况进行检查，发现操作条件不正常时及时进行调整，遇紧急情况应按规定采取紧急处理措施并及时向上级报告；

⑤ 对任何有害压力容器安全运行的违章指挥，应拒绝执行；

⑥ 努力学习业务知识，不断提高操作技能。

13. 运行管理

正确合理地操作使用压力容器，是保证安全运行的重要措施，因为即使是容器的设计完全符合要求，制造、安装质量优良，如果操作不当，同样会造成压力容器事故。

（1）压力容器的安全运行　作为生产工艺过程中的主要设备，要保证其安全运行，必须做到以下几点。

① 平稳操作。压力容器在操作过程中，压力的频繁变化和大幅度波动，对容器的抗疲劳破坏是不利的。应尽可能使操作压力保持平稳。同时，容器在运行期间，也应避免壳体温度的突然变化，以免产生过大的温度应力。压力容器加载（升压、升温）和卸载（降压、降温）时，速度不宜过快，要防止压力或温度在短时间内急剧变化对容器产生不良影响。

② 防止超载。防止压力容器超载，主要是防止超压。反应容器要严格控制进料量、反应温度，防止反应失控而使容器超压，贮存容器充装进料时，要严格计量，杜绝超装，防止物料受热膨胀使容器超压。

③ 状态监控。压力容器操作人员在容器运行期间要不断监督容器的工作状况，及时发现容器运行中出现的异常情况，并采取相应措施，保证安全运行。

（2）容器运行状态的监督控制　主要从工艺条件、设备状况、安全装置等方面进行。

① 工艺条件。主要检查操作压力、温度、液位等是否在操作规程规定的范围之内；容器内工作介质化学成分是否符合要求等。

② 设备状况。主要检查容器本体及与之直接相连接部位如人孔、阀门、法兰、压力温度液位仪表接管等处有无变形、裂纹、泄漏、腐蚀及其他缺陷或可疑现象；容器及与其联接管道等设备有无震动、磨损；设备保温（保冷）是否完好等情况。

③ 安全装置。主要检查各安全附件、计量仪表的完好状况，如各仪表有无失准、堵塞；联锁、报警是否可靠投用，是否在允许使用期内，室外设备冬季有无冻结等。

（3）安全操作规程　至少应包括以下的内容。

① 容器的操作工艺控制指标，包括最高工作压力、最高或最低工作温度、压力及温度波动幅度的控制值、介质成分特别是有腐蚀性的成分控制值等。

② 压力容器的岗位操作方法，开、停机的操作程序和注意事项。

③ 压力容器运行中日常检查的部位和内容要求。

④ 压力容器运行中可能出现的异常现象的判断和处理方法以及防范措施。

⑤ 压力容器的防腐措施和停用时的维护保养方法。

(4) 压力容器的紧急停运　压力容器发生下列异常现象之一时，操作人员应立即采取紧急措施，并按规定的报告程序，及时向有关部门报告。

① 压力容器工作压力、介质温度或壁温超过规定值，采取措施仍不能得到有效控制。

② 压力容器的主要受压元件发生裂缝、鼓包、变形、泄漏等危及安全的现象。

③ 安全附件失效。

④ 接管、紧固件损坏，难以保证安全运行。

⑤ 发生火灾等直接威胁到压力容器安全运行。

⑥ 过量充装。

⑦ 压力容器液位超过规定，采取措施仍不能得到有效控制。

⑧ 压力容器与管道发生严重振动，危及安全运行。

⑨ 其他异常情况。

(5) 压力容器设备完好的标准

① 运行正常，效能良好。其具体标志为：

a. 容器的各项操作性能指标符合设计要求，能满足生产的需要；

b. 操作过程中运转正常，易于平稳地控制操作参数；

c. 密封性能良好，无泄漏现象；

d. 带搅拌的容器，其搅拌装置运转正常，无异常的振动和杂音；

e. 带夹套的容器，加热或冷却其内部介质的功能良好；

f. 换热器无严重结垢。列管式换热器的胀口、焊口，板式换热器的板间，各类换热器的法兰连接处均能密封良好，无泄漏及渗漏。

② 装备完整，质量良好。其包括以下各项要求：

a. 零部件、安全装置、附属装置、仪器仪表完整、质量符合设计要求；

b. 容器本体整洁，尤其保温层完整，无严重锈蚀和机械损伤；

c. 有衬里的容器，衬里完好，无渗漏及鼓包；

d. 阀门及各类可拆连接部位无跑、冒、滴、漏现象；

e. 基础牢固，支座无严重锈蚀，外管道情况正常；

f. 各类技术资料齐备、准确、有完整的技术档案；

g. 容器在规定期限内进行了定期检验，安全性能良好，并已办理使用登记证；

h. 安全附件检定、校验和更换。

第二节　压力容器运行、使用、维护保养安全技术

一、压力容器运行安全技术

压力容器的最终目的和其价值的体现在于使用，而压力容器的使用管理是保证压力容器安全的重要环节。压力容器的使用单位必须做到正确合理地操作和使用压力容器，抓好压力容器的基础管理和维护保养工作。

压力容器安装竣工调试验收后，到当地安全监察机构办理了使用登记手续取得《压力容器使用证》，即可投入使用。压力容器一经投入使用，往往会因工作条件的苛刻、操作不当、维修不力等原因，引起材质劣化、设备故障而降低其使用性能，甚至发生意外事故。因此，压力容器的安全问题与容器使用的关系极大。容器的使用单位除应设置专门管理机构和专职管理人员对容器进行安全技术管理，建立和健全安全管理制度外，还应对容器的操作人员提出具体要求，并在容器运行过程中从使用条件、环境条件和维修条件等方面采取控制措施，以保证容器的安全运行。

（一）投用

做好投用前的准备工作，对压力容器顺利投入运行保证整个生产过程安全有着重要意义。

1. 准备工作

压力容器投用前，使用单位应做好基础管理管理（软件）、现场管理（硬件）的运行准备工作。

（1）基础管理工作

① 规章制度。压力容器运行前必须有包括该容器的安全操作规程（或操作法）和各种管理制度，有该容器明确的安全操作要求，使操作人员做到操作时有章可依、有规可循。初次运行还必须制定试运行方案（或开车方案和开车操作票），明确人员的分工和操作步骤、安全注意事项等。

② 人员。压力容器运行前必须根据工艺操作的要求和确保安全操作的需要而配备足够的压力容器操作人员和压力容器管理人员。压力容器操作人员必须参加当地劳动、质监部门的压力容器操作人员培训，经过考试合格获得当地技监部门颁发的《压力容器操作人员合格证》。当地劳动质监部还未开展压力容器操作证培训考试的，可参加行业的或相应主管部门组织的相关培训以获取相应的操作证。有条件的单位也可自行培训考证，设立企业内部使用的压力容器操作上岗证。压力容器操作人员确定后，在容器试运行前必须对他们进行相关的安全操作规程或操作法和管理制度的岗前培训和考核。让操作人员熟悉待操作容器的结构、类别、主要技术参数和技术性能，掌握压力容器的操作要求和处理一般事故的方法，必要时还可进行现场模拟操作。可根据企业的规模及压力容器的数量、重要程度设置压力容器专职管理人员或由单位技术负责人兼任，并参加当地劳动、质监部门组织的锅炉压力容器管理人员培训考核，取得压力容器管理人员证。压力容器的初次运行应由压力容器管理人员和生产工艺技术人员共同组织策划和指挥，并对操作人员进行具体的操作分工和培训。

③ 设备。压力容器投用前，容器必须是办理好报装手续后由具有资质的施工单位负责施工，并经竣工验收，办理使用登记手续，取得质监部门发给的《压力容器使用证》。

（2）现场管理工作　主要包括对压力容器本体附属设备、安全装置等进行必要的检查，具体要求如下。

① 安装、检验、修理工作遗留的辅助设施，如脚手架、临时平台、临时电线等是否全部拆除，容器内有无遗留工具、杂物等。

② 电、气等的供给是否恢复，道路是否畅通；操作环境是否符合安全运行的要求。

③ 检查容器本体表面有无异常；是否按规定做好防腐蚀和保温及绝热工作。

④ 检查系统中压力容器连接部位、接管等的连接情况，该抽的盲板是否抽出，阀门是否处于规定的启闭状态。

⑤ 检查附属设备及安全防护设施是否完好。

⑥ 检查安全附件、仪器仪表是否齐全，并检查其灵敏程度及校验情况，若发现安全附件无产品合格证或规格、性能不符合要求或逾期未校验情况，不得使用。

2. 开车与试运行

压力容器试运行前的准备工作做好后，进入开车与试运行程序，操作人员进入岗位现场后必须按岗位的规定穿戴各种防护用品和携带各种操作工具，企业负责安全生产的部门或相应管理人员应到场监护，发现异常情况及时处理。

试运行前需对容器、附属设备、安全附件、阀门及关联设备等进一步确认检查。对设备管线作吹扫贯通，对需预热的压力力容器进行预热，对带搅拌装置的压力容器再次检查容器内是否有妨碍搅拌装置转动的异物、杂物、电器元件是否灵敏可靠后方可试开搅拌，按操作法再次检查压力容器的进、出口管阀门及其他控制阀门、元件等及安全附件是否处于适当位置或牢固可靠，该开的投料口阀门等是否已开，该关闭的是否已关闭。因工艺或介质特性要求不得混有空气等其他杂气的压力容器，还需作气体置换直至气体取样分析符合安全规程或操作法要求。检查与压力容器关联的设备机泵、阀门及安全附件是否处于同步的状态。需要进行热紧密封的系统，应在升温同时对容器、管道、阀门、附件等进行均匀热紧，并注意适当用力。当升到规定温度时，热紧工作应停止。对开车运行前系统需预充压的压力容器，在预充压后检查容器本体各连接件各密封元件及阀门安全附件和附属或关联管道是否有跑、冒、滴、漏、窜气憋压等现象，一经发现应先处理后开车。

在上述工作完成后，压力容器按操作规程或操作法要求，按步骤先后进（投）料，并密切注意工艺参数（温度、压力、液位、流量等）的变化，对超出工艺指标的应及时调控。同时操作人员要沿工艺流程线路跟随物料进程进行检查，防止物料泄漏或走错流向。同时注意检查阀门的开启度是否合适，并密切注意运行中的细微变化特别是工艺参数的变化。

（二）运行的控制

每台容器都有特定的设计参数，如果超设计参数运行，容器就会因承载能力不足而可能出现事故。同时，容器在长期运行中，由于压力、温度、介质腐蚀等因素的综合作用，容器上的缺陷可能进一步发展并可能形成新的缺陷。为使缺陷的发生和发展被控制在一定限度之内，运行中对工艺参数的安全控制，是压力容器正确使用的重要内容。

对压力容器运行的控制主要是对运行过程中工艺参数的控制，即压力、温度、流量、液位、介质配比、介质腐蚀性、交变载荷等的控制。压力容器运行的控制有手动控制（简单的生产系统）和自动控制联锁（工艺复杂要求严格的系统）。

1. 压力和温度

压力和温度是压力容器使用过程中的两个主要工艺参数。压力的控制要点主要是控制容器的操作压力不超过最大工作压力；对经检验认定不能按原铭牌上的最高工作压力运行的容器，应按专业检验单位所限定的最高工作压力范围使用。温度的控制主要是控制其极端的工作温度。高温下使用的压力容器，主要是控制介质的最高温度，并保证器壁温度不高于其设计温度；低温下使用的压力容器，主要控制介质的最低温度，并保证壁温不低于设计温度。

对压力和温度的控制，除考虑设计极限值外，还应考虑温度、压力上升的惯性及温度、压力显示的滞后性。特别是内部有催化剂、填料等或有衬里、隔热等内件的压力容器，不宜以设计压力和设计温度等作为操作的控制指标，应根据容器内介质的特性或物理、化学反应引起的增压升温的速度和具体情况或经验判断设定与设计值有一定缓冲（升、降）空间的压力、温度极限控制值。

在压力容器运行中，操作人员要按照容器安全操作规程中规定的操作压力和操作温度进行操作，严禁盲目提高工作压力。可采用联锁装置、实行安全操作挂牌制度以防止操作失误。对反应容器，必须严格按照规定的工艺要求进行投料、升温、升压和控制反应速度，注意投料顺序，严格控制反应物料的配比，并按照规定的顺序进行降温、卸压和出料；盛装液化气体的压力容器，应严格按照规定的充装量进行充装，以保证在设计温度下容器内部存在气相空间。充装用的全部仪表量具如压力表、磅秤等都应按规定的量程和精度选用。容器还应防止意外受热。贮存易于发生聚合反应的碳氢化合物的容器，为防止物料发生聚合反应而使容器内气体急剧升温导致压力升高，应该在物料中加入相应的阻聚剂，同时限制这类物料的贮存时间。

2. 流量和介质配比

对一些连续生产的压力容器还必须控制介质的流量、流速等，以便控制其对容器造成严重冲刷、冲击和引起振动，对反应容器还应严格控制各种参数与反应介质的流量、配比出现因某种介质的过程或不足产生副反应而造成生产失控发生事故。因此，压力容器在运行过程中，操作人员除密切注意温度、压力的变化外，还应密切留意出口流量和进口的各种介质流量的变化和配比。有条件的反应容器在压力容器出口端应加装反应产物自动分析仪。此外，压力容器内部为适应某种化学、物理反应，采用将介质通过喷嘴喷射雾化工艺的，必须按操作要求调节好膨胀比，即在工艺参数指标范围内调节好介质入口压力与容器内部压力的比值，使介质对容器内壁或内件的冲刷尽量均匀，以减少容器应力集中和局部过热，避免内件局部损坏或容器器壁局部减薄严重。

3. 液位

液位控制主要是针对液化气体介质的容器和部分反应容器的介质比例而言。盛装液化气体的容器，应严格按照规定的充装系数充装，以保证在设计温度下容器内有足够的气相空间；反应容器则需通过控制液位来实现控制反应速度和某些不正常反应的产生。

4. 介质腐蚀

要防止介质对容器的腐蚀，首先应在设计时根据介质的腐蚀性及容器的使用温度和使用压力选择合适的材料，并规定一定的使用寿命。同时也应该看到在操作过程中，介质的工艺条件对容器的腐蚀有很大影响。因此必须严格控制介质的成分及杂质含量、流速、水分及pH值等工艺指标，以减少腐蚀速度、延长使用寿命。

这里需要着重说明的是，杂质含量和水分对腐蚀起着重要的作用。

(1) 杂质含量　设计选材时，往往只注意介质的主要成分，而忽视了在工艺中不可避免的某些杂质。在特定的条件下，杂质的存在会造成严重腐蚀。通常影响较为严重的杂质是氯离子、氢离子及硫化氢等。如液化石油气球形贮罐检查中发现的诸多危及安全使用的隐患，除制造质量外，介质中硫化氢含量高也是因素之一。对某些贮存容器，因杂质部分密度不同，会在上部液面或容器底部积聚，这是液面附近或底部器壁易被腐蚀的原因之一。

(2) 含水量控制　气体、液化气体中水分的存在，对于加速介质对器壁的腐蚀起着重要的作用。由于水能溶解多种杂质而形成电解质溶液，从而导致电化学腐蚀的产生。如无水的氧不会腐蚀器壁，但是少量水存在的情况下，将对容器产生强烈的腐蚀，尤其是奥氏体不锈钢材料的容器，更易造成晶间腐蚀。

5. 交变载荷

压力容器在反复变化的载荷作用下会产生疲劳破坏。疲劳破坏往往发生在容器开孔接管、焊缝、转角及其他几何形状发生突变的高应力区域。为了防止容器发生疲劳破坏，除了在容器设计时尽可能地减少应力集中，或者根据需要作容器疲劳分析设计外，应尽量使压力、温度的升降平稳，尽量避免突然开、停车，避免不必要的频繁加压和卸压。对要求压力、温度平稳的工艺过程，则要防止压力、温度的急剧升降，使操作工艺指标稳定。对于高温压力容器，应尽可能减缓温度的突变，以降低热应力。

压力容器运行控制可通过手动操作或自动控制。但因自动控制系统会有失控的时候，所以，压力容器的运行控制绝对不能单纯依赖自动控制，压力容器运行的自动控制系统离不开人。

（三）操作的安全注意事项

尽管压力容器的技术性能、使用工况不尽一致，却有共同的操作安全要求，操作人员必须按规定的程序进行操作。压力容器操作的安全注意事项如下。

1. 平稳操作

压力容器开始加载时，速度不宜过快，特别是承受压力较高的容器，加压时需分阶段进行并在各个阶段保持一定时间后再继续增加压力，直至规定压力。高温容器或工作温度较低的容器，加热或冷却时都应缓慢进行，以减少容器壳体温差应力。对于有衬里的容器，若降温、降压速度过快，有可能造成衬里鼓包；对固定管板式热交换器，温度大幅度急剧变化，会导致管子与管板的连接部位受到损伤。

容器运行期间，还应尽量避免压力、温度的频繁和大幅度波动。因为压力、温度的频繁波动，会造成容器的疲劳破坏。尽管设计上要求容器结构连续，但在接管、转角、开孔、支承部位、焊缝等处是不连续的，这些区域在交变载荷作用下产生的局部峰值应力往往超过材料的屈服极限，产生塑性变形。尽管一次的变形量极少，但在交变载荷作用下，会产生裂纹或使原有裂纹扩展，最终导致疲劳破裂。

2. 严格控制工艺指标

压力容器操作的工艺指标是指压力容器各工艺参数的现场操作极限值，一般在操作规程中有明确的规定，因此，严格执行工艺指标可防止容器超温、超压运行。为防止由于操作失误而造成容器超温、超压，可实行安全操作挂牌制度或装设联锁装置。容器装料时避免过急过重；使用减压装置的压力容器应密切注意减压装置的工作状况；液化气体严禁超量装载，并防止意外受热；随时检查容器安全附件的运行情况，保证其灵敏可靠。

3. 严格执行检修办证制度

压力容器严禁边运行边检修，特别是严禁带压拆卸、拧紧螺栓。压力容器出现故障时，必须按规程停车卸压并根据检修内容和检修部位、介质特性等做好介质排放、置换降温、加盲板切断关联管道等的检修交出处理（化工处理）程序，并办理检修交出证书，注明交出处理内容和已处理的状况，并对检修方法和检修安全提出具体的要求和防护措施，如需戴防毒面具、不得用钢铁等硬金属工具、不得进入容器内部、不准动火或须办理动火证后方可动火，或检修过程不得有油污、杂物和有机絮料（抹布碎料棉絮等），或先拆哪个部位、排残液、卸余压等，对需进入容器内部检修的，还须办理进塔入罐许可证。压力容器的检修交出工作完成后，具体处理的操作者必须签名，并经班组长或车间主任检查后签名确认，交检修负责人执行。重大的检修交出，或安全危害较大的压力容器检修交出，还需经压力容器管理员或企业技术负责人审核。

4. 坚持容器运行巡检和实行应急处理预案制度

容器运行期间，除了严格执行工艺指标外，还必须坚持压力容器运行期间的现场巡回检查制度，特别是操作控制高度集中（设立总控室）的压力容器生产系统。只有通过现场巡查，才能及时发现操作中或设备上出现的跑、冒、滴、漏、超温、超压、壳体变形等不正常状态，才能及时采取相应的措施进行消除或调整甚至停车处理。此外，还应实行压力容器运行应急处理预案并进行演练，将压力容器运行过程中可能出现的故障、异常情况等做出预料并制定相应防范和应急处理措施，以防止事故的发生或事态的扩大。如一些高温、高压的压力容器，因内件故障出现由绝热耐火砖层开裂引起局部超温变形时，容器作为系统的一部分又不能瞬间内停车卸压时，则可立即启动包括局部强制降温和系统停车卸压等内容和程序在内的应急预案，并按步骤进行处理。

（四）运行中的主要检查内容

压力容器运行中的检查是压力容器运行安全的关键保障，通过对压力容器运行期间的经常性检查，使压力容器运行中出现的不正常状态能得到及时的发现，达到这一要求，必须把握好压力容器运行中检查的主要内容。

1. 工艺条件

工艺条件方面的检查主要是检查操作压力、操作温度、液位是否在安全操作规程规定的范围内；检查工作介质的化学成分，特别是那些影响容器安全（如产生应力腐蚀、使压力或温度升高等）的成分是否符合要求。

2. 设备状况

设备状况方面的检查主要是检查容器各连接部分有无泄漏、渗漏现象；容器有无明显的变形、鼓包；容器外表面有无腐蚀，保温层是否完好，容器及其连接管道有无异常振动、磨损等现象；支承、支座、紧固螺栓是否完好，基础有无下沉、倾斜；重要阀门的“启”、“闭”与挂牌是否一致，联锁装置是否完好。

3. 安全装置

安全装置方面的检查主要是检查安全装置以及与安全有关的器具（如温度计、计量用的衡器及流量计等）是否保持良好状态。如压力表的取压管有无泄漏或堵塞现象，同一系统上的压力表读数是否一致；弹簧式安全阀是否有生锈、被油污粘住等情况；杠杆式安全阀的重锤有无移动的迹象，以及冬季气温过低时，装设在室外露天的安全阀有无冻结的迹象等。检查安全装置和计量器具表面是否被油污或杂物覆盖，是否达到防冻、防晒和防雨淋的要求。检查安全装置和计量器具是否在规定的使用期限内，其精度是否符合要求。

（五）停止运行

压力容器的运行形式有两种，即连续式运行和间歇式运行。连续式运行的压力容器，多为连续生产系统中的设备，受介质特性和关联的设备、装置的制约，这类容器不能随意地运行或停止运行。化工生产系统的压力容器多为连续运行的压力容器。间歇式运行的压力容器是每次按一定的生产量来生产或投料的压力容器系统或单台压力容器。但连续式运行或间歇式运行的压力容器在停止运行时均存在正常停止运行和紧急停止运行两种情况。

压力容器停止运行与一般的机械设备不同，必须要完成一定的停车操作步骤，包括泄放容器内的气体或其他物料使容器内压力下降，并停止向容器内输入气体或其他物料。

1. 正常停止运行

由于容器及设备按有关规定要进行定期检验、检修、技术改造，因原料、能源供应不及时，内部填料定期处理；更换或因工艺需要采取间歇式操作方法等正常原因而停止运行，均属正常停止运行。

压力容器及其设备的停运过程是一个变操作参数过程。在较短的时间内容器的操作压力、操作温度、液位等不断变化，要进行切断物料、返出物料、容器及设备吹扫、置换等大量操作工序。为保证操作人员能安全合理地操作，容器设备、管线、仪表等不受损坏，正常停运过程中应注意以下事项。

(1) 编制停运方案　停运操作中，操作人员开关阀门频繁，多方位管线检查作业，劳动强度大，若没有统一的停工方案，易发生误操作，导致设备事故，严重时会危及人身安全。压力容器的停工方案应包括如下内容。

① 停运周期（包括停工时间和开工时间）及停运操作的程序和步骤。

② 停运过程中控制工艺参数变化幅度的具体要求。

③ 容器及设备内剩余物料的处理、置换清洗方法及要求，动火作业的范围。

④ 停运检修的内容、要求，组织实施及有关制度。

压力容器停运方案一般由车间主任、压力容器管理人员、安全技术人员及有经验的操作人员共同编制，报主管领导审批通过。方案一经确定，必须严格执行。

(2) 停运中降温、降压速度的控制　停运中应严格控制降温、降压速度，因为急剧降温会使容器壳壁产生疲劳现象和较大的温度压力，严重时会使容器产生裂纹、变形、零部件松脱、连接部位泄漏等现象，以致造成火灾，爆炸事故。对于贮存液化气体的容器，由于器内的压力取决于温度，所以必须先降温，才能实现降压。

(3) 清除剩余物料　容器内剩余物料多为有毒、易燃、腐蚀性介质，若不清理干净，操作人员无法进入容器内部检修。如果单台容器停运，需在排料后用盲板切断与其他容器压力源的连接；如果是整个系统停运，需将整个系统装置中的物料用真空法或加压法清除。对残留物料的排放与处理应采取相应的措施，特别是可燃、有毒气体应排至安全区域。

(4) 准确执行停运操作　停运操作不同于正常操作，要求更加严格、准确无误。开关阀门要缓慢，操作顺序要正确，如蒸汽介质要先开排疑阀，待冷凝水排净后关闭排凝阀，再逐步打开蒸汽阀，防止因水击损坏设备或管道。

(5) 杜绝火源　停运操作期间，容器周围应杜绝一切火源。要清除设备表面、扶梯、平台、地面等处的油污物等。

2. 紧急停止运行

压力容器在运行过程中，如果突然发生故障，严重威胁设备和人身安全时，操作人员应立即采取紧急措施，停止容器运行。

(1) 应立即停止运行的异常情况

① 容器的工作压力、介质温度或容器壁温度超过允许值，在采取措施后仍得不到有效控制。

② 容器的主要承压部件出现裂纹、鼓包、变形、泄漏、穿孔、局部严重超温等危及安全的缺陷。

③ 压力容器的安全装置失效、连接管件断裂，紧固件损坏难以保证安全运行。

④ 压力容器充装过量或反应容器内介质配比失调，造成压力容器内部反应失控。

⑤ 容器液位失去控制，采取措施仍得不到有效控制。

⑥ 压力容器出口管道堵塞，危及容器安全。

⑦ 容器与管道发生严重振动，危及容器安全运行。

⑧ 压力容器内件突然损坏，如内部衬里绝热耐火砖热层开裂或倒塌，危及压力容器运行安全。

⑨ 换热容器内件开裂或严重泄漏，介质的不同相或不能互混的不同介质互窜，造成水击或严重物理、化学反应。

⑩ 发生火灾直接威胁到容器的安全。

⑪ 高压容器的信号孔或警告孔泄漏。

⑫ 主要通过化学反应维持压力的容器，因管道堵塞或附属设备、进口阀等失灵或故障造成容器突然失压，后工序介质倒流，危及容器安全。

(2) 紧急停止运行的操作要求和注意事项　压力容器紧急停运时，操作人员必须做到“稳”、“准”、“快”，即保持镇定，判断准确、操作正确，处理迅速，防止事故扩大。在执行紧急停运的同时，还应按规定程序及时向本单位有关部门报告。对于系统性连续生产的，还必须做好与前、后相关岗位的联系工作。紧急停运前，操作人员应根据容器内介质状况做好个人防护。

压力容器紧急停止运行时应注意以下事项。

① 对压力源来自器外的其他容器或设备，如换热容器，分离容器等，应迅速切断压力来源，开启放空阀、排污阀，遇有安全阀不动时，拉动安全阀手柄强制排气泄压。

② 对器内产生压力的容器，超压时应根据容器实际情况采取降压措施。如反应容器超压时，应迅速切断电源，使向容器内输送物料的运转设备停止运行，同时联系有关岗位停止向容器内输送物料；迅速开启放空阀、安全阀或排污阀，必要时开启卸料阀、卸料口紧急排料，在物料未放尽前，搅拌不能停止；对产生放热反应的容器，还应增大冷却水量，使其迅速降温。液化气体介质的贮存容器，超压时应迅速采取强制降温等降温措施，液氨贮罐还可开启紧急泄氨器泄压。

二、压力容器使用安全技术

压力容器作为一种比较容易发生事故，特别是事故危害比较大的特殊设备，必须要按国家的有关法规标准并结合实际使用状况进行严格的安全管理。压力容器的使用管理是压力容器安全管理工作的一项主要内容。

(一) 内容与要求

正确和合理地使用压力容器是提高压力容器安全可靠性、保证压力容器安全运行的重要条件。为了实现压力容器管理工作的制度化、规范化，有效地防止或减少事故的发生，国务院、各相关管理部门颁布了一系列法规和规章制度，对压力容器安全使用管理提出了明确的内容与严格的要求。归纳起来，压力容器使用单位的安全使用管理工作主要包括如下内容。

① 使用单位的技术负责人（主管厂长或经理、总工程师）必须对压力容器的安全管理负责，并根据本单位压力容器的台数和对安全性能的要求，设置专门的压力容器安全管理机构或指定具有压力容器专业知识、熟悉国家相关法规标准的工程技术人员负责压力容器的安全管理工作。

② 使用单位必须贯彻执行《压力容器安全技术监察规程》等国家所颁布和实施的与压

力容器有关的法规标准。并在此基础上结合本单位实际情况，制定本单位的压力容器安全管理规章制度及安全操作规程。

③ 使用单位必须参加压力容器使用前的相关管理工作，即参加压力容器由订购、设备进厂、安装、验收到试车、使用交接等压力容器交付使用前的全过程的每一项工作，并进行跟踪。

④ 使用单位必须持压力容器有关的技术资料到当地锅炉压力容器安全监察机构逐台办理使用登记，并管理好有关技术资料。

⑤ 使用单位必须建立《压力容器技术档案》，每年应将压力容器数量和变动情况的统计报表报送主管部门和当地质监部门。

⑥ 使用单位应编制压力容器的年度定期检验计划，并负责组织实施。每年年底应将第二年度的检验计划和当年检验计划的实施情况、报到主管部门和质监部门。

⑦ 使用单位应做好压力容器运行、维修和安全附件校验及使用状况等情况的检查和记录，并逐级落实检查制度、岗位责任制和不正常情况的处理记录等。

⑧ 使用单位应做好压力容器检验、修理、改造和报废等的技术审查工作，并组织好实施和记录归档。压力容器的受压部件和重大修理、改造方案应报当地锅炉压力容器安全监察机构审查批准。

⑨ 使用单位必须做好压力容器事故的抢救、报告、协助调查和善后处理等工作。发生压力容器爆炸及重大事故的单位应迅速（原则上在24h内）报告当地质监部门锅炉压力容器安全监察机构和主管部门，并立即组织调查，根据调查结果填写《锅炉压力容器事故报告书》报送当地质监部门和主管部门。

⑩ 使用单位必须对压力容器校验、焊接（主要是有压力容器检验或安装修理资格的使用单位）和操作人员进行安全技术培训，并经过考核，取得当地压力容器安全监察部门颁发或认可的合格证方可上岗作业。此外，对持证人员必须进行定期的专业培训与安全教育和考核。

（二）基础管理

压力容器的使用管理必须从基础管理抓起，实行规范管理和逐步实现标准化管理。基础管理主要包括压力容器的技术文件和技术档案等基础资料，压力容器的使用管理制度和操作规程等的管理。

1. 交付使用前的基础管理

压力容器使用前的基础管理工作包括压力容器的设计订货（或直接选购）、容器进厂、报装、安装、验收调试等全过程管理，在压力容器交付使用前，压力容器的使用单位应将由压力容器进厂到交付使用前的所有技术资料，包括随机资料、报装资料、安装验收资料及各种原始记录收集整理并归档。压力容器到货后应对到货的压力容器进行检查验收。

(1) 随机资料是否齐全　主要是指制造单位的出厂技术资料，包括如下内容。

① 产品合格证。

② 产品质量证明书。

③ 产品竣工图（总图和必要的部件图）。竣工图可由设计蓝图（盖有设计单位设计批准印鉴）修改而成，也可由制造单位重新绘制，但重新绘制的图面上需要有反映原设计图纸设计人员及设计单位情况的文字说明。竣工图必须能反映产品制造的最终实际情况并盖有竣工图印鉴及完工日期。

④ 制造单位所在地质监部门检验单位签发的压力容器产品制造安全质量监督检验证书。

⑤ 对中、高压反应容器或贮存容器还需有强度计算书。

⑥ 有关安全附件、仪器、仪表及配置设备的产品质量证明文件。

以上资料是办理压力容器使用登记，领取《压力容器使用证》的前提条件。

有下列情况的是属于基础资料不合格，应责令制造商补齐或要求退货，否则无法办理使用登记手续。

① 无设计、制造资格证书的单位所设计、制造的。

② 资料不齐全，不能有效证明其质量合格或不真实的。

③ 没有当地质监部门盖章确认的压力容器产品制造安全质量监督检验证书。

(2) 产品质量验收和基础资料审核

① 检查压力容器产品铭牌是否与出厂技术资料相吻合，是否有质监部门检验单位的检验钢印标记等，并做好原始记录。

② 依据竣工图对实物进行质量检查，包括总体尺寸、主体结构、焊缝布置及施焊的外观质量、容器内外表面质量、接管方位、材质钢印标记、施焊及钢印标记、油漆和包装等，并做好原始记录。经制造单位处理的超标缺陷，也必须做好缺陷记录和处理全过程记录，有上报当地质监部门的应将报告备份归档。

③ 按供货合同要求，检查随机备件、附件质量与数量以及规格型号是否满足需要，并做好原始记录。

(3) 安装调试资料和原始记录

① 安装工程竣工后，施工方提交安装全过程完整的《压力容器安装交工技术文件》汇编和安装全过程中使用单位主派的安装负责人对整个安装过程中容器内部构件安装质量、固定螺栓的紧固、管线及梯子、平台等与容器相接部件的施焊质量、保温层施工质量及压力容器的关键部位、关键零件的安装、安全附件的安装调试等的装设正确与否进行检查做的检查记录。

② 压力容器安装后，根据压力容器的使用特点若要作内部技术处理的应做好记录，安装竣工后使用单位的生产、技术、设备、安全、车间等有关部门或有关人员组成的调试小组参加竣工验收和调试，并应有安装单位有关人员现场处理故障，并做好以上内容的详细记录。

2. 技术档案

压力容器的技术档案是压力容器设计、制造、使用、检修全过程的文字记载，它向人们提供各过程的具体情况，是正确合理使用压力容器的主要依据，通过它可以使容器的管理和操作人员掌握设备的结构特征、介质参数和缺陷的产生及发展趋势，防止由于盲目使用而发生事故；另外，档案还可以用于指导容器的定期检验以及修理、改造工作，也是容器发生事故后，用以分析事故原因的重要依据之一。因此，建立压力容器技术档案是安全技术管理工作的一个重要基础工作，压力容器应逐台建立技术档案。技术档案包括容器的原始技术资料、使用情况记录和容器安全附件技术资料等。

压力容器的技术档案除了包含使用前的技术资料和原始记录外，还应包括或补齐以下内容。

(1) 档案卡　压力容器档案卡片见表 2-1。

表 2-1　压力容器档案卡片

厂（公司）　　　　　　　　车间　　　　　　　　　　　　　　　　年　　　月　　　日

<table>
<tr><td colspan="2">容器名称</td><td></td><td colspan="2">容器编号</td><td></td><td>注册编号</td><td></td><td colspan="2">使用证编号</td><td></td></tr>
<tr><td colspan="2">类别</td><td></td><td colspan="2">设计单位</td><td></td><td>投用年月</td><td></td><td colspan="2">使用单位</td><td></td></tr>
<tr><td colspan="2">制造单位</td><td></td><td colspan="2">制造年月</td><td></td><td>出厂编号</td><td></td><td colspan="2">安装单位</td><td></td></tr>
<tr><td colspan="2">筒体材料</td><td></td><td colspan="2">封头材料</td><td></td><td>内衬材料</td><td></td><td colspan="2">其他部件材料</td><td></td></tr>
<tr><td rowspan="4">规格</td><td colspan="2">内径/mm</td><td rowspan="4">操作条件</td><td>设计压力/MPa</td><td rowspan="4">安全阀或爆破片</td><td>名称</td><td></td><td>名称</td><td></td><td></td></tr>
<tr><td colspan="2">壁厚/mm</td><td>最高压力/MPa</td><td>型号</td><td></td><td>型号</td><td></td><td></td></tr>
<tr><td colspan="2">高（长）/mm</td><td>设计温度/℃</td><td>规格</td><td></td><td>规格</td><td></td><td></td></tr>
<tr><td colspan="2">容积/m³</td><td>介质</td><td>数量</td><td></td><td>数量</td><td></td><td></td></tr>
<tr><td colspan="3">有无保温、绝热</td><td colspan="2"></td><td></td><td>制造单位</td><td></td><td>制造单位</td><td></td><td></td></tr>
<tr><td rowspan="5">质量</td><td>壳体</td><td></td><td rowspan="5">安全状况等级</td><td colspan="2">级　年　月　日</td><td rowspan="5">定期检验情况</td><td></td><td rowspan="5">备注</td><td></td><td></td></tr>
<tr><td>内件</td><td></td><td colspan="2">级　年　月　日</td><td></td><td></td><td></td></tr>
<tr><td>总重</td><td></td><td colspan="2">级　年　月　日</td><td></td><td></td><td></td></tr>
<tr><td></td><td></td><td colspan="2">级　年　月　日</td><td></td><td></td><td></td></tr>
<tr><td></td><td></td><td colspan="2">级　年　月　日</td><td></td><td></td><td></td></tr>
</table>

填报部门负责人签名　　　　　　　　　　填表人签章

(2) 设计文件　包括设计样图、技术条件、强度计算书。

设计样图是指设计总图（蓝图）和主要受压部件图。设计总图上，必须盖有压力容器设计资料印章，还应有设计、校验、审核人员签名。第三类压力容器的设计总图应由设计单位总工程师或技术负责人批准。对于移动式压力容器、高压容器、第三类中压反应器和贮存容器，设计单位还应提供强度计算书。

(3) 安装技术文件和资料　是压力容器出厂时，制造单位应向用户提供的最基本的技术文件和资料，包括如下内容。

① 竣工图样。该图样上应有设计单位资格印章（复印章无效）。若制造中发生了材料代用、无损检测方法改变、加工尺寸变更等，制造单位应按照设计修改通知单的要求在竣工图样上直接标注。标注处应有修改人和审核人的签字及修改日期。竣工图样上应加盖竣工图章，竣工图章上应有制造单位名称、制造许可证编号和“竣工图”字样。

② 产品质量证明书及产品铭牌的拓印件，产品质量证明书是一套完整的压力容器质量证明的技术文件，它主要包括如下内容。

a. 压力容器产品质量证明书封面的内容应包括产品名称、产品编号、制造单位的质量检验专用章、制造单位质量保障工程师签章，制造单位法定代表人签章。

b. 产品合格证（主页）。其内容包括制造单位名称、制造许可证编号、产品名称、压力容器类别、压力容器设计单位名称、设计批准书编号、设计图图号、订货单位名称（属通用型压力容器此栏可不填）、产品出厂编号、产品制造编号、产品制造完成日期。还应有“本压力容器产品经质量检验符合《压力容器安全技术监察规程》、设计图样和技术条件的要求”等注明并有质量总检验员签字认可，加盖质量检验专用章确认。

c. 各种与压力容器产品质量有关的、能反映确保压力容器产品满足技术条件要求的表格和报告。如产品技术特性表、产品主要受压元件材料一览表、产品焊接试板力学和弯曲性能检验报告、压力容器外观及几何尺寸检验报告、焊缝射线检测报告、焊缝超声波检测报告、渗透检测报告、磁粉检测报告、热处理检验报告、压力试验检验报告、产品制造变更报告、钢板锻件超声波检测报告、焊缝射线检测底片评定表等。

压力容器产品质量证明书所包含的表格报告和内容样式，在《压力容器安全技术监察规程》附件三中有明确规定。

③ 压力容器产品安全质量监督检验证（未实施监检的产品除外）。该证是制造单位所在的当地压力容器安全技术监察机构对该台容器进行监检后签发，并盖章确认的。

④ 移动式压力容器还应有产品使用说明书（含安全附件使用说明书）、随车工具及安全附件清单、底盘使用说明书等。

⑤ 移动式压力容器、高压容器、第三类中压反应容器和贮存容器，还应有强度计算书。

（4）检验、检测记录及有关检验技术文件　压力容器使用后必须按规定进行定期检验，每次检验检测的时间、内容均应做好记录，并将各种检验检测报告装订成册归入该容器的技术档案中。

（5）修理方案与实际修理情况记录及有关技术文件和资料　压力容器使用过程中每次维修，无论是计划维修或故障维修均应做详细记录，并将同年度修理计划、修理方案及检修内容、零部件更换情况、缺陷处理情况和结果，特别是受压部件、容器内件等的修理和更换记录，检修完工后的验收试车记录等进行整理归入技术档案。

（6）技术改造资料　因生产工艺需要或因科学技术的进步采用新工艺、新技术或针对容器使用过程中出现的问题面对容器进行技术改造时，必须将整个改造过程由改造方案、改造设计图样、改造申报资料到改造施工单位和施工过程，改造部位和所用材料及其质量证明书，改造施工竣工后的交工技术文件和资料等整理归档。

（7）安全附件校验、修理和更换记录　在压力容器使用过程中，安全附件必须要按规定进行定期校验，每次的定期校验、安全附件故障修理后的校验均必须做详细记录，连同修理情况记录和更换记录一并整理归档。

（8）事故的记录资料和处理报告　压力容器发生事故后必须填报事故报告表，除事故报表不作原始资料归档，事故调查、分析结果和整改、防范措施以及事故处理情况、人员因事故而受到的培训教育情况等均必须整理归档。

（9）运行记录和停用记录　压力容器的运行记录包括每天（每月）的运转时数和每年累计运转时数、运行时的负荷率（出力率）、运行时工艺参数、负荷的波动情况。曾经停用设备（压力容器）的停用申报资料，办理重新使用的有关报资料、检验资料和质监部门的批准书等均应整理归档。

压力容器的技术档案注重时间性，特别是每次检验检测、修理改造、安全附件校验修理更换以及事故情况等，均应将发生的时间和处理后的交付使用的时间做准确的记录。

3. 使用登记

压力容器的使用单位，在压力容器投入使用前，应按《压力容器使用登记管理规则》的要求，向地、市级质监部门锅炉压力容器安全监察机构申报和办理使用登记手续，取得使用证，才能将容器投入运行。

（1）使用登记办法　第二类中、低压容器，第三类中低压容器，超高压容器及液化气体槽车（汽车槽车和铁路槽车）的使用单位，应向当地锅炉压力容器安全监察机构逐台进行登记，领取《压力容器使用登记证》后，方准使用。第一类压力容器的登记和《压力容器使用登记证》的发放工作，由省、自治区、直辖市锅炉压力容器安全监察机构结合本地区实际情况自行规定。

（2）使用登记工作的步骤

① 新压力容器投入使用前，使用单位必须填写《压力容器使用登记表》一式两份，并携带有关文件向质监部门办理压力容器使用登记申报手续。这些文件包括产品合格证；产品质量证明书；产品竣工图（总图和必要的部件图）；质监部门检验单位签发的产品制造安全质量监督检验证书；进口产品应有省级以上（含省级）质监部门锅炉压力容器安全监察机构审核盖章的《中华人民共和国锅炉压力容器安全性能监督检验报告》。

使用登记机关检查有关资料，核对其安全状况等级后，予以注册登记，按国家规定进行注册编号和发给《压力容器使用登记证》及《压力容器注册铭牌》。

② 在用压力容器遇有实施内外部检验、改变使用条件，修理、改造、转让过户及报废处理或改为常压容器使用等情况之一者，应办理使用登记或变更手续。

（3）注意事项

① 有下列情况之一者应不予注册发证。

a. 无设计、制造资格证书的单位设计、制造的新容器。

b. 申报资料不全，不能有效地证明容器质量是否合格或申报资料不真实的压力容器。

c. 安全状况等级达不到 3 级（含 3 级）以上的压力容器。

d. 安全装置不全或不可靠的压力容器。

e. 无《在用压力容器检验报告书》的在用压力容器。

② 新压力容器必须在使用前进行注册登记，在用压力容器实施定期检验后，应及时办理注册变更手续。

③ 压力容器的安全状况等级只体现了压力容器受压本体的技术状况，其安全装置和有关仪器、仪表的选择应该与压力容器工况条件相一致，并如期调校。

④ 压力容器使用登记过程中要注意“登记表”、“使用证”、“注册铭牌”三者之间相关内容的一致性，防止相互矛盾。

4. 统计报表

为了便于全面掌握企业压力容器的增减动态、检修和利用情况，了解压力容器使用状况，还必须设置和填报压力容器统计报表。

压力容器统计报表主要有 3 种。一是压力容器年报表，统计当年某一确定时间处于使用状态的压力容器具体数量、类别及用途情况，报给上级主管部门和质监部门。二是反映压力容器检验和修理情况的统计报表，其中包括当年定检计划及实际检验情况、下年的定期检验计划和修理台数的统计，便于生产部门、财务部门考核当年生产经济指标和安排下年度生产计划、财务预算，同时也利于与检验单位联系落实检验工作和便于上级主管部门、质监部门了解在用压力容器的检验、修理情况。三是反映压力容器利用情况的统计报表，主要用来反映压力容器开车时间及能力利用指标。

（三）安全使用管理制度

压力容器使用管理的各项规章制度，是确保压力容器安全使用的基本保证。压力容器的使用单位应根据企业本身的生产特点，制定相应的压力容器安全管理制度。

1. 岗位责任制

岗位责任制是企业内部最基本的管理制度之一，包括从企业主管领导、管理机构负责人、管理人员、车间管理、各部门的有关岗位、直至操作人员的各自岗位职责和工作职责。

通过制定、明确岗位责任制，有利于分清工作职责，确定各自的工作范围和要求。

(1) 管理人员的职责　压力容器管理单位除由主要技术负责人（厂长或总工程师）对容器的安全技术管理负责外，还应根据本单位所使用容器的具体情况，设专职或兼职人员，负责压力容器的安全技术管理工作。压力容器的专责管理人员应在技术总负责人的领导下认真履行下列职责。

① 具体负责压力容器的安全技术管理工作，贯彻执行国家有关压力容器的管理规范和安全技术规定。

② 参加容器的验收和试运行工作。

③ 编制压力容器的安全管理制度和安全操作规程。

④ 负责压力容器的登记、建档及技术资料的管理和统上报工作。

⑤ 监督检查压力容器的操作、维修和检验情况。

⑥ 根据检验周期，组织编制压力容器年度检验计划，并负责组织实施。定期向有关部门报送压力容器的定期检验计划和执行情况以及压力容器存在的缺陷等情况。

⑦ 负责组织制定压力容器的检修方案，审查压力容器的改造、修理、检验及报废等工作的技术资料。

⑧ 组织压力容器事故调查，并按规定上报。

⑨ 负责组织对压力容器的检验人员、焊接人员、操作人员进行安全技术培训和技术考核。

(2) 操作人员的职责　每台压力容器都应有专职的操作人员。压力容器专职操作人员应具有保证压力容器安全运行所必需的知识和技能，并经过技术考试合格。压力容器操作人员应履行以下职责。

① 按照安全操作规程的规定，正确操作使用压力容器。

② 认真填写操作记录、生产工艺记录或运行记录。

③ 做好压力容器的维护保养工作（包括停用期间对容器的维护），使压力容器经常保持良好的技术状态。

④ 经常对压力容器的运行情况进行检查，发现操作条件不正常时及时进行调整，遇有紧急情况应按规定采取紧急处理措施并及时向上级报告。

⑤ 对任何不利于压力容器安全运行的违章指挥，应拒绝执行。

⑥ 努力学习业务知识，不断提高操作技能。

2. 基础工作管理制度

压力容器选购、验收、安装调试、使用登记、备件管理、操作人员培训及考核、技术档案管理和统计报表等制度，称为基础工作管理制度。这些制度的贯彻执行对搞好压力容器使用管理基础工作，提供压力容器使用依据起到积极的作用。压力容器在使用过程中的基础工作管理制度主要包括如下几项。

① 压力容器定期检验制度。

② 压力容器修理、改造、检验、报废的技术审查和报批制度。

③ 压力容器安装、改造、移装的竣工验收制度。

④ 压力容器安全检查制度。

⑤ 交接班制度。

⑥ 压力容器维护保养制度。

⑦ 安全附件校验与修理制度。

⑧ 压力容器紧急情况处理制度。

⑨ 压力容器事故报告与处理制度。

⑩ 接受压力容器安全监察部门监督检查制度。

用这些制度直接有效地控制使用过程，才能把使用管理工作落到实处。

3. 安全操作规程

为确保压力容器的正确操作、合理使用，压力容器的使用单位必须制定压力容器安全操作规程，以防止盲目操作而发生事故。若压力容器是处于一个整体生产系统中而非单台独立生产，其安全操作规程可贯穿到岗位操作法（岗位操作规程）中，但无论是压力容器安全操作规程还是岗位操作法，其编制必须在压力容器的安全技术性能范围，根据生产工艺的要求而定。压力容器随机资料有使用说明书的，还必须结合使用说明的要求编制。安全操作规程（岗位操作法）应包括下列内容。

① 压力容器的操作工艺控制指标及调控方法和注意事项。工艺控制指标包括最高工作压力、最高或最低工作温度、压力及温度波动幅度的控制值、介质成分特别是有腐蚀性的成分控制值等，容器充装液位充装最高量、液位的最高或最低控制值，投料量或进出口物料流量的控制值及介质物料的配比控制值等。

② 压力容器岗位操作方法。包括开、停车的操作步骤、操作程序，上下工序的协调、联系方式，正常操作时的安全注意事项。

③ 压力容器运行中日常检查的部位和内容要求。

④ 现场、岗位操作安全的基本要求。包括上下作业时放空排污等的注意事项，岗位操作人员穿戴劳动用品的要求，操作中易燃、易爆介质的防静电、防爆要求。

⑤ 压力容器运行中可能出现的异常现象的判断和处理方法以及防范措施。

⑥ 压力容器的防腐蚀措施和停用时的维护保养方法。

⑦ 对二、三类压力容器操作岗位还应包括事故应急预案的具体操作步骤和要求。

三、压力容器维护保养安全技术

压力容器的维护保养是确保压力容器的运行满足生产工艺要求的一个重要环节，由于容器内部介质压力、温度及化学特性等有变化、流体流动时的磨损、冲刷以及外界载荷的作用，特别是一些带有搅拌装置的容器，其内部还会因搅拌部件转动造成振动及运动磨损，这些必然会使压力容器的技术状况不断发生变化，不可避免地产生一些不正常的现象。例如，紧固件的松动、容器内外表面的腐蚀、磨损、仪器仪表及阀门的损坏、失灵等。所以，做好容器的维护保养工作，使容器在完好状态下运行，就能防患于未然，提高容器的使用效率，延长使用寿命。

（一）使用期间

压力容器使用期间的日常维护保养工作的重点是防腐、防漏、防露、防振及仪表、仪器、电气设施及元件、管线、阀门、安全装置等。

1. 消除压力容器的跑、冒、滴、漏

压力容器的连接部位及密封部位由于磨损或密封面损坏，或因热胀冷缩、设备振动等原因使紧固件松动或预紧力减小造成连接不良，经常会产生跑、冒、滴、漏现象，并且这一现象经常会被忽视而造成严重后果。由于压力容器是带压设备，这种跑、冒、滴，漏若不及时处理会迅速扩展或恶化，不仅浪费原料、能源、污染环境，还常引起器壁穿孔或局部加速腐蚀。如对一些内压较高的密封面，不及时消除则引起密封垫片损坏或法兰密封面被高压气体冲刷切割而起坑，难以修复，甚至引发容器被坏事故。因此，要加强巡回检查，注意观察，及时消除跑、冒、滴、漏现象。

具体的消除方法有停车卸压消除法和运行带压消除法。前者消除较为彻底，标本兼治，但必须在停车状态下进行，难以做到及时处理，同时，处理过程必定影响或终止生产。但较为严重或危险性较大的跑、冒，滴、漏现象，必须采用此法。而后者即运行过程中带压处理，多用于发现得较为及时和刚开始较轻微的跑、冒、滴、漏现象。对一些系统关联性较强、通常难以或不宜立即停车处理的压力容器也可先采用此法，控制事态的发展、扩大，待停车后再彻底处理。

压力容器运行状态出现不正常现象，需带压处理的情况有密封面法兰上紧螺栓、丝扣接口上紧螺栓、接管穿孔或直径较小的压力容器局部腐蚀穿孔的加夹具抱箍堵漏。采用运行带压消除法，必须严格执行以下原则。

① 运行带压处理必须经压力容器管理人员、生产技术主管、岗位操作现场负责人许可(办理检修证书)，让有经验的维修人员进行处理。

② 带压处理必须有懂得现场操作处理或有操作指挥协调能力的人或安全技术部门的有关人员进行现场监护，并做好应急措施。

③ 带压处理所用的工具装备器具必须适应泄漏介质对维修工作安全要求，特别是对毒性、易燃介质或高温介质，必须做好防护措施，包括防毒面具、通风透气、隔热绝热装备，防止产生火花的铝质、铜质、木质工具等。

④ 带压堵漏专用固定夹具，应根据 GB 150《钢制压力容器》所规定的壁厚强度计算公式，完成夹具厚度的设计。公式中的压力值，还必须考虑向密封空腔注入密封剂的过程中，密封剂在空腔内流动、填满、压实所产生的挤压力予以修正。夹具及紧固螺栓的材质及组焊夹具的焊接系数和许用应力，均按 GB 150 的规定执行。

⑤ 专用密封剂应以泄漏点的系统温度和介质特性作为选择的依据。各种型号密封剂均应通过耐压介质侵蚀试验和热失重试验。

2. 保持完好的防腐层

工作介质对材料有腐蚀性的容器，应根据工作介质对容器壁材料的腐蚀作用，采取适当的防腐措施。通常采用防腐层来防止介质对器壁的腐蚀，如涂料、搪瓷、衬里、金属表面钝化处理、钒化处理等。

这些防腐层一旦损坏，工作介质将直接接触器壁，局部加速腐蚀会产生严重的后果。所以必须使防腐涂层或衬里保持完全好，这就要求容器在使用过程中注意以下几点。

① 要经常检查防腐层有无脱落，检查衬里是否开裂或焊缝处是否有渗漏现象。发现防腐层损坏时，即使是局部的，也应该经过修补等妥善处理后才能继续使用。

② 装入固体物料或安装内部附件时，应注意避免刮落或碰坏防腐层。带搅拌器的容器应防止搅拌器叶片与器壁碰撞。

③ 内装填料的容器，填料环应布放均匀，防止流体介质运动的偏流磨损。

3. 保护好保温层

对于有保温层的压力容器要检查保温层是否完好，防止容器壁裸露。因为保温层一旦脱落或局部损坏，不但会浪费能源，影响容器效率，而且容器的局部温差变化较大，产生温差应力，引起局部变形，影响正常运行。

4. 减少或消除容器的振动

容器的振动对其正常使用影响也是很大的。振动不但会使容器上的紧固螺钉松动，影响连接效果，或者由于振动的方向性，使容器接管根部产生附加应力，引起应力集中，而且当振动频率与容器的固有频率相同时，会发生共振现象，造成容器的倒塌。因此当发现容器存在较大振动时，应采取适当的措施，如隔断振源、加强支撑装置等，以消除或减轻容器的振动。

5. 维护保养好安全装置

维护保养好安全装置，使它们始终处于灵敏准确、使用可靠状态。这就要求安全装置和计量仪表必须定期进行检查、试验和校正，发现不准确或不灵敏时，应及时检修和更换。安全装置安全附件上面及附近不得堆放任何有碍其动作、指示或影响灵敏度、精度的物料、介质、杂物，必须保持各安全装置安全附件外表的整洁。清扫抹擦安全装置，应按其维护保养要求进行，不得用力过大或造成较大振动，不得随意用水或液体清洗剂冲洗、抹擦安全装置及安全附件，清理尘污尽量用布干抹或吹扫。压力容器的安全装置不得任意拆卸或封闭不用，没有按规定装设安全装置的容器不能使用。

（二）停用期间

对于长期停用或临时停用的压力容器，也应加强维护保养工作。停用期间保养不善的容器甚至比正常使用的容器损坏更快。

停止运行的容器尤其是长期停用的容器，一定要将内部介质排放干净，清除内壁的污垢、附着物和腐蚀产物。对于腐蚀性介质，排放后还需经过置换、清洗、吹干等技术处理，使容器内部干燥和洁净。要注意防止容器的“死角”内积有腐蚀性介质。为了减轻大气对停用容器外表面的腐蚀，应保持容器表面清洁，并保持容器及周围环境的干燥。另外，要保持容器外表面的防腐油漆等完好无损，发现油漆脱落或刮落时要及时补涂。有保温层的容器，还要注意保温层下的防腐和支座处的防腐。

第三节　气瓶安全技术

一、气瓶的概述和分类

1. 概述

气瓶也是一种压力容器。对压力容器的安全要求，一般讲对气瓶也是适用的。但由于气瓶在使用方面有它的特殊性，因此为保证安全，气瓶除符合压力容器的安全要求外，还要有一些特殊要求。

按照国家颁发的《气瓶安全监察规程》的适用范围是设计压力为0.1～30MPa（表压），容积不大于1m^3，盛装压缩气体和液化气体的钢质气瓶。玻璃钢气瓶、溶解乙炔气瓶也属于《气瓶安全监察规程》的监察范围。

气瓶是贮运式压力容器，在生产中使用日益广泛。目前使用最多的是无缝钢瓶，其公称容积为40L，外径219mm。此外，液化石油气瓶的公称容积有10kg、15kg、20kg、50kg四种。溶解乙炔气瓶的公称容积有≤25L（直径200mm）、40L（直径250mm）、50L（直径250mm）、60L（直径300mm）四种。还有公称容积为400L、800L盛装液氯0.5t、1t的焊接气瓶等。因此，从气瓶的设计、制造、使用上全面加强管理是十分必要的。

2. 气瓶的分类

气瓶的分类方法很多。按气瓶充装气体的物理性质分为压缩气体气瓶、液化气体气瓶（高压液化气体、低压液化气体）；按充装气体的化学性质分为惰性气体气瓶、助燃气体气瓶、易燃气体气瓶和有毒气体气瓶；按气瓶设计压力分为高压气瓶（30MPa、20MPa、15MPa、12.5MPa）和中压气瓶（8MPa、5MPa、3MPa、2MPa、1MPa）；按制造材料分为钢制气瓶（不锈钢气瓶）、玻璃钢气瓶；按气瓶结构分为无缝气瓶和焊接气瓶。为了便于管理，将《气瓶安全监察规程》中按照设计压力对常用压缩气体和液化气瓶分类，用表 2-2 表示。

表 2-2 常用压缩气体和液化气体气瓶分类

气体类别		设计压力/MPa	充装气体
压缩气体 $t_c<-10℃$		30～20	空气、氧、氢、氮、氩、氦、氖、氪、甲烷、煤气等
		15	空气、氧、氢、氮、氩、氦、氖、氪、甲烷、煤气、三氟化硼、四氟甲烷（F-14）等
液化气体 $t_c\geqslant-10℃$	高压液化气体 $-10℃\leqslant t_c\leqslant70℃$	20～15	二氧化碳、氧化亚氮、乙烷、乙烯等
		12.5	氙、氧化亚氮、六氟化硫、氯化氢、乙烷、乙烯、三氟氯甲烷（F-13）、三氟甲烷（F-23）、六氟乙烷（F-116）、偏二氟乙烯、氟乙烯、三氟溴甲烷（F-13B1）等
		3	六氟化硫、三氟氯甲烷（F-13）、六氟乙烷（F-116）、偏二氟二烯、氟乙烯、三氟溴甲烷（F-13B1）等
	低压液化气体 $t_c>70℃$ 在 60℃时的 $p>0.1MPa$	5	溴化氢、硫化氢、碳酰二氯（光气）等
		3	氨、丙烷、丙烯、二氟氯甲烷（F-22）、三氟乙烷（F-143）等
		2	氮、二氧化硫、环丙烯、六氟丙烯、二氯二氟甲烷（F-12）、偏二氟乙烷（F-152a）、三氟氯乙烯、氯甲烷、甲醚、四氧化二氮、氟化氢、溴甲烷等
		1	正丁烷、异丁烷、异丁烯、1-丁烯、1，3-丁二烯、二氯氟甲烷（F-21）、二氯四氟乙烷（F-114）、二氟氯乙烷（F-142）、二氟溴氯甲烷（F-12B1）、氯乙烯、溴乙烯、甲胺、二甲胺、三甲胺、乙胺、乙烯基甲醚、环氧乙烷等

二、气瓶的结构及附件

工业企业常用的气瓶多是无缝钢瓶，它由瓶体、瓶阀、瓶帽、防震圈组成。这里只介绍瓶阀、瓶帽、防震圈。

1. 瓶阀

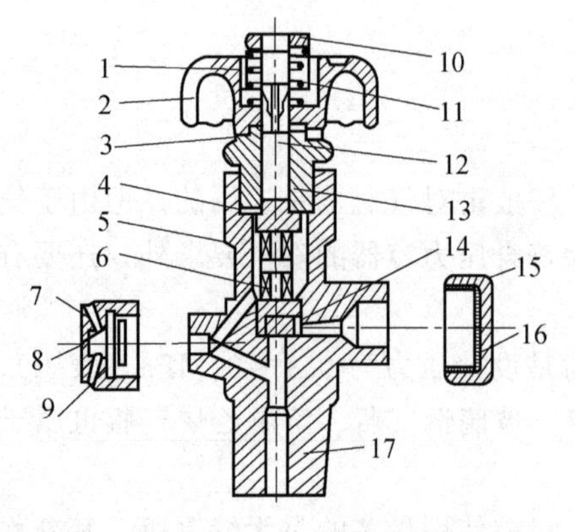

图 2-4 瓶阀

1—压簧盖；2—手轮；3，4，8，16—封垫；5—套筒；6—阀瓣；7—带孔螺母；9—安全膜片；10—压帽；11—弹簧；12—阀杆；13—压紧螺母；14—密封填料；15—螺盖；17—阀体

瓶阀（如图 2-4 所示）是气瓶的主要附件，是控制气瓶内气体进出的装置。瓶阀要体积小、强度高、气密性好、经久耐用、安全可靠。

制造瓶阀的材料，要根据瓶内盛装的气体来选择。一般瓶阀的材料选用黄铜或碳钢。氧气瓶多选用黄铜制造的瓶阀，因为黄铜耐氧化、导热性好，摩擦时不产生火花。而液氨容易与铜产生化学反应，因此氨瓶的瓶阀，就要选用钢制瓶阀。因铜与乙炔可形成爆炸性的乙炔铜，所以乙炔瓶要选用钢制瓶阀。

瓶阀主要由阀体、阀杆、阀瓣、密封件、压紧螺母、手轮以及易熔合金塞、爆破膜等组成。阀体的侧面有一个带外（或内）螺纹的出气口，用以连接充装气体的设备或减压器，用于可燃气体气瓶为左旋，用于非可燃气体气瓶为右旋。另外出气口上装有螺帽，用来保护螺纹和防灰尘、水分或油脂等进入瓶阀。阀体的另一侧装有易熔塞或爆破片。当瓶内温度、压力上升超过规定，易熔塞熔化或爆破膜爆破而泄压，防止气瓶爆炸。阀部下端是带锥形螺纹的尾部，用以和气瓶的瓶体连接。采用锥形螺纹连接，除有较好的气密性外，同时还能减小瓶内气体压力对瓶阀的作用面积，使螺纹承受的载荷降低。

瓶阀的种类较多。密封填料式瓶阀是最早使用的一种瓶阀，它的结构较简单，适用于低压液氯、液氨瓶，乙炔钢瓶的瓶阀也属于这一种。

活瓣式瓶阀，目前广泛用于压缩气体，如氧、氮、氩等高压气瓶。阀体零件均由HPb59-1黄铜锻压而成。阀杆是通过一个套筒或一块铁片与阀瓣连接，阀瓣上有螺纹，下部嵌有尼龙1010密封填料。阀体上端有六方螺母及密封垫（尼龙制），将阀杆固定在阀体中心部位，并保持气密性好。手轮是用弹簧、弹簧压帽、螺母与阀杆连接。旋转手轮使阀杆旋转。通过套筒可使阀瓣沿螺纹上升（开）或下降（关）。这种瓶阀密闭垫易磨损，但是只要将阀瓣关闭，就可更换。

2．瓶帽与防震圈

瓶帽（如图2-5）的作用是保护瓶阀不受损坏。它常用钢管、可锻铸铁或球黑铸铁制造，瓶帽上开有排气孔，当瓶漏气或爆破膜破裂时，可防止瓶帽承受压力。排气孔位置对称，避免气体由一侧排出时的反作用力使气瓶倾倒。

瓶帽有两种，一种是活动瓶帽，即充气、用气时要摘下瓶帽。另一种是固定瓶帽，近几年才使用，充气、用气时不必摘下瓶帽，它既能保护瓶阀，又防止常摘常戴瓶帽的麻烦。

防震圈是用橡胶或塑料制成，圈厚一般不小于25～30mm，富有弹性。一个气瓶上装设两个，当气瓶受到冲击时，能吸收能量，减少震动，同时还有保护瓶体漆层和标记的作用。

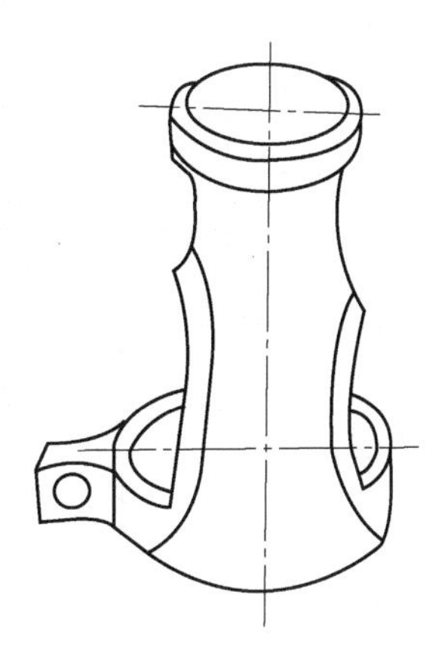

图2-5　瓶帽

三、气瓶的漆色和标记

1．气瓶的漆色

为了从颜色上迅速辨别出是充装何种气体、属于哪种压力范围内的气瓶，避免在充装、运输、贮存、使用和定期检验时，因为混淆不清可能发生的事故，同时也是为了保护气瓶，防止表面锈蚀，各类气瓶都要按照规定将气瓶漆色、标写气瓶名称、涂刷横条色带。气瓶的喷色刷字，新制造的气瓶由制造厂负责，使用的气瓶由专业检查单位负责。

表2-3　气瓶颜色标准

序号	气瓶名称	化学式	外表面颜色	字样	字样颜色	色环
1	氢	H_2	淡绿	氢	红	$p=15$ 不加色环 $p=20$ 黄色环一道 $p=30$ 黄色环二道
2	氧	O_2	天蓝	氧	黑	$p=15$ 不加色环 $p=20$ 白色环一道 $p=30$ 白色环二道

续表

序号	气瓶名称	化学式	外表面颜色	字样	字样颜色	色环
3	氨	NH_3	黄	液氨	黑	
4	氯	Cl_2	草绿	液氯	黑	
5	空气		黑	空气	白	p=15 不加色环 p=20 白色环一道 p=30 白色环二道
6	氮	N_2	黑	氮	黄	
7	硫化氢	H_2S	白	液化硫化氢	红	
8	二氧化碳	CO_2	铝白	液化二氧化碳	黑	p=15 不加色环 p=20 黑色环一道
9	二氯二氟甲烷	CF_2Cl_2	铝白	液化氟氯烷-12	黑	
10	三氟氯甲烷	CF_3Cl	铝白	液化氟氯烷-13	黑	p=8.0 不加色环 p=12.5 草绿色环一道
11	四氟甲烷	CF_4	铝白	氟氯烷-14	黑	
12	二氯氟甲烷	$CHFCl_2$	铝白	液氟氯烷-21	黑	
13	二氟氯甲烷	CHF_2Cl	铝白	液化氟氯烷-22	黑	
14	三氟甲烷	CHF_3	铝白	液化氟氯烷-23	黑	
15	氩	Ar	灰	氩	绿	p=15 不加色环 p=20 白色环一道 p=30 白色环二道
16	氖	Ne	灰	氖	绿	
17	二氧化硫	SO_2	灰	液化二氧化硫	黑	
18	氟化氢	HF	灰	液化氟化氢	黑	
19	六氟化硫	SF_6	灰	液化六氟化硫	黑	p=8.0 不加色环 p=12.5 草绿色环一道
20	煤气		灰	煤气	红	p=15 不加色环 p=20 黄色环一道 p=30 黄色环二道
21	其他气体		灰	气体名称	可燃的红， 不可燃的黑	

注：色环栏内的 p 是气瓶的公称工作压力，MPa。

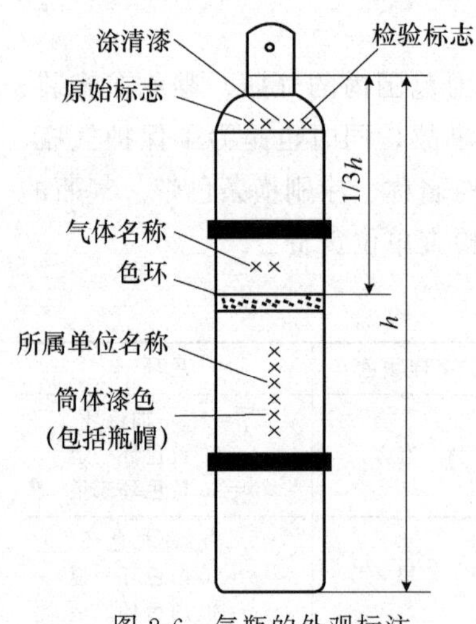

图 2-6　气瓶的外观标注

气瓶漆色见表 2-3，并按图 2-6 所示标注气体名称。同一种高压液化气体，规定两个或两个以上充装系数的，应在色环下方注明该种气瓶的设计压力。字体高度不小于 80mm。

2. 气瓶的标记

打在气瓶肩部技术数据的钢印，叫作气瓶标记。其中由气瓶制造厂打的钢印叫作原始标记。由气体制造厂或专业检验单位在历次定期检验时打的钢印叫作检验标记。两种钢印标记如图 2-7 所示。

说明：

① 钢印必须明显清晰；

② 降压字体高度为 7～10mm，深度为 0.3～0.5mm；

③ 降压或报废的气瓶，除在检验单位的后面打上降压或报废的标志外，必须在气瓶制造厂打的设计压力标记前面打上降压或报废标记。

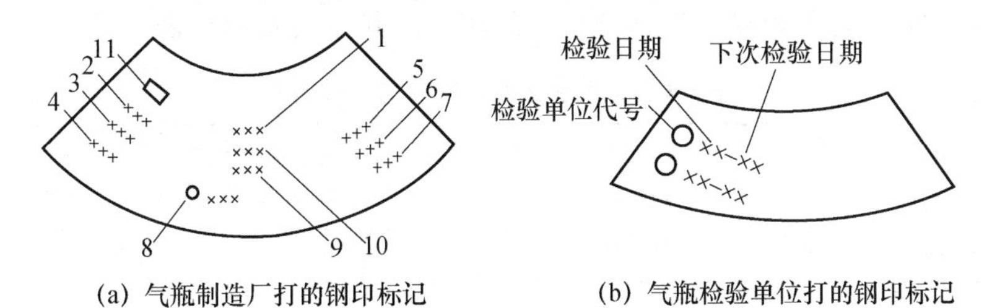

(a) 气瓶制造厂打的钢印标记　　(b) 气瓶检验单位打的钢印标记

图 2-7　气瓶钢印标记的顺序和位置

1—充装气体名称或化学分子式；2—气瓶编号；3—水压试验压力，MPa；4—公称工作压力，MPa；5—实际重量，kg；6—实际容积，L；7—瓶体设计壁厚，mm；8—单位代码（与在发证机构备案的一致）和制造年月；9—监督检验标记；10—气瓶制造单位许可证编号；11—产品标准号

四、气瓶的设计压力与充装量

1. 气瓶的最高使用温度

气瓶是一种盛装容器，其最高工作压力取决于它的充装量和最高使用温度。而充装量，对于压缩气体是指它在某一充装温度下的充装压力，对液化气体是指气瓶单位容积内所装气体的重量。最高使用温度是指气瓶在充装气体以后可能达到的最高温度。

气体使用温度的变化，除了个别气瓶，由于所装的是易于起聚合反应的气体，在瓶内部分发生聚合、放出热量，致使瓶内气体温度升高以外，一般都是受周围环境的影响。使气瓶温度升高多是气瓶靠近高温热源或在烈日下曝晒。靠近高温热源是禁止的，由此所产生的温升也是无法考虑的。置于烈日下曝晒，虽然不允许，但也很难避免，因此，为了安全，气瓶的最高使用温度应按气瓶在烈日曝晒下的温度考虑。

经实际测量，气瓶在烈日下曝晒时，瓶内气体的温度远远高于最高大气温度，略低于最高地面温度。我国各地气候条件不一，且气瓶又不是限定在某地区使用，所以气瓶的最高使用温度，应该统一按全国的最高气温和地温来考虑。《气瓶安全监察规程》中规定，以所装气体在 60℃时的压力作为气瓶的设计压力。

2. 压缩气体气瓶的设计压力与充装量

(1) 设计压力　气瓶的设计压力就是所充装气体在 60℃时的压力。压缩气体气瓶是通用的盛装容器，应适用于盛装各种压缩气体，而每一种压缩气体在高压情况下，压力随温度的变化规律不完全一样。有些气体压力随温度的变化规律与理想气体的差别很大。

即使在相同的充装条件下，各种气体的温升虽然相同，而压力的增加却并不一样，所以要使气瓶有通用性，不能根据统一的充装压力分别确定各种气体气瓶的设计压力，而应该根据标准化的需要，确定统一的气瓶的设计压力系列。充装气体时，则根据不同的气体确定不同的充装量。

我国目前所用的压缩气体气瓶的设计压力有 30MPa、20MPa、15MPa（表压）等几种。

(2) 充装量（充装压力）　压缩气体气瓶的充装量应该是保证气瓶在使用过程中可能达到的最高压力不超过它的设计压力，也就是所装的气体在 60℃时的压力不应高于气瓶的设计压力。而压缩气体的充装量是以充装结束时的温度和压力计量的，因此各种压缩气体应根据气瓶的设计压力，按不同的充装温度（结束时）确定不同的充装压力。

目前我国采用的高压液化气体气瓶的设计压力为 20MPa、15MPa、12.5MPa、0.8MPa

（表压）等几种。高压液化气体的充装量，必须保证所装入的液化气体全部汽化后，在60℃下的压力不超过气瓶的设计压力。也就是说液化气体充装系数（单位容积内充装的重量）不应大于它在60℃时、压力为气瓶设计压力下的密度。其充装系数见表2-4。

表2-4　高压液化气体气瓶的充装系数

序号	气体名称	化学式	气瓶在不同设计压力（MPa）下的充装系数（不大于）/(kg/L)			
			20	15	12.5	0.8
1	氙	Xe			1.23	
2	二氧化碳	CO_2	0.74	0.60		
3	氧化亚氮（光气）	N_2O		0.62	0.52	
4	六氟化硫	SF_6			1.33	
5	氯化氢	HCl			0.57	
6	乙烷	C_2H_6（CH_3CH_3）	0.37	0.34	0.31	
7	乙烯	C_2H_4（$CH_2{=}CH_2$）	0.34	0.28	0.24	
8	三氟氯甲烷（R-13）	CF_3Cl			0.94	0.73
9	三氟甲烷（R-23）	CHF_3			0.76	
10	六氟乙烷（R-116）	C_2F_6（CF_3CF_3）			1.06	0.83
11	偏二氟乙烯	$C_2H_2F_2$（$CH_2{=}CF_2$）			0.66	0.46
12	氟乙烯（乙烯基氟）	C_2H_3F（$CH_2{=}CHF$）			0.54	0.47
13	三氟溴甲烷（R-1381）	CF_3Br			1.45	1.33

其他高压液化气体（包括两种以上的液化气体混合组成的高压气体）的充装系数，可按下式计算其最大极限值：

$$F_r = \frac{pM}{ZRT}$$

式中　F_r——高压液化气体的充装系数，kg/L；

T——气瓶最高使用温度，333K；

M——气体相对分子质量；

R——气体常数，$R=8.314\text{MPa}\cdot\text{L}/(\text{kg}\cdot\text{K})$；

Z——气体在压力 p、温度 T 时的压缩系数；

p——气瓶许用压力（绝对），按有关标准规定，取气瓶的公称工作压力为许用压力，MPa。

低压液化气体气瓶的设计压力等于或高于所装液化气体在60℃时的饱和蒸气压力。我国的低压液化气体气瓶的设计压力暂定为5MPa、3MPa、2MPa、1MPa。在正常状态下，气瓶内的低压液化气体是以气液两态存在。温度升高，瓶内饱和蒸气压力增大，液体膨胀，所占容积随之增大，而气体所占容积减小。温度升高到一定值后，液体可能将瓶内容积充满，甚至造成破裂事故。为了保证安全，气瓶充装必须按规定的充装系数充装。充装系数见表2-5。

表 2-5 低压液化气体的充装系数

序号	气体名称	化学式	充装系数（不大于）/(kg/L)
1	氨	NH_3	0.53
2	氯	Cl_2	1.25
3	溴化氢	HBr	1.19
4	硫化氢	H_2S	0.66
5	二氧化硫	SO_2	1.23
6	四氧化二氮	N_2O_4	1.30
7	碳酰二氯（光气）	$COCl_2$	1.25
8	氟化氢	HF	0.83
9	丙烷	C_3H_8（$CH_3CH_2CH_3$）	0.41
10	环丙烷	C_3H_6（$CH_2CH_2CH_2$）	0.53
11	丙烯	C_3H_6（CH_2CHCH_3）	0.42
12	甲醚（二甲醚）	C_2H_6O（CH_3OCH_3）	0.67
13	环氧乙烷（氧化乙烯）	C_2H_4O（CH_2CH_2O）	0.79
14	硫酰氟	SO_2F_2	1.0
15	液化石油气	混合气体（符号 GB11174）	0.42（或按相应国家标准）

除表 2-5 中所列的常用液化气体外，其他低压液化气体气瓶的充装系数，不得大于下式计算的确定值：

$$F_r = 0.97\rho(1 - C/100)$$

式中 F_r——低压液化气体的充装系数，kg/L；

ρ——低压液化气体在最高使用温度（60℃）下的液体密度，kg/L；

C——液体密度的最大负偏差，%。

由两种以上的液化气体混合组成的介质，由实验确定其在最高使用温度下的液体密度，确定充装系数的最大极限值。

对于液化石油气瓶的充装量，则因国内所用的液化石油气组分差异较大，所以不按充装系数计量和控制，而以气瓶型号中用数字表示的公称容量（以 kg 计）为其最大充装量。

五、气瓶的使用管理

1. 气瓶充装与使用不当造成事故

气瓶的正确充装是保证气瓶安全使用的关键之一。气瓶由于充装不当而发生爆炸事故，其原因多数是氧气与可燃气体混装和充装过量。

氧气与可燃气体混装往往是原来盛装可燃气体（如氢、甲烷等）的气瓶，未经过置换、清洗等处理，而且瓶内还有余气，又用来盛装氧气，或者将原来装氧气的气瓶用来充装可燃气体，使可燃气体与氧气在瓶内发生化学反应，瓶内压力急剧升高，气瓶破裂爆炸。这种由于化学反应而发生爆炸的能量，往往要比气瓶承受不了瓶内气体压力而发生爆炸（物理现象爆炸）的能量大几倍至几十倍。正因为这样，再加上这种化学反应速度很快，爆炸时往往使气瓶炸成许多碎片。如某厂将一个氧气瓶临时充装氢气，但没有改装，仍保留氧气瓶的漆色，氢气用完后又充装氧气，结果在使用中发生爆炸。气瓶全部炸成碎片，碎片最大的只有150mm×100mm，且全部飞离现场。最远的飞出千余米。值得注意的是，这种气体混装的气瓶有时并不一定在充装过程中发生爆炸，而常常是在使用的时候发生爆炸。因为混合气体的爆炸需要具备一定的条件（例如配合比例等），而且这种气体在焊接时常有“回火”现象。

充装过量（特别是盛装低压液化气体的气瓶）也是气体爆炸的常见原因。因为液化气体充装温度一般都比较低，如果在这种温度下充装过量的液化气体，受周围环境温度的影响，瓶内液化温度升高，迅速膨胀，产生很大压力，造成气瓶破裂爆炸。如北京某电机厂充装液氨的气瓶，在太阳下曝晒，两天后即发生爆炸。气瓶腾空飞起，落到 120m 以外的房顶上。爆炸后氨气弥漫，扩散到附近操作室内，并在室内发生闪爆，烧伤一名值班人员。

气瓶使用不当和维护不良可以直接或间接造成爆炸事故、火灾事故或中毒事故。

在使用中将气瓶置于烈日下长时间曝晒或气瓶靠近高温热源，是气瓶爆炸的常见原因，特别是盛装低压液化气体的气瓶，如果充装过量，再加上日光曝晒，极易发生爆炸，所以这种事故多发生在夏季，且总是在运输或使用过程中受烈日曝晒的情况下。有时候，气瓶只局部受热，虽不至于发生爆炸，但会使气瓶上的安全泄压装置开放泄气，使瓶内可燃气体或有毒气体喷出，造成火灾或中毒事故。

气瓶操作不当常会发生着火或烧坏气瓶附件等事故。例如打开气瓶的瓶阀时，因开得太快，使减压器或管道中的压力迅速提高，温度也会大大升高，严重时会使橡胶垫圈等附件烧毁。这样的事故常有发生。

此外，盛装可燃气体气瓶的瓶阀泄漏，氧气瓶瓶阀或其他附件沾有油脂等也常常会引起着火燃烧事故。

气瓶在运输（或搬动）过程中容易受到震动或冲击，如果气瓶原来就存在一些缺陷，在这种情况下，就容易发生事故。有时还会把瓶阀撞坏或碰断，发生使气瓶喷气飞离原处或喷出的可燃气体着火等事故。

2. 对充装、使用、运输气瓶的安全要求

(1) 气瓶充装　气瓶充装的安全要求应包括以下几点。

① 在充气前，要对气瓶进行严格检查。检查的内容包括：气瓶的漆色是否完好，是否与所充装气体的规定气瓶漆色一致；气瓶内是否按规定留有余气，气瓶原装气体是否与将要充装的气体一致，辨别不清时应取样化验；气瓶的安全附件是否齐全、完好；气瓶是否有鼓包、凹陷变形等缺陷；氧气瓶及强氧化剂气瓶瓶体及瓶阀处是否沾有油污；气瓶进气口的螺纹是否符合规定（可燃气体气瓶的螺纹应左旋，非可燃气体气瓶应右旋）等。

② 采取有效措施，防止充装超量。这些措施应包括：充装压缩气体时要具体规定充装温度、充装压力，以保证气瓶在最高温度下，瓶内气压不超过气瓶的设计压力；充装液化气体时，严禁超量充装；为防止测量误差造成超装，压力表、磅秤等应按规定的适用范围选用，并定期进行校验；没有原始重量数据和标注不清的气瓶不予充装，充装量应包括气瓶内原有的余气（液），且不得用贮罐减量法（即贮罐充装气瓶前后的重量差）确定气瓶的充装量。

(2) 气瓶的使用　气瓶使用应注意以下几点。

① 防止气瓶受热升温。主要是气瓶不要在烈日下曝晒；不要靠近高温热源或火源，更不得用高压蒸汽直接喷射气瓶；瓶阀冻结时，应把气瓶移到较暖处，用温水解冻，禁止用明火烘烤。

② 正确操作，合理使用。开瓶阀动作要慢，以防加压过快产生高温，对盛装可燃气体的气瓶更要注意；禁止用钢制工具敲击气瓶阀，以防产生火花；氧气瓶要注意不能沾污油脂；氧气瓶和可燃气瓶的减压阀不能互用；瓶阀或减压阀泄漏时不得继续使用；气瓶用到最

后应留有余气，防止空气或其他气体进入气瓶引起事故。

一般压缩气体应留有剩余压力为0.2～0.3MPa以上，液化气体应留有0.05～0.1MPa以上。对于乙炔的剩余压力应不小于表2-6的规定。

表2-6　乙炔的剩余压力

环境温度/℃	<0	0～15	15～25	25～40
剩余压力/MPa	0.05	0.1	0.2	0.3

③ 气瓶外表面的涂料作为气瓶标志和保护层，要保持完好；如因水压试验或其他原因，气瓶内进入水分，在装气前应进行干燥，防止腐蚀；气瓶一般不应改装其他气体，如需改装时，必须由有关单位负责放气、置换、清洗、改变漆色等。

(3) 气瓶的运输　气瓶运输时应做到

① 防止震动或撞击。带好防震圈和瓶帽，固定好位置，防止运输中震动滚落。禁止装卸中抛装、滑放、滚动等方法，做到轻装轻卸。

② 防止受压或着火。气瓶运输中不得长时间在日光下曝晒，氧气瓶不得和可燃气体气瓶、其他易燃物质及油脂同车运输，随车人员不得在车上吸烟。

3. 气瓶的贮存保管

存放气瓶的仓库必须符合有关安全防火要求。首先是与其他建筑物的安全距离、与明火作业以及散发易燃气体作业场所的安全距离，都必须符合防火设计范围；气瓶库不要建筑在高压线附近；对于易燃气体气瓶仓库，电气要防爆还要考虑避雷设施；为便于气瓶装卸，仓库应设计装卸平台；仓库应是轻质屋顶的单层建筑，门窗应向外开，地面应平整而又要粗糙不滑（贮存可燃气瓶、地面可用沥青水泥制成）；每座仓库储量不宜过多，盛装有毒气体气瓶或介质相互抵触的气瓶应分室加锁贮存，并有通风换气设施；在附近设置防毒面具和消防器材，库房温度不应超过35℃；冬季取暖不准用火炉。为了加强管理，应建立安全出入管理制度，张贴严禁烟火标志，控制无关人员入内等。

气瓶仓库符合安全要求，为气瓶贮存安全创造了条件。但是管理人员还必须严格认真地贯彻《气瓶安全监察规程》的有关规定。

① 气瓶贮存一定要按照气体性质和气瓶设计压力分类。每个气瓶都要有防震圈，瓶阀出气管端要装上帽盖，并拧上瓶帽。有底座的气瓶，应将气瓶直立于气瓶的栅栏内，并用小铁链扣住。无底座气瓶，可水平横放在带有衬垫的槽木上，以防气瓶滚动，气瓶均朝向一方，如果需要堆放，层数不得超过5层，高度不得超过1m，距离取暖设备1m以上，气瓶存放整齐，要留有通道，宽度不小于1m，便于检查与搬运。

② 为了使先入库或定期技术检验临近的气瓶预先发出使用，应尽量将这些气瓶放在一起，并在栅栏的牌子上注明。对于盛装易于起聚合反应、规定贮存期限的气瓶应注明贮存期限，及时发出使用。

③ 在炎热的夏季，要随时注意仓库室内温度，加强通风，保持室温在39℃以下。存放有毒气体或易燃气体气瓶的仓库，要经常检查有无渗漏，发现有渗漏的气瓶，应采取措施或送气瓶制造厂处理。

④ 加强气瓶入库和发放管理工作，认真填写入库和发放气瓶登记表，以备查。

⑤ 对临时存放充满气体的气瓶，一定要注意数量一般不超过5瓶，不能受日光曝晒，周围10m内严禁堆放易燃物质和使用明火作业。

六、气瓶的检验技术

气瓶在使用过程中，由于受到使用环境条件和瓶内介质等因素的作用，使用寿命会逐步降低。为了保证使用安全，应和固定式压力容器一样，除加强日常维护外，必须按《气瓶安全监察规程》规定，定期进行技术检验，测定气瓶技术性能状况，从而对气瓶能否继续使用做出正确的处理。

气瓶技术检验的内容包括内外表面检验和耐压试验（水压试验）。

各种气瓶的定期技术检验，按规程规定：盛装空气、氧、氮、氢、二氧化碳等一般气体的气瓶每 3 年进行 1 次；盛装氩、氖、氦、氪、氙等惰性气体的气瓶每 5 年进行 1 次；盛装氯、氯甲烷、硫化氢、光气、二氧化硫、氯化氢等腐蚀性介质的气瓶每 2 年检验 1 次，发现有严重腐蚀、损伤的气瓶应提前进行检验。盛装剧毒或高毒介质的气瓶，进行水压试验后还应进行气密性试验。乙炔气瓶在全面检验时，还要检查填料、瓶阀的易熔塞，测定壁厚并做气密性试验（不做水压试验）。

气瓶的定期技术检验，由气体制造厂或专业检验单位负责，检验单位的检验钢印代号，由质监部门统一规定。

1. 内外部检查

外部检查和其他压力容器一样，主要是检查气瓶在制造和使用过程中有无裂纹、变形、鼓包、腐蚀等缺陷。内部检查，由于气瓶直径小，很难像直径大的压力容器那样彻底清理，只能用 12V 以下小电珠或窥镜插入瓶内进行检查。因此，除了比较明显的重大缺陷，如鼓包、变形等以外，其他如裂纹等严重缺陷是很难发现的。这样，耐压试验就成为气瓶全面检验中的关键项目，气瓶能否继续使用，在很大程度上是通过耐压试验来确定的。

2. 耐压试验

气瓶耐压试验的试验压力，要比一般压力容器的试验压力高。原因是气瓶耐压试验是关键项目，重大缺陷要通过耐压试验来发现；气瓶容易受碰撞和冲击，存在的裂纹等缺陷容易扩展；加上气瓶的使用场所不固定，周围环境比较差等。《气瓶安全监察规程》规定，气瓶耐压试验的试验压力为设计压力的 1.5 倍。

但是仅仅提高耐压试验的试验压力并不是保证气瓶安全使用的可靠方法。相反，气瓶反复进行高压试验，可使瓶壁应力超过材料的屈服极限，产生塑性变形，使材料韧性降低，使缺陷进一步扩展，致使气瓶在以后使用中破裂爆炸。因此，对于高压气瓶，应在耐压试验的同时，精确地测定它的全变形或残余变形，以掌握气瓶在耐压试验时的应力情况。

(1) 容积变形的测定　容积变形的测定是用比较简单而又精确的方法，测量容器在耐压试验压力下和耐压试验后的容积与原有容积（即耐压试验前的容积）之差来确定气瓶的容积全变形和容积的残余变形。并以此来判定容器的应力情况及是否能安全使用。

要精确测定容器在耐压试验时的容积变形和容积残余变形，必须有一套比量法的装置。这种测定装置和方法有两种，即内测法和外测法。

① 内测法。它是利用测定瓶内在试验压力下，所进入的水量与它在泄压时由瓶内所排出的水量来计算它的容积全变形与容积残余变形的。这种方法的装置简单，故广泛采用，只是测定误差较大。

a. 试验装置。内测法的试验装置如图 2-8 所示。图中 A 是试压泵；B 是量筒，用以测定气瓶在试验压力下所进入的水量和卸压后所排出的水量；C 是缓冲器，用以稳定试压系统中的压力；D 是被检验的气瓶。H1～H7 为截止阀。

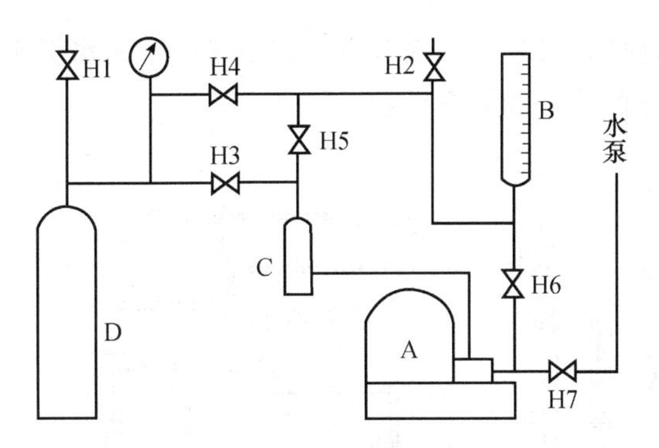

图 2-8　气瓶的水压试验装置（内测法）

b. 操作程序。

气瓶装水：气瓶装满清水，敞口放置一定时间，使瓶内水温与室内水温相同，但不低于5℃。最好经常摇动气瓶，排出瓶内残余气体。

排气：开启水源阀 H7 和量筒进水阀 H6，将量筒装水（约半筒），然后关闭 H6，开启排气阀 H2，以排除管道中的空气，直至从阀内冒出水时才关闭；将灌满水的气瓶 D 与耐压管路联接后即开启阀 H3、H1，并启动试压泵 A，直至从阀 H1 排出的水中没有气泡时才关闭；开启阀 H4、H5，直至量筒 B 不冒气泡时即关闭。这时试压系统中的压力不得超过试验压力的 90%。最后，再开启阀 H1，进一步驱除气瓶及系统内的空气，然后停泵，关闭阀 H1。

循环：关闭阀 H3、H4 及 H7，开启动试压泵 A，使水在量筒 B—阀 H6—试压泵 A—缓冲器 C—阀 H5—量筒 B 之间不断循环，再一次排净系统中所藏的空气。

调整量筒水位：停泵，并使试压泵的柱塞在死点位置，开启阀 H3，并开启阀 H7，使量筒中的水慢慢升至顶点零位后，即关闭阀 H7。

加压：关闭阀 H5，开动泵 A，先使系统压力升至气瓶的设计压力，停泵检查各连接处有无泄漏，如无泄漏，再启动泵继续加压，直至升到试验压力再停泵。

保持压力：气瓶在试验压力下至少保持 1min。在此期间，如压力表指针下降，应检查有无泄漏，并慢慢转动试压泵继续加水，使压力表指示压力保持在耐压试验压力下。关闭阀 H3，开启阀 H5，并使试压泵 A 的柱塞仍回到原死点位置，此时，缓冲器 C、试压泵 A 及管路中被压缩的水全部返回量筒 B，测读量筒 B 中下降的水位，这部分缺少的水，就是气瓶在试验压力下所压入的水量。

卸压：气瓶在保持压力及测记进水量完毕后，即开启阀 H4 使气瓶卸压，在耐压试验时所压入气瓶内的水，将重返回量筒内。

测读容积残余变形：在压力表指示的压力降至零，而且量筒 B 中的水位停止不动以后，即可测读量筒 B 中的水柱，这部分缺少的水量就是气瓶耐压试验时，所产生的容积残余变形。

② 外测法。它是在气瓶外部测量它在耐压试验时的容积变形，因此试验时需要把气瓶放在一个水套内进行测试，所以又称水套测量法。

a. 外测法试验装置的形式较多，图 2-9 是一种比较简单的形式。气瓶 D 装在一个特别的水套 E 内，在瓶的肩部用胶皮垫 Q 与水套盖 F 进行密封，水套盖上装有放气旋塞 K，水套内的水溢满到它上部的量管 B 中。气瓶在试验压力下产生膨胀，把水套内的一部分水挤压到量管中去，使量管中的水增加，这增加的水就是气瓶的全变形量。气瓶卸压后，弹性变形消失，于是量管内增加的水又返回到水套内。如果量管中的水仍比在气瓶加压前要多，则这多出的水量，就是气瓶的容积残余变形量。

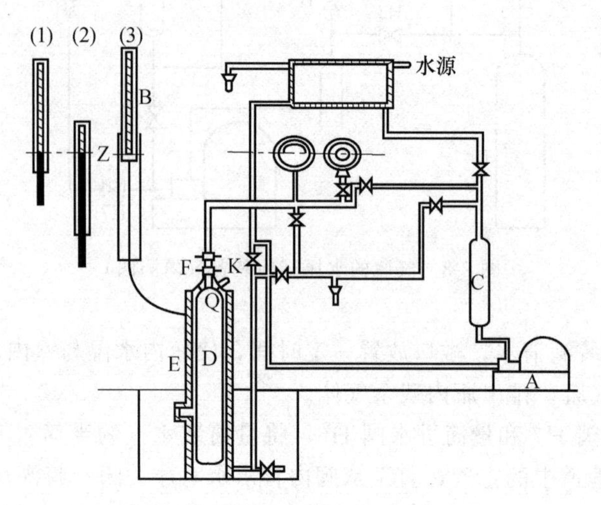

图 2-9　气瓶的耐压试验装置（外测法）

这种方法虽装置经内测法复杂，但操作简便，可直接读出气瓶的变形值，测量误差要比内测法小得多。

b. 操作注意要点。

试验装置应该配备一个标准气瓶，这个标准气瓶在试验压力下的容积变形值是已经经过精确测定的，而且不会产生残余变形。每次试验前，应首先用标准气瓶校验试验装置是否准确。

水套装水时，必须打开水套盖上的放气旋塞，以排除水套内的气体，直到从旋塞内冒出的水没有气泡时再将它关闭。

气瓶在试压前，保持试验压力时和卸压后，测读量管中的水量时，应使量管中的水位保持在相同的水平线上，如图 2-9 中的（1）、（2）、（3）位置，以免因水位高度不同，使水套受不同的静水柱压力产生不同的变形，并使水套内残存的空气受到不同的压缩，引起测量误差。

为使量管的水位保持在同一水平线上，可以移动连接的橡皮管，但应注意勿使橡皮管压扁变形，使它的容量发生变化。

（2）合格评定标准　气瓶在试验压力下的容积变形，可以间接地反映它在试验压力下的应力情况，所以，容积变形就成为评定气瓶耐压试验是否合格的一个重要指标。关于它的合格标准，目前国内外比较普遍的规定是：钢制气瓶在耐压试验时，容积残余变形不得超过容积全变形的 10%。

气瓶经过技术检验，未发现气瓶有裂纹，渗漏或明显变形，最小壁厚符合要求，容积残余变形在规定范围以内，则认为合格，如检验后发现有下列情况之一者，应予降压使用或报废。

① 瓶壁有裂纹、渗漏或明显变形的应报废。

② 经测量最小壁厚，通过强度校核（不包括腐蚀裕度）不能按原设计压力使用的。

③ 高压气瓶容积残余变形率大于 10%的。

检验合格的气瓶，由检验单位按规定要求打上合格标记。降压或报废的气瓶，检验单位打上降压、报废的标记，并负责处理，还应将降压、报废情况定期向当地质监部门报告。

自 测 题

1. 压力容器的设计压力，是指在相应设计温度下用以确定容器壳体（　　）的压力，亦即标注在铭牌上的容器设计压力，其值不得小于最大工作压力。

A. 容积　　B. 形状　　C. 厚度　　D. 高度

2. 压力容器的最高工作压力，对于承受内压的压力容器，是指压力容器在正常使用过程中，（　　）可能出现的最高压力。

A. 容器底部　　B. 容器顶部　　C. 容器筒身　　D. 容器受压元件

3. 爆破帽是压力容器安全附件的一种，爆破帽为中间具有一薄弱断面的厚壁短管，爆破压力误差较小，泄放面积较小，多用于（　　）容器。

A. 高压　　B. 超高压　　C. 中压　　D. 低压

4. 氢气瓶的规定涂色为（　　）。

A. 淡黄　　B. 淡绿　　C. 银灰　　D. 红色

5. 在气瓶安全使用要点中，以下描述正确的是（　　）。

A. 为避免浪费，每次应尽量将气瓶内气体用完

B. 在平地上较长距离移动气瓶，可以置于地面滚动前进

C. 专瓶专用，不擅自更改气瓶钢印和颜色标记

D. 关闭瓶阀时，可以用长柄螺纹扳手加紧，以防泄漏

6. 仓库内的气瓶放置应整齐，戴好瓶帽；立放时，要妥善固定；横放时，头部朝同一方向，垛高不得超过（　　）层。

A. 6　　B. 5　　C. 4　　D. 3

7. 充气单位应由专人负责填写气瓶充装记录，记录保存时间不应少于（　　）。

A. 半年　　B. 三个月　　C. 一年　　D. 两年

8. 气瓶充装液化石油气时，应（　　）充装。

A. 满瓶　　B. 按70%容积　　C. 按充装系数　　D. 按80%

9. 充装气体前进行气瓶检查，可消除或减少气瓶爆炸事故。在压力许可时，下列情况不会引起气瓶爆炸的是（　　）。

A. 用高压氧气瓶充装氩气　　B. 用氧气瓶、空气瓶充装可燃气体

C. 气瓶已过检验期限　　D. 瓶内混入可能与所盛气体发生化学反应的物质

10. 宜检验厚度较大的工件的检测技术为（　　）。

A. 射线检测　　B. 超声波检测　　C. 磁粉检测　　D. 渗透检测

11. 超声波检测技术对面积型缺陷的检出率较（　　），对体积型缺陷检出率较（　　）。

A. 低/高　　B. 高/高　　C. 高/低　　D. 低/低

12. 磁粉探伤适用于探测承压设备的（　　）。

A. 表面及近表面缺陷　　B. 内部缺陷

C. 贯穿性缺陷　　D. 体积缺陷

13. 焊缝中的未熔合、未焊透、夹渣、气孔、裂纹可应用（　　）进行检测。

A. 金相检验　　B. 直观检查　　C. 量具检查　　D. 无损探伤

14. 在检验承压类特种设备时，通常采用量具对直观检查所发现的缺陷进行测量。在测量发生腐蚀的容器壁的剩余厚度时，目前通常采用的量具是（　　）。

A. 游标卡　　B. 螺旋测位仪　　C. 中塞尺　　D. 超声波测厚仪

15. 表面探伤包括（ ）和（ ）。

A. 渗透探伤，射线探伤　B. 渗透探伤，磁粉探伤
C. 射线探伤/磁粉探伤　D. 超声波探伤，渗透探伤

16. 运行中压力容器的检查主要包括哪 3 个方面（ ）。

A. 操作压力、操作温度、液位　B. 化学成分、物料配比、投料数量
C. 工艺条件、设备状况、安全装置　D. 压力表、安全阀、液位表

17. 在压力容器爆炸中，冲击波超压（ ）MPa 时，在其直接冲击下大部分人会死亡。

A. ＞0.10　B. 0.05～0.10　C. 0.03～0.05　D. 0.02～0.03

18. 在工业生产中用于完成反应、传质、传热、分离和贮存等生产工艺过程，并能承受压力的密闭容器称为（ ）。它被广泛用于石油、化工、能源、冶金、机械、轻纺、医药、国防等工业领域。

A. 安全阀　B. 温度测量装置　C. 压力容器　D. 锅炉

19. 在压力容器爆炸中（ ）会造成人员伤亡和建筑物的破坏。

A. 锅炉爆炸　B. 气瓶爆炸　C. 冲击波超压　D. 爆破碎片

20.（ ）不属于气瓶的安全装置。

A. 安全泄压装置　B. 瓶帽　C. 防震圈　D. 瓶阀

21. 下列说法中不属于压力容器的操作条件的是（ ）。

A. 压力　B. 温度　C. 介质　D. 温差

22.（ ）为一端封闭，中间有一薄弱断面的厚壁短管，爆破压力较小，泄放面积较小，多用于超高压容器。

A. 爆破片　B. 爆破帽　C. 易熔塞　D. 温度计

23. 在压力容器爆炸中，（ ）MPa 的超压会使人体受到轻微伤害。

A. ＞0.10　B. 0.05～0.10　C. 0.03～0.05　D. 0.02～0.03

24. 在压力容器爆炸中，（ ）MPa 的超压会损伤人的听觉器官或产生骨折。

A. ＞0.10　B. 0.05～0.10　C. 0.03～0.05　D. 0.02～0.03

25. 充装后的气瓶，应先静止（ ），使其压力稳定，温度均衡。

A. 4h　B. 6h　C. 12h　D. 24h

26. 低压容器为（ ）。

A. 第四类压力容器　B. 第三类压力容器
C. 第二类压力容器　D. 第一类压力容器

27. 超高压（代号 U）P≥100MPa，在用锅炉一般（ ）进行一次外部检验，（ ）进行一次内部检验，（ ）进行一次水压试验。

A. 每年/每两年/每六年　B. 每两年/每年/每六年
C. 每六年/每两年/每年　D. 每两年/每六年/每年

28. 工作压力为 5MPa 的压力容器属于（ ）。

A. 高压容器　B. 中压容器　C. 低压容器　D. 安全监察范围之外

29. 我国压力容器纳入安全监察范围的最低压力是（ ）。

A. 2MPa　B. 0.5MPa　C. 1MPa　D. 0.1MPa

30. 压力容器的耐压试验期限为每（ ）年至少一次。

A. 1　B. 3　C. 6　D. 10

31. 易熔塞属于“熔化型”（“温度型”）安全泄放装置，它的动作取决于容器壁的温度，主要用于（ ）。

A. 中压的小型压力容器　B. 盛放液化气体的钢瓶
C. 高压的小型压力容器　D. 低压的小型压力容器
E. 超高压容器

32. 在气瓶的使用和维护中，应该采取的正确做法是（　　）。

A. 瓶阀冻结时应移至较暖的地方用温水解冻，禁用明火烘烤

B. 开阀应缓慢进行，防止加压过速产生高温

C. 气瓶使用到最后应留有余气，以防混入其他气体或杂质

D. 气瓶内保留适当水分有利于保护瓶壁

E. 开启或关闭瓶阀时只能用手或专用扳手

33. 为了更有效地防止压力容器发生爆炸，所采取的措施有（　　）。

A. 在设计上，应采用合理的结构，如采用全焊透结构，能自由膨胀等，避免应力集中，几何突变

B. 制造、修理、安装、改造时，加强焊接管理，提高焊接质量并按规范要求进行热处理和探伤，加强材料管理

C. 严格按照操作规章制度进行操作，操作时应注意力集中，不可玩忽职守

D. 在锅炉使用过程中，加强锅炉运行管理，保证安全附件和保护装置灵活，齐全

E. 在压力容器使用中，加强使用管理，避免操作失误，超温、超压、超负荷运转，失检、失修、安全装置失灵等

34. 乙炔瓶内气体严禁用尽，必须留有不低于0.05MPa的剩余压力的原因是（　　）。

A. 防止混入其他气体　　B. 防止混入杂质

C. 防止压力过低　　D. 防止压力过高

E. 防止爆炸

35. 无损检测技术之一是射线检测，检测中应防止射线的辐射伤害。射线的安全防护主要是采用的3大技术是（　　）、（　　）和（　　）。

A. 吸收防护　　B. 时间防护　　C. 距离防护　　D. 屏蔽防护

E. 个人防护

36. 为利于安全技术监察和管理，《压力容器安全技术监察规程》将压力容器划分为3类。属于第三类压力容器的是（　　）。

A. 高压容器　　B. 中压容器（毒性程度为极度和高度危害介质）

C. 低压管壳式余热锅炉　　D. 容积大于$5m^3$的低温液体贮存容器

E. 球形贮罐（容积大于等于$50m^3$）

37. 在压力容器的分类中，（　　）为第二类压力容器。

A. 移动式压力容器　　B. 球形贮罐（容积大于等于$50m^3$）

C. 中压容器　　D. 低压管壳式余热锅炉

E. 低压搪玻璃压力容器

38. 在压力容器的维护保养方面主要包括的内容有（　　）。

A. 保持完好的防腐层　　B. 消除产生腐蚀的因素

C. 消灭容器的“跑、冒、滴、漏”　　D. 停用期间的容器不用维护

E. 经常保持容器的完好状态

39. 在锅炉压力容器使用中，气瓶的安全泄压装置有（　　）。

A. 爆破片装置　　B. 易熔塞装置

C. 安全阀　　D. 爆破片—易熔塞复合装置

E. 瓶帽

40. 生产工艺过程所涉及的工艺介质按化学特性可分为可燃、易燃、惰性、助燃四种，（　　）属于易燃介质。

A. 与空气混合的爆炸下限小于10%的气体

B. 与空气混合的爆炸上限和下限之差值大于等于20%的气体

C. 一甲胺、乙烷、乙烯等

D. 氮气

E. 稀有气体

复习思考题

1. 什么是压力容器？移动式压力容器有哪几种？
2. 压力容器的检验分为几种？对检验周期各有什么规定？
3. 压力容器的操作规程应包含哪些内容？
4. 对运行中的压力容器主要检查哪几方面内容？
5. 压力容器停用保养的要求是什么？
6. 气瓶的附件有哪些？有什么要求？
7. 气瓶使用主要哪些方面的问题？
8. 气瓶贮存有哪些要求？

第三章　压力管道安全技术

学习目标

1. 了解压力管道的基本知识。
2. 熟悉法律法规对压力管道安的全要求。
3. 掌握压力管道常见事故的原因及防范措施。
4. 熟悉压力管道安全管理的要求。

事故案例

[案例1] 2010年7月16日，位于辽宁省大连市保税区的××公司原油库输油管道发生爆炸，引发大火并造成大量原油泄漏，导致部分原油、管道和设备烧损，另有部分泄漏原油流入附近海域造成污染。事故造成作业人员1人轻伤、1人失踪；在灭火过程中，消防战士1人牺牲、1人重伤。据统计，事故造成的直接财产损失为22330.19万元。

[案例2] 2011年11月19日14时左右，山东省泰安市××化工有限公司三聚氰胺项目道生液冷凝器停车检修过程中发生喷射燃烧事故，现场造成4人死亡，15人受伤送医院救治。截至11月22日17时55分，死亡人数增至15人，其余4名轻伤人员无生命危险。

[案例3] 2011年11月14日7时37分，陕西西安市太白路与科创路十字西南角××公寓新城区一层××小吃店液化气罐泄漏爆炸，冲击波伤及路边公交站候车人员和行人。共造成10人死亡，36人受伤。

第一节　压力管道的基本知识

一、管道的基本知识

管道是用管子、管子联接件和阀门等联接成的用于输送气体、液体或带固体颗粒的流体的装置。通常，流体经鼓风机、压缩机、泵和锅炉等增压后，从管道的高压处流向低压处，也可利用流体自身的压力或重力输送。管道的用途很广泛，主要用在给水、排水、供热、供煤气、长距离输送石油和天然气、农业灌溉、水利工程和各种工业装置中。

当流体的流量已知时，管径的大小取决于允许的流速或允许的摩擦阻力（压力降）。流速大时管径小，但压力降值增大。因此，流速大时可以节省管道基建投资，但泵和压缩机等动力设备的运行能耗费用增大。此外，如果流速过大，还有可能带来一些其他不利的因素。因此管径应根据建设投资、运行费用和其他技术因素综合考虑决定。

管子、管子联接件、阀门和设备上的进出接管间的联接方法，由流体的性质、压力和温度以及管子的材质、尺寸和安装场所等因素决定，主要有螺纹联接、法兰联接、承插联接和焊接4种方法。

螺纹联接主要适用于小直径管道。联接时，一般要在螺纹联接部分缠上氟塑料密封带，或涂上厚漆、绕上麻丝等密封材料，以防止泄漏。在1.6MPa以上压力时，一般在管子端面加垫片密封。这种联接方法简单，可以拆卸重装，但须在管道的适当地方安装活接头，以便于拆装。

法兰联接适用的管道直径范围较大。联接时根据流体的性质、压力和温度选用不同的法兰和密封垫片，利用螺栓夹紧垫片保持密封。在需要经常拆装的管段处和管道与设备相联接的地方，大都采用法兰联接。

承插联接主要用于铸铁管、混凝土管、陶土管及其联接件之间的联接，只适用于在低压常温条件下工作的给水、排水和煤气管道。联接时，一般在承插口的槽内先填入麻丝、棉线或石棉绳，然后再用石棉水泥或铅等材料填实，还可在承插口内填入橡胶密封环，使其具有较好的柔性，容许管子有少量的移动。

焊接联接的强度和密封性最好，适用于各种管道，省工省料，但拆卸时必须切断管子和管子联接件。

城市里的给水、排水、供热、供煤气的管道干线和长距离的输油、气管道大多敷设在地下，而工厂里的工艺管道为便于操作和维修，多敷设在地上。管道的通行、支承、坡度与排液排气、补偿、保温与加热、防腐与清洗、识别与涂漆和安全等，无论对于地上敷设还是地下敷设都是重要的问题。

地面上的管道应尽量避免与道路、铁路和航道交叉。在不能避免交叉时，交叉处跨越的高度也应能使行人和车船安全通过。地下的管道一般沿道路敷设，各种管道之间保持适当的距离，以便安装和维修；供热管道的表面有保温层，敷设在地沟或保护管内，应避免被土压坏和使管子能膨胀移动。

管道可能承受许多种外力的作用，包括本身的重量、流体作用在管端的推力、风雪载荷、土壤压力、热胀冷缩引起的热应力、振动载荷和地震灾害等。为了保证管道的强度和刚度，必须设置各种支（吊）架，如活动支架、固定支架、导向支架和弹簧支架等。支架的设置根据管道的直径、材质、管子壁厚和载荷等条件决定。固定支架用来分段控制管道的热伸长，使膨胀节均匀工作；导向支架使管子仅作轴向移动。

为了排除凝结水，蒸汽和其他含水的气体管道应有一定的坡度，一般不小于0.2%。对于利用重力流动的地下排水管道，坡度不小于0.5%。蒸汽或其他含水的气体管道在最低点设置排水管或疏水阀，某些气体管道还设有气水分离器，以便及时排去水液，防止管内产生水击和阻碍气体流动。给水或其他液体管道在最高点设有排气装置，排除积存在管道内的空气或其他气体，以防止气阻造成运行失常。

管道如不能自由地伸缩，就会产生巨大的附加应力。因此，在温度变化较大的管道和需要有自由位移的常温管道上，需要设置膨胀节，使管道的伸缩得到补偿而消除附加应力的影响。

对于蒸汽管道、高温管道、低温管道以及有防烫、防冻要求的管道，需要用保温材料包覆在管道外面，防止管内热（冷）量的损失或产生冻结。对于某些高凝固点的液体管道，为防止液体太黏或凝固而影响输送，还需要加热和保温。常用的保温材料有水泥珍珠岩、玻璃棉、岩棉和石棉硅藻土等。

为防止土壤的侵蚀，地下金属管道表面应涂防锈漆或焦油、沥青等防腐涂料，或用浸渍沥青的玻璃布和麻布等包覆。埋在腐蚀性较强的低电阻土壤中的管道须设置阴极保护装置，防止腐蚀。地面上的钢铁管道为防止大气腐蚀，多在表面上涂覆以各种防锈漆。

各种管道在使用前都应清洗干净，某些管道还应定期清洗内部。为了清洗方便，在管道上设置有过滤器或吹洗清扫孔。在长距离输送石油和天然气的管道上，须用清扫器定期清除管内积存的污物，为此要设置专用的发送和接收清扫器的装置。

当管道种类较多时，为了便于操作和维修，在管道表面上涂以规定颜色的涂料，以资识别。例如，蒸汽管道用红色，压缩空气管道用浅蓝色等。

为了保证管道安全运行和发生事故时及时制止事故扩大，除在管道上装设检测控制仪表和安全阀外，对某些重要管道还采取特殊安全措施，如在煤气管道和长距离输送石油和天然气的管道上装设事故泄压阀或紧急截断阀。它们在发生灾害性事故时能自动及时地停止输送，以减少灾害损失。

二、压力管道

从广义上理解，压力管道是指所有承受内压或外压的管道，无论其管内介质如何。压力管道是管道中的一部分，从我国颁发《压力管道安全管理与监察规定》以后，“压力管道”便成为受监察管道的专用名词。在《压力管道安全管理与监察规定》第二条中将压力管道定义为：“在生产、生活中使用的可能引起燃爆或中毒等危险性较大的特种设备”。

国务院颁发实施的《特种设备安全监察条例》中，将压力管道进一步明确为“利用一定的压力，用于输送气体或者液体的管状设备，其范围规定为最高工作压力大于或者等于0.1MPa（表压）的气体、液化气体、蒸汽介质或者可燃、易爆、有毒、有腐蚀性，最高工作温度高于或者等于标准沸点的液体介质，且公称直径大于25mm的管道”。这就是说，现在所说的“压力管道”，不但是指其管内或管外承受压力，而且其内部输送的介质是“气体、液化气体和蒸汽”或“可能引起燃爆、中毒或腐蚀的液体”物质。

三、压力管道的特点

国务院颁布的《特种设备安全监察条例》明确规定，压力管道和锅炉、压力容器、起重机械并列为不安全因素较多的特种设备。压力管道的特点包括以下几点：

① 压力管道是一个系统，相互关联相互影响，牵一发而动全身。

② 压力管道长径比很大，极易失稳，受力情况比压力容器更复杂。压力管道内流体流动状态复杂，缓冲余地小，工作条件变化频率比压力容器高（如高温、高压、低温、低压、位移变形、风、雪、地震等都有可能影响压力管道受力情况）。

③ 管道组成件和管道支承件的种类繁多，各种材料各有特点和具体技术要求，材料选用复杂。

④ 管道上的可能泄漏点多于压力容器，仅一个阀门通常就有5处。

⑤ 压力管道种类多、数量大、设计、制造、安装、检验、应用管理环节多，与压力容器大不相同。

四、压力管道的类别划分

压力管道安装资格类别、级别的划分：

1. GA类（长输管道）

长输（油气）管道是指产地、贮存库、使用单位之间的用于输送商品介质的管道，划分为GA1级和GA2级。

符合下列条件之一的长输管道为GA1级：

① 输送有毒、可燃、易爆气体介质，设计压力$p>1.6$MPa的管道；

② 输送有毒、可燃、易爆液体介质，输送距离≥200km，且管道公称直径 $DN \geqslant 300$mm 的管道；

③ 输送浆体介质，输送距离≥50km 且管道公称直径 $DN \geqslant 150$mm 的管道。

符合下列条件之一的长输管道为 GA2 级：

① 输送有毒、可燃、易爆气体介质，设计压力 $p \leqslant 1.6$MPa 的管道；

② GA1（2）范围以外的长输管道；

③ GA1（3）范围以外的长输管道。

2. GB 类（公用管道）

公用管道是指城市或乡镇范围内的用于公用事业或民用的燃气管道和热力管道，划分为 GB1 级和 GB2 级。

GB1 级：城镇燃气管道。

GB2 级：城镇热力管道。

3. GC 类（工业管道）

工业管道是指企业、事业单位所属的用于输送工艺介质的工艺管道、公用工程管道及其他辅助管道，划分为 GB1 级、GC2 级、GC3 级。

符合下列条件之一的工业管道为 GC1 级：

① 输送 GB 5044—85《职业接触毒物危害程度分级》中规定的毒性程度为极度危害介质、高度危害气体介质和工作温度高于标准沸点的高度危害液体介质的管道；

② 输送 GB 50160—1999《石油化工企业设计防火规范》及 GB 50016—2006《建筑设计防火规范》中规定的火灾危险性为甲、乙类可燃气体或甲类可燃液体（包括液化烃），并且设计压力≥4.0MPa 的管道；

③ 输送流体介质并且设计压力≥10.0MPa，或者设计压力≥4.0MPa，并且设计温度≤400℃的管道。

GC2 级：除本规定的 GC3 级管道外，介质毒性危害程度、火灾危险性（可燃性）、设计压力和设计温度小于规定的 GB1 级管道。

GC3 级：输送无毒、非可燃流体介质，设计压力≤1.0MPa，并且设计温度大于－20℃但是小于 185℃的管道。

4. GD 类（动力管道）

火力发电厂用于输送蒸汽、汽水两相介质的管道，划分为 GD1 级、GD2 级。

GD1 级：设计压力≥6.3MPa，或者设计温度≥400℃的管道。

GD2 级：设计压力<6.3MPa，且设计温度<400℃的管道。

五、法律法规对压力管道安全的规定

1. 压力管道的设计、施工要求

压力管道的设计单位应取得省级以上有关主管部门颁发的设计资格证，并报省级以上质量技术监督部门备案。

压力管道设计单位应对所设计的压力管道安全技术性能负责。

压力管道用管子、管件、阀门、法兰、补偿器、安全保护装置等产品制造单位（以下简称制造单位）应向省级以上质量技术监督部门或省级质量技术监督部门授权的地（市）级质量技术监督部门申请安全注册。

安全注册的审查工作由质量技术监督部门会同同级有关主管部门认可的评查机构进行。

制造单位应对其产品安全质量负责。产品投产前应进行型式试验。国家质量技术监督检验总局负责型式试验单位的资格审查与批准，并颁发型式试验单位资格证书。

压力管道安装单位必须持有质量技术监督部门颁发的压力管道安装许可证。

压力管道安装单位应对其所安装施工的压力管道工程安全质量负责。

新建、扩建、改建的压力管道应由有资格的检验单位对其安装质量进行监督检验；在用压力管道应由有资格的检验单位进行定期检验。

管道安装施工前，安装单位应当编制管道安装的工艺文件，如施工组织设计、施工方案等，经使用单位（或者其委托方技术负责人）批准后方可进行管道安装工作。管道的安装质量应当符合 GB/T 20801 以及设计文件的规定。

管道安装工作竣工后，安装单位及其无损检测单位应当将工程项目中的管道安装及其检测资料单独组卷，向管道使用单位（或者其委托方技术负责人）提交安装质量证明文件，并且由管道使用单位在管道使用寿命期内保存。

2. 压力管道的登记注册

压力管道在投入使用前应向当地质量技术监督部门登记。

压力管道注册登记前先办理压力管道注册登记审核手续。注册登记审核所需材料如下：

① 压力管道监督检验报告；

② 压力管道使用注册登记表；

③ 压力管道安全管理制度和应急预案；

④ 压力管道安全管理人员、操作人员和在线检验员名单。

注册登记所需材料如下：

① 压力管道使用登记申请书和压力管道使用注册登记汇总表，附工商营业执照和组织代码证复印件；

② 压力管道安装质量证明书、压力管道安装竣工图（单线图）；

③ 监督检验机构出具的《压力管道安装安全质量监督检验报告》；

④ 压力管道使用单位安全管理制度，事故预防方案（包括应急措施和救援方案等），管理人员和操作人员名单；

⑤ 重要压力管道使用注册登记表。

3. 压力管道定期检验

压力管道使用单位应当按照安全技术规范的定期检验要求，在安全检验合格有效期届满前 1 个月向特种设备检验检测机构提出定期检验要求。未经定期检验或者检验不合格的压力管道，不得继续使用。

（1）工业管道

在线检验：是使用单位在运行条件下进行的检验，使用单位根据具体情况制定检验计划和方案，每年至少检验 1 次。

全面检验：安全状况等级为 1 级和 2 级的一般不超过 6 年；安全状况等级为 3 级的，检验周期一般不超过 3 年。

安全状况等级为 4 级的，应判废。

（2）公用管道　主要包括城镇燃气管道和热力管道。检验周期一般不应超过 6 年。

（3）长输管道　外部检查，每年至少 1 次。全面检验，每 5 年 1 次。

第二节 压力管道安全技术

一、压力管道事故常见原因及防范措施

1. 设计问题

设计无资质，特别是中小厂的技术改造项目设计往往自行设计，设计方案未经有关部门备案。

2. 焊缝缺陷

无证焊工施焊；焊接不开坡口，焊缝未焊透，焊缝严重错边或其他超标缺陷造成焊缝强度低下；焊后未进行检验和无损检测查出超标焊接缺陷。

3. 材料缺陷

材料选择或改代错误；材料质量差，有重皮等缺陷。

4. 阀体和法兰缺陷

阀门失效、磨损，阀体、法兰材质不合要求，阀门公称压力、适用范围选择不对。

5. 安全距离不足

压力管道与其他设施距离不合规范，压力管道与生活设施安全距离不足。

6. 安全意识和安全知识缺乏

思想上对压力管道安全意识淡薄，对压力管道有关介质（如液化石油气）安全知识贫乏。

7. 违章操作

无安全操作制度或有制度不严格执行。

8. 腐蚀

压力管道超期服役造成腐蚀，未进行在用检验评定安全状况。

9. 防范措施

（1）大力加强压力管道的安全文化建设　压力管道作为危险性较大的特种设备正式列入安全管理与监察时间不长，许多人对压力管道安全意识淡薄。已发生的事故已经给人们敲了警钟，不能让更多的事故再促人猛醒。就事故预防而言，我们还不能简单地就事故论事故，而必须给予文化高度的思考，即在观念上确立文化意识，在工作中大力加强压力管道的安全文化建设，通过安全培训，安全教育，安全宣传，规范化的安全管理与监察，不断增强人们安全意识，提高职工与大众安全文化素质，这样才能体现“安全第一，预防为主”的方针，才能以崭新的姿态开展新时期的安全工作。安全文化包括两部分：一部分是人的安全价值观，主要指人们的安全意识、文化水平、技术水平等；另一部分是安全行为准则，主要包括一些可见的规章制度以及其他物质设施，其中人的安全价值观是安全文化最核心最本质的东西。应该树立这样一个观念：安全是一个1，其余产值、利润、荣誉等都是一个又一个0，当1站立的时候，后面的0越多越好，如果1倒下了，那么所有的0都等于0。对人是这样，对企业也是这样。应当看到，现在已深入人心的锅炉压力容器必须由有制造许可证的单位制造，必须要有监检证，使用前必须登记，这本身就是安全文化。如今安全文化正在国内蓬勃发展，已从生产安全领域向生活、生存安全领域扩展，因而在生产安全领域更要强调安全文化的建设。当前，加强压力管道的安全文化建设也是实现“二个根本性转变”的具体体现。

（2）严格新建、改建、扩建的压力管道竣工验收和使用登记制度　新建、改建、扩建的

压力管道竣工验收必须有劳动行政部门人员参加，验收合格使用前必须进行使用登记，这样可以从源头把住压力管道安全质量关，使得新投入运行的压力管道必须经过检验单位的监督检验，安全质量能够符合规范要求，不带有安全隐患。新、改、扩、建压力管道未经监督检验和竣工验收合格的不得投入运行，若有违反，由劳动行政部门责令改正并可处以罚款。为何在实际工作中推行监检还有一定的阻力，这当然与压力管道刚正式纳入安全管理与监察规定有关，但归根结底还是安全文化素质的问题。加强人们的安全文化教育是我们实行“科教兴国”方针的具体体现。安全文化建设是全方位的，不仅使用单位、安装单位人员要提高安全文化素质，劳动行政部门人员、管理部门人员、检验单位人员也是一样。可以认为，加强劳动行政部门人员、检验单位人员等有关人员的安全文化建设是培养跨世纪安全干部、人才的战略之举。监督检验工作一般由被授权的检验单位进行，但检验单位由于本身职责所限，并不知何时何地有新、改、扩建压力管道，只有靠各地劳动行政部门人员把关，才能使新、改、扩建的压力管道不漏检。严格压力管道的竣工验收和使用登记，实际上是强化制度安全文化的建设。

(3) 新建、改建、扩建的压力管道实施规范化的监督检验　监督检验就是检验单位作为第三方监督安装单位安装施工的压力管道工程的安全质量必须符合设计图纸及有关规范标准的要求。压力管道安装安全质量的监督检验是一项综合性技术要求很高的检验。监督检验人员既要熟悉有关设计、安装、检验的技术标准，又要了解安装设备的特点，工艺流程。这样才能在监督检验中正确执行有关标准规程规定，保证压力管道的安全质量。从上面事故统计的原因比例知道，通过压力管道安全质量的监督检验可以控制事故原因的80%。从锅炉压力容器的监检的成功经验来看，实施公正的、权威的、第三者监督检验，对降低事故率，起到了十分积极的作用。实践证明：即使有的压力管道工程设计安装有资质，在实际监检过程中还是发现了不少问题，特别是在市场经济情况下，有的工程层层分包，这更需要最直接的第三方现场监督检验来给压力管道安装安全质量把关。监督检验控制内容有两方面：安装单位的质量管理体系和压力管道安装安全质量。其中，安装安全质量主要控制点是：

① 安装单位资质；

② 设计图纸、施工方案；

③ 原材料、焊接材料和零部件质量证明书及它们的检验试验；

④ 焊接工艺评定、焊工及焊接控制；

⑤ 表面检查，安装装配质量检查；

⑥ 无损检测工艺与无损检测结果；

⑦ 安全附件；

⑧ 耐压、气密、泄漏量试验。实施规范化的监督检验是物质安全文化在压力管道领域的具体体现。

二、压力管道金属材料的选用

1. 压力管道金属材料的特点

压力管道涉及各行各业，对它的基本要求是“安全与使用”，安全为了使用，使用必须安全，使用还涉及经济问题，即投资省、使用年限长，这当然与很多因素有关。而材料是工程的基础，首先要认识压力管道金属材料的特殊要求。压力管道除承受载荷外，由于处在不同的环境、温度和介质下工作，还承受着特殊的考验。

(1) 金属材料在高温下性能的变化

① 蠕变。钢材在高温下受外力作用时，随着时间的延长，缓慢而连续产生塑性变形的现象，称为蠕变。钢材蠕变特征与温度和应力有很大关系。温度升高或应力增大，蠕变速度加快。例如，碳素钢工作温度超过300～350℃，合金钢工作温度超过300～400℃就会有蠕变。产生蠕变所需的应力低于试验温度钢材的屈服强度。因此，对于高温下长期工作的锅炉、蒸汽管道、压力容器所用钢材应具有良好的抗蠕变性能，以防止因蠕变而产生大量变形导致结构破裂及造成爆炸等恶性事故。

② 球化和石墨化。在高温作用下，碳钢中的渗碳体由于获得能量将发生迁移和聚集，形成晶粒粗大的渗碳体并夹杂于铁素体中，其渗碳体会从片状逐渐转变成球状，称为球化。由于石墨强度极低，并以片状出现，使材料强度大大降低，脆性增加，称为材料的石墨化。碳钢长期工作在425℃以上环境使用，就会发生石墨化，在大于475℃更明显。SH3059规定碳钢最高使用温度为425℃，GB150则规定碳钢最高使用温度为450℃。

③ 热疲劳性能。钢材如果长期冷热交替工作，那么材料内部在温差变化引起的热应力作用下，会产生微小裂纹而不断扩展，最后导致破裂。因此，在温度起伏变化工作条件下的结构、管道应考虑钢材的热疲劳性能。

④ 材料的高温氧化。金属材料在高温氧化性介质环境中（如烟道）会被氧化而产生氧化皮，容易脆落。碳钢处于570℃的高温气体中易产生氧化皮而使金属减薄。故燃气、烟道等钢管应限制在560℃下工作。

(2) 金属材料在低温下的性能变化　当环境温度低于该材料的临界温度时，材料冲击韧性会急剧降低，这一临界温度称为材料的脆性转变温度。常用低温冲击韧性（冲击功）来衡量材料的低温韧性，在低温下工作的管道，必须注意其低温冲击韧性。

(3) 管道在腐蚀环境下的性能变化　石油化工、船舶、海上石油平台等管道介质，很多有腐蚀性，事实证明，金属腐蚀的危害性十分普遍，而且也十分严重，腐蚀会造成直接或间接损失。例如，金属的应力腐蚀、疲劳腐蚀和晶间腐蚀往往会造成灾难性重大事故，金属腐蚀会造成大量的金属消耗，浪费大量资源。引起腐蚀的介质主要有以下几种。

① 氯化物。氯化物对碳素钢的腐蚀基本上是均匀腐蚀，并伴随氢脆发生，对不锈钢的腐蚀是点腐蚀或晶间腐蚀。防止措施可选择适宜的材料，如采用碳钢-不锈钢复合管材。

② 硫化物。原油中硫化物多达250多种，对金属产生腐蚀的有硫化氢（H_2S）、硫醇（R—SH）、硫醚（R—S—R）等。我国液化石油气中H_2S含量高，造成容器出现裂缝，有的投产87天即发生贯穿裂纹，事后经磁粉探伤，内表面环缝共有417条裂纹，球体外表面无裂纹，所以H_2S含量高引起应力腐蚀应值得重视。日本焊接学会和高压气体安全协会规定：液化石油中H_2S含量应控制在100×10^{-6}以下，而我国液化石油气中H_2S含量平均为2392×10^{-6}，高出日本20多倍。

③ 环烷酸。环烷酸是原油中带来的有机物，当温度超过220℃时，开始发生腐蚀，270～280℃时腐蚀达到最大，当温度超过400℃，原油中的环烷酸已汽化完毕。316L（00Cr17Ni14Mo2）不锈钢材料是抗环烷酸腐蚀的有效材料，常用于高温环烷酸腐蚀环境。

2. 压力管道金属材料的选用

(1) 满足操作条件的要求

① 根据操作条件判断该管道是不是压力管道，属于那一类压力管道。

不同类别的压力管道因其重要性不同，发生事故带来的危害程度不同，故对材料的要求也不同。一般情况下，高类别的压力管道（如一类压力管道）从材料的冶炼工艺到最终产品的检查试验都比低类别的压力管道要求高。

② 应考虑操作条件对材料的选择要求。不同的材料对同一腐蚀介质的抗腐蚀性能是不相同的。在腐蚀环境中，选用材料应避免灾难性的腐蚀形式（如应力腐蚀开裂）出现，而对均匀腐蚀，一般至少应限定在“耐腐蚀”级，即最高年腐蚀速率不超过 0.5mm。

③ 介质温度也是选用材料的一个重要参数。因为温度的变化会引起材料的一系列性能变化，如低温下材料的脆性，高温下材料的石墨化、蠕变等问题。很多腐蚀形态都与介质温度有密切的关系，甚至是腐蚀发生的基本条件。因此压力管道的选材应满足温度的限制条件。

(2) 满足材料加工工艺和工业化生产的要求

① 理想的材料应该是容易获得的，即它应具有良好的加工工艺性、焊接性能等。

例如，对于一些腐蚀环境，选用碳钢和不锈钢复合制成的压力管道及其元件来代替纯不锈钢材料无疑是经济适用的，但由于许多制造厂的复合工艺不过关，使用中屡次出现问题，从而给复合材料的应用带来了限制，尤其是碳钢与 0Cr13 的复合板材因现场焊接质量不容易保证，以致工程上不能使用或者不能大量使用。

② 工程上的材料应用是系列化、标准化的。

它不像在实验室中，可以做到少量、理想化的材料应用。将材料标准化、系列化便于大规模生产，减少材料品种，从而可以节约设计、制造、安装、使用等各环节的投入，同时也将大大降低生产成本。

所以工程上应首先选用标准材料，对于必须选用的新材料，应有完整的技术评定文件，并经过省级及其以上管理部门组织技术鉴定，合格后才能使用。

对于必须进口的材料，应提出详细的规格、性能、材料牌号、材料标准、应用标准等技术要求，并按国内的有关技术要求对其进行复验，合格以后才能使用。

(3) 符合既适用又经济的要求　这是一个很原则的问题，实际操作起来是很复杂的。它要求材料工程师须运用工程学、材料学、腐蚀学等方面的知识综合判断。这样的问题有时是可以定量计算的，有时则是不可以定量计算的。一般情况下，应从以下几个方面来考虑。

① 腐蚀方面。

a. 对于局部腐蚀，若通过其他措施（如工艺防腐措施）能防止或控制局部腐蚀的发生，特别是突然性、灾难性的局部腐蚀发生，就可以采用价格比较低的材料。否则，必须选用高级且价格高的材料。

b. 对于均匀腐蚀，在腐蚀环境比较恶劣的情况下，若选用低级且价格便宜的材料，其腐蚀速率可能会很大，短时间内就必须更换材料；而用耐腐蚀比较好、价格比较高的材料，其腐蚀速率可能会较小，从而维持一个比较长的生产周期。进行综合的技术经济评定，此时采用高级材料也许更经济些。反之，如果腐蚀环境比缓和，此时选用低级材料虽然其腐蚀速率比较大，但其价格便宜，进行经济核算后，此时采用低级材料也许更经济些。总之这一类型的材料选用是应进行经济核算。

c. 对于同一个腐蚀环境，若选用高级材料时遭受的腐蚀可能是危险性较大的局部腐蚀，而选用低级材料时遭受的腐蚀可能是具有较大腐蚀速率的均匀腐蚀。此时就应考虑选用低级材料并辅以其他防腐措施。

② 材料标准及制造方面。压力管道的类别与材料标准和制造要求并没有一个完全一一

对应的关系，这就要求材料工程师应用有关知识来综合考虑。许多材料标准和制造标准中，都有若干供用户确认的选择项。

a. 这些选择项中，有些是一般的项目，当用户没有指定时，制造商将按自己的习惯去做。例如，钢管的供货长度、供货状态等都属于这类项目。

b. 有些项目则是附加检验项目，这些检验项目不是必需的，只有用户要求时制造商才做。也就是说，用户可以根据使用条件不同，追加若干检验项目以便更好地控制材料的内在质量。但提出了这些特殊要求就意味着产品价格的上升，有些检验项目如射线探伤的费用是很高的。如何追加这些附加检验项目，应结合使用条件和产品的价格综合考虑，有时要把握好这个尺度是很难的。

③ 新材料、新工艺应用方面。积极采用新材料，支持新材料、新工艺的开发和应用，可以有效地降低建设投资，又能满足生产工艺对材料的要求。

例如，用渗铝碳钢代替不锈钢用于抗硫和有机酸的腐蚀；用碳钢与不锈钢的复合材料代替纯不锈钢材料；用焊接质量有保证的有缝钢管代替无缝钢管等。

3. 常用材料的应用限制

(1) 铸铁　常用的铸铁有可锻铸铁和球墨铸铁两种。

一般限制条件：

① 使用在介质温度为−29～343℃的受压或非受压管道；

② 不得用于输送介质温度高于150℃或表压大于2.5MPa的可燃流体管道；

③ 不得用于输送任何温度压力条件的有毒介质；

④ 不得用于输送温度和压力循环变化或管道有振动的条件下。

实际上，可锻铸铁经常被用于不受压的阀门手轮和地下管道；球墨铸铁经常被用于工业用管道中的阀门阀体。

(2) 普通碳素钢　限制条件如下。

① 沸腾钢。

a. 应限用在设计压力≤0.6MPa，设计温度为0～250℃的条件下。

b. 不得用于易燃或有毒流体的管道。

c. 不得用于石油液化气介质和有应力腐蚀的环境中。

② 镇静钢。

a. 限用在设计温度为0～400℃范围内。

b. 当用于有应力腐蚀开裂敏感的环境时，本体硬度及焊缝硬度应不大于HB200，并对本体和焊缝进行100%无损探伤。

③ 用于压力管道的沸腾钢和镇静钢。

a. 含碳量不得大于0.24%。

b. GB700标准给出了4种常用的普通碳素结构钢牌号，即Q235A (F、b)，Q235B (F、b)、Q235C、Q235D。其适用范围如下。

Q235-AF钢板：设计压力p≤0.6MPa；使用温度为0～250℃，钢板厚度≤12mm；不得用于易燃，毒性程度为中度、高度或极度危害介质的管道。

Q235-A钢板：设计压力p≤1.0MPa；使用温度为0～350℃；钢板厚度≤16mm；不得用于液化石油气、毒性程度为高度或极度危害介质的管道。

Q235-B钢板：设计压力p≤1.6MPa；使用温度为0～350℃；钢板厚度≤20mm；不能

用于高度和极度危害介质的管道。

Q235-C 钢板：设计压力 $p\leqslant 2.5$MPa；使用温度为 0～400℃；钢板厚度≤40mm；1. Q235-C 的适用管道；2. Q235-D 的相关介绍。

（3）优质碳素钢　优质碳素钢是压力管道中应用最广的碳钢，对应的材料标准有：

GB/T 699、GB/T 8163、GB 3087、GB 5310、GB 9948、GB 6479 等。这些标准是根据不同的使用工况而提出了不同的质量要求，它们共性的使用限制条件如下。

① 输送碱性或苛性碱介质时应考虑有发生碱脆的可能，锰钢（如 16Mn）不得用于该环境。

② 在有应力腐蚀开裂倾向的环境中工作时，应进行焊后应力消除热处理，热处理后的焊缝硬度不得大于 HB200。焊缝应进行 100%无损探伤。锰钢（如 16Mn）不宜用于有应力腐蚀开裂倾向的环境中。

③ 在均匀腐蚀介质环境下工作时，应根据腐蚀速率、使用寿命等进行经济核算，如果核算结果证明选用碳素钢是合适的，应给出足够的腐蚀余量，并采取相应的其他防腐蚀措施。

④ 碳素钢、碳锰钢和锰钒钢在 425℃及以上温度下长期工作时，其碳化物有转化为石墨的可能性，因此限制其最高工作温度不得超过 425℃（锅炉规范则规定该温度为 450℃）。

⑤ 临氢操作时，应考虑发生氢损伤的可能性。

⑥ 含碳量大于 0.24%的碳钢不宜用于焊连接的管子及其元件。

⑦ 用于－20℃及以下温度时，应做低温冲击韧性试验。

⑧ 用于高压临氢、交变载荷情况下的碳素钢材料宜是经过炉外精炼的材料。

（4）铬钼合金钢　常用的铬钼合金钢材料标准有 GB 9948、GB 5310、GB 6479、GB 3077、GB 1221 等，其使用限制条件如下。

① 碳钼钢（C-0.5Mo）在 468℃温度下长期工作时，其碳化物有转化为石墨的倾向，因此限制其最高长期工作温度不超过 468℃。

② 在均匀腐蚀环境下工作时，应根据腐蚀速率、使用寿命等进行经济核算，同时给出足够的腐蚀余量。

③ 临氢操作时，应考虑发生氢损伤的可能性。

④ 在高温 H_2+H_2S 介质环境下工作时，应根据 Nelson 曲线和 Couper 曲线确定其使用条件。

⑤ 应避免在有应力腐蚀开裂的环境中使用。

⑥ 在 400～550℃温度区间内长期工作时，应考虑防止回火脆性问题。

⑦ 铬钼合金钢一般应是电炉冶炼或经过炉外精炼的材料。

（5）不锈耐热钢　压力管道中常用的不锈耐热钢材料标准主要有 GB/T 14976、GB 4237、GB 4238、GB 1220、GB 1221 等。其共性的使用限制条件如下。

① 含铬 12%以上的铁素体和马氏体不锈钢在 400～550℃温度区间内长期工作时，应考虑防止 475℃回火脆性破坏，这个脆性表现为室温下材料的脆化。因此，在应用上述不锈钢时，应将其弯曲应力、振动和冲击载荷降到敏感载荷以下，或者不在 400℃以上温度使用。

② 奥氏体不锈钢在加热冷却的过程中，经过 540～900℃温度区间时，应考虑防止产生晶间腐蚀倾向。当有还原性较强的腐蚀介质存在时，应选用稳定型（含稳定化元素 Ti 和 Nb）或超低碳型（C 含量＜0.03%）奥氏体不锈钢。

③ 不锈钢在接触湿的氯化物时，有应力腐蚀开裂和点蚀的可能，应避免接触湿的氯化物，或者控制物料和环境中的氯离子浓度不超过 25×10^{-6}。

④ 奥氏体不锈钢使用温度超过 525℃时，其含碳量应大于 0.04%，否则钢的强度会显著下降。

4. 常用材料的使用温度（见表 3-1）

表 3-1 常用金属材料的使用温度

材料	使用温度/℃
10、20	−20～425
16Mn	−40～450
09Mn2V	−70～100
12CrMo	≤525
15CrMo	≤550
1Cr5Mo	≤600
低碳奥氏体不锈钢（018CrNi9、0Cr17Ni12Mo2、0Cr18Ni19Ti）	−196～700
超低碳奥氏体不锈钢（00Cr19Ni10）	−196～400
超低碳奥氏体不锈钢（00Cr17Ni14Mo2）	−196～450
0Cr25Ni20	≤800

三、压力管道施工过程中焊接质量的管理

1. 人员素质

对压力管道焊接而言，最主要的人员是焊接责任工程师，其次是质检员、探伤人员及焊工。

① 焊接责任工程师是管道焊接质量的重要负责人，主要负责一系列焊接技术文件的编制及审核签发。如焊接性试验、焊接工艺评定及其报告、焊接方案以及焊接作业指导书等。因此，焊接责任工程师应具有较为丰富的专业知识和实践经验、较强的责任心和敬业精神。经常深入现场，及时掌握管道焊接的第一手资料；监督焊工遵守焊接工艺纪律的自觉性；协助工程负责人共同把好管道焊接的质量关；对质检员和探伤员的检验工作予以支持和指导，对焊条的保管、烘烤及发放等进行指导和监督。

② 质检员和探伤人员都是直接进行焊缝质量检验的人员，他们的每一项检验数据对评定焊接质量的优劣都有举足轻重的作用。因此质检员和探伤员首先必须经上级主管部门培训考核取得相应的资格证书，持证上岗，并应熟悉相关的标准、规程规范。还应具有良好的职业道德，秉公执法，严格把握检验的标准和尺度，不允许感情用事、弄虚作假。这样才能保证其检验结果的真实性、准确性与权威性，从而保证管道焊接质量的真实性与可靠性。

③ 焊工是焊接工艺的执行者，也是管道焊接的操作者，因此，焊工的素质对保证管道的焊接质量有着决定性的意义。一个好的焊工要拥有较好的业务技能，熟练的实际操作技能不是一朝一夕便能练成的，而是通过实际锻炼、甚至强化培训才能成熟，最后通过考试取得相应的焊接资格。这一点相关的标准、法规对焊工技能、焊接范围等都作了较为明确的规定。一个好的焊工还须具有良好的职业道德、敬业精神，具有较强的质量意识，才能自觉按照焊接工艺中规定的要求进行操作。在焊接过程中集中精力，不为外界因素所干扰，不放过任何影响焊接质量的细小环节，做到一丝不苟，最终获得优良的焊缝质量。

④ 作为管理部门人员，应建立持证焊工档案，除了要掌握持证焊工的合格项目外，还应重视焊工日常业绩的考核。可定期抽查，将每名焊工所从事的焊接工作，包括射线检测后

的一次合格率的统计情况，存入焊工档案。同时制订奖惩制度，对焊接质量稳定的焊工予以嘉奖。这为管理人员对焊工的考核提供了依据。对那些质量较好较稳定的焊工，可以委派其担任重要管道或管道中重要工序的焊接任务，使焊缝质量得到保证。

2. 焊接设备

（1）焊接设备的性能是影响管道焊接的重要因素　其选用一般应遵循以下原则。

① 满足工件焊接时所需要的必备的焊接技术性能要求。

② 择优选购有国家强制 CCC 认证焊接设备的厂家生产的信誉度高的设备，对该焊接设备的综合技术指标进行对比，如焊机输入功率、暂载率、主机内部主要组成、外观等。

③ 考虑效率、成本、维护保养、维修费用等因素。

④ 从降低焊工劳动强度、提高生产效率考虑，尽可能选用综合性能指标较好的专用设备显得尤为重要。目前在国内外，许多焊接设备生产厂家都是专机专用，并打出了品牌。因此选用焊接设备的原则首选专用，设备性能指标优中选优。只有这样，才能确保焊接质量的稳定并提高。

（2）设备的维护保养对顺利进行焊接作业、提高设备运转率及保证焊接质量起着很大的作用，同时也是保证操作人员安全所必需的焊工对所操作的设备要做到正确使用、精心维护；发现问题及时处理，不留隐患。对于经常损坏的配件，提前做好贮备，要在第一时间维护设备。另外设备上的电流、电压表是考核焊工执行工艺参数的依据，应配备齐全且保证在核定有效期内。

3. 焊接材料

焊接材料对焊接质量的影响是不言而喻的，特别是焊条和焊丝是直接进入焊缝的填充材料，将直接影响焊缝合金元素的成分和力学性能，必须严格控制和管理。焊接材料的选用应遵循以下原则。

① 应与母材的力学性能和化学成分相匹配。

② 应考虑焊件的复杂程度、刚性大小、焊接坡口的制备情况和焊缝位置及焊件的工作条件和使用性能。

③ 操作工艺性、设备及施工条件、劳动生产率和经济合理性。

④ 焊接工人的技术能力和设备能力。另外，焊接材料按压力管道焊接的要求，应设焊材一级库和二级库进行管理。对施工现场的焊接材料贮存场所及保管、烘干、发放、回收等应按有关规定严格执行。确保所用焊材的质量，保证焊接过程的稳定和焊缝的成分与性能符合要求。

4. 焊接工艺

（1）焊接工艺文件的编制　焊接工艺文件是指导焊接作业的技术规定或措施，一般是由技术人员完成的，按照焊接工艺文件编制的程序与要求，主要有焊接性试验与焊接工艺评定、焊接工艺指导书或焊接方案、焊接作业指导书等内容。焊接性试验一般是针对新材料或新工艺进行的，焊接性试验是焊接工艺评定的基础，即任何焊接工艺评定均应在焊接性试验合格或掌握了其焊接特点及工艺要求之后进行。经评定合格后的焊接工艺，其工艺指导书方可直接用于指导焊接生产。对重大或重要的压力管道工程，也可依据焊接工艺指导书或焊接工艺评定报告编制焊接方案，全面指导焊接施工。

（2）焊接工艺文件的执行　由于焊接工艺指导书及焊接工艺评定报告是作为技术文件进行管理的，是用来指导生产实践的，一般是由技术人员保存管理。因此在压力管道焊接时，往往还须编制焊接作业指导书，将所有管道焊接时的各项原则及具体的技术措施与工艺参数都讲解清楚，并将焊接作业指导书发放至焊工班组，让全体焊工在学习掌握其各项要求之后，在实际施焊中切实贯彻执行。使焊工的施工行为都能规范在有关技术标准及工艺文件要求的范围之内，才能真正保证压力管道的焊接质量。为了保证压力管道的焊接质量，除了在焊接过程中严格执行设计规定及焊接工艺文件的规定外，还必须按照有关国家标准及规程的规定，严格进行焊接质量的检验。焊接质量的检验包括了焊前检验（材料检验、坡口尺寸与质量检验、组对质量及坡口清理检验、施焊环境及焊前预热等检验）、焊接中间检验（定位焊质量检验、焊接线能量的实测与记录、焊缝层次及层间质量检验）、焊后检验（外观检验、无损检测）。只有严格把好检验与监督关，才能使工艺纪律得到落实，使焊接过程始终处于受控状态，从而有效保证压力管道的焊接质量。

5. 施焊环境

施焊环境因素是制约焊接质量的重要因素之一。施焊环境要求要有适宜的温度、湿度、风速，才能保证所施焊的焊缝组织获得良好的外观成形与内在质量，具有符合要求的力学性能与金相组织。因此施焊环境应符合下列规定。

① 焊接的环境温度应能保证焊件焊接所需的足够温度和使焊工技能不受影响。当环境温度低于施焊材料的最低允许温度时，应根据焊接工艺评定提出预热要求。

② 焊接时的风速不应超过所选用焊接方法的相应规定值。当超过规定值时，应有防风设施。

③ 焊接电弧 1m 范围内的相对湿度应不大于 90%（铝及铝合金焊接时不大于 80%）。

④ 当焊件表面潮湿，或在下雨、刮风期间，焊工及焊件无保护措施或采取措施仍达不到要求时，不得进行施焊作业。

压力管道的作业一般都在室外，敷设方式有架空、沿地、埋地，甚至经常是高空作业，环境条件较差，质量控制要求较高。由于质量控制环节是环环相扣，有机结合，一个环节稍有疏忽，导致的都是质量问题。而焊接是压力管道施工中的一项关键工作，其质量的好坏、效率的高低直接影响工程的安全运行和制造工期，因此过程质量的控制显得更为重要。根据压力管道的施工要求，必须在人员、设备、材料、工艺文件和环境等方面强化管理。有针对性地采取严格措施，才能保证压力管道的焊接质量，确保优质焊接工程的实现。

四、压力管道运行使用管理

1. 运行前的检查

(1) 竣工文件检查　竣工文件是指装置（单元）设计、采购及施工完成之后的最终图纸文件资料，它主要包括设计竣工文件、采购竣工文件和施工竣工文件 3 大部分。

① 设计竣工文件。设计竣工文件的检查主要是查设计文件是否齐全、设计方案是否满足生产要求、设计内容是否有足够而且切实可行的安全保护措施等内容在确认这些方面满足开车要求时，才可以开车，否则就应进行整改。

② 采购竣工文件。检查采购竣工文件主要是检查其是否齐全、是否与设计文件相符等，并核对采购变更文件和产品随机资料是否齐全。

a. 采购文件中应有相应的采购技术文件。

b. 采购文件应与设计文件相符。

c. 采购变更文件（采购代料单）应得到设计人员的确认。

d. 产品随机资料应齐全，并应进行妥善保存。

③ 施工竣工文件。需要检查的施工竣工文件主要包括下列文件：

a. 重点管道的安装记录；

b. 管道的焊接记录；

c. 焊缝的无损探伤及硬度检验记录；

d. 管道系统的强度和严密性试验记录；

e. 管道系统的吹扫记录；

f. 管道隔热施工记录；

g. 管道防腐施工记录；

h. 安全阀调整试验记录及重点阀门的检验记录；

i. 设计及采购变更记录；

j. 其他施工文件；

k. 竣工图。

检查的内容主要是查它是否符合设计文件要求，是否符合相应标准的要求。

(2) 现场检查　现场检查可以分为设计与施工漏项、未完工程、施工质量 3 方面的检查。

① 设计与施工漏项。设计与施工漏项可能发生在各个方面，出现频率较高的问题有以下几个方面：

a. 阀门、跨线、高点排气及低点排液等遗漏；

b. 操作及测量指示点太高以致无法操作或观察，尤其是仪表现场指示元件；

c. 缺少梯子或梯子设置较少，巡回检查不方便；支吊架偏少，以致管道挠度超出标准要求或管道不稳定；

d. 管道或构筑物的梁柱等影响操作通道；

e. 设备、机泵、特殊仪表元件（如热电偶、仪表箱、流量计等）、阀门等缺少必要的操作检修场地，或空间太小，操作检修不方便。

② 未完工程。未完工程的检查适用于中间检查或分期分批投入开车的装置检查。对于本次开车所涉及的工程，必须确认其已完成并不影响正常的开车。对于分期分批投入开车的装置，未列入本次开车的部分，应进行隔离，并确认它们之间相互不影响。

③ 施工质量。施工质量可能发生在各个方面，因此应全面检查。根据以往的经验，可着重从以下几个方面进行检查：

a. 管道及其元件方面；

b. 支吊架方面；

c. 焊接方面；

d. 隔热防腐方面。

(3) 建档标识及数据采集

① 建档。压力管道的档案中至少应包括下列内容：管线号、起止点、介质（包括各种腐蚀性介质及其浓度或分压）、操作温度、操作压力、设计温度、设计压力、主要管道直径、管道材料、管道等级（包括公称压力和壁厚等级）、管道类别、隔热要求、热处理要求、管道等级号、受监管道投入运行日期、事项记录等。

② 标识与数据采集。管道的标识可分为常规标识和特殊标识两大类。特殊标识是针对各个压力管道的特点，有选择地对压力管道的一些薄弱点、危险点、或管道在热状态下可能发生失稳（如蠕变、疲劳等）的典型点、重点腐蚀检测点、重点无损探测点及其他作为重点检查的点等所做的标识。在选择上述典型点时，应优先选择压力管道的下列部位：弹簧支吊架点，位移较大点，腐蚀比较严重的点，需要进行挂片腐蚀试验的点，振动管道的典型点，高压法兰接头，重设备基础标高，其他认为有必要标识记录的点。

对于压力管道使用者来说，作为安全管理的手段之一，就是对于这些影响压力管道安全的地方，设置监测点并予以标识，在运行中加强观测。确定监测点之后，应登记造册，并采集下初始（开工前的）数据。

2. 运行中的检查和监测

运行中的检查和监测包括运行初期检查、巡线检查及在线监测、末期检查及寿命评估 3 部分。

(1) 运行初期检查　由于可能存在的设计、制造、施工等问题，当管道初期升温和升压后，这些问题都会暴露出来。此时，操作人员应会同设计、施工等技术人员，有必要对运行的管道进行全面系统的检查，以便及时发现问题，及时解决。在对管道进行全面系统的检查过程中，应着重从管道的位移情况、振动情况、支承情况、阀门及法兰的严密性等方面进行检查。

(2) 巡线检查及在线监测　在装置运行过程中，由于操作波动等其他因素的影响，或压力管道及其附件在使用一段时期后因遭受腐蚀、磨损、疲劳、蠕变等损伤，随时都有可能发生压力管道的破坏，故对在役压力管道进行定期或不定期的巡检，及时发现可能产生事故的苗头，并采取措施，以免造成较大的危害。

压力管道的巡线检查内容除全面进行检查外，还可着重从管道的位移、振动、支撑情况、阀门及法兰的严密性等方面检查。

除了进行巡线检查外，对于重要管道或管道的重点部位还可利用现代检测技术进行在线检测，即可利用工业电视系统、声发射检漏技术、红外线成像技术等对在线管道的运行状态、裂纹扩展动态、泄漏等进行不间断监测，并判断管道的安定性和可靠性，从而保证压力管道的安全运行。

(3) 末期检查及寿命评估　压力管道经过长时期运行，因遭受到介质腐蚀、磨损、疲劳、老化、蠕变等的损伤，一些管道已处于不稳定状态或临近寿命终点，因此更应加强在线监测，并制定好应急措施和救援方案，随时准备着抢险救灾。

在做好在线监测和抢险救灾准备的同时，还应加强在役压力管道的寿命评估，从而变被动安全管理为主动安全管理。

压力管道寿命的评估应根据压力管道的损伤情况和检测数据进行，总体来说，主要是针对管道材料已发生的蠕变、疲劳、相变、均匀腐蚀和裂纹等几方面进行评估。

五、压力管道日常管理

1. 压力管道使用单位的安全管理工作主要内容

① 使用单位应当贯彻执行本规则和有关压力管道安全的法律、法规、国家安全技术规范和国家现行标准；配备满足压力管道安全所需求的资源条件，建立健全压力管道安全管理体系，在管理层设有 1 名人员负责压力管道安全管理工作。派遣具备相应资格的人员从事压

力管道的安全管理、操作和维修工作。

② 压力管道安全管理人员和操作人员应当经安全技术培训和考核。

③ 使用单位已经建立安全管理制度，对压力管道的安全管理内容做出了明确规定并有效实施。

④ 使用单位已经建立压力管道技术档案和压力管道标识管理办法。

⑤ 使用单位的压力管道安全管理人员和操作人员能够严格遵守有关安全法律、法规、技术规程、标准和企业的安全生产制度。

⑥ 长输管道和公用管道使用单位必须制定公共安全教育计划并组织实施，以使用户、居民和从事相关作业的人员了解压力管道安全知识，提高公共安全意识。

⑦ 输送可燃、易爆或者有毒介质压力管道的使用单位应具备：

a. 事故预防方案（包括应急措施和救援方案）；

b. 巡线检查制度；

c. 根据需要建立抢险队伍，并且定期演练。

⑧ 在管理制度中应当对下列事项作出明确规定：

a. 在用压力管道需要进行一般修理、改造时，其修理、改造方案由使用单位技术负责人批准；

b. 在用压力管道需要进行重大修理、改造时，向负责使用登记部门的安全监察机构申报，并由经核准的监检机构进行监督检验；

c. 使用有安全标记的压力管道元件；

d. 按期进行定期检验。

2. 操作规程

管道使用单位应当在工艺操作规程和岗位操作规程中，明确提出管道的安全操作要求。管道的安全操作要求至少包括以下内容。

① 管道操作工艺指标，包括最高工作压力、最高工作温度或者最低工作温度。

② 管道操作方法，包括开、停车的操作方法和注意事项。

③ 管道运行中重点检查的项目和部位，运行中可能出现的异常现象和防止措施，以及紧急情况的处置和报告程序。

3. 作业人员

压力管道操作人员应持证上岗。压力管道使用单位应对压力管道操作人员定期进行专业培训与安全教育，培训考核工作由地、市级安全监察机构或授权的使用单位负责。

4. 特种设备应急处理

(1) 建立应急预案的目的　特种设备使用单位在生产和服务过程中可能发生突发性事件和紧急情况，为识别其特种设备在使用过程中可能发生的突发性事件和紧急情况，并有效做出响应，避免或降低灾害的后果和范围，应建立可靠的防范措施和应急预案。有特种设备重大危险源的使用单位应将应急预案报市质量技术监督行政部门备案。

(2) 特种设备应急组织与职责　特种设备使用单位应按照国家要求，建立应急救援组织和队伍；特种设备使用影响较小的单位，可以不建立应急救援组织的，应指定兼职的应急救援人员。

(3) 特种设备应急的设施、设备与器材　特种设备应急准备包括物资准备和资料准备。

① 应急物资准备：准备事故或紧急情况应急所需的物资，包括通信设备和器材、安全

检测仪器、消防设施、器材及材料、个人防护、救护器材、照明设施、破拆工具及其他救灾物资。

② 应急资料准备：包括特种设备的技术资料、现场工艺流程图及平面示意图、现场作业人员岗位布置与名单、应急人员的联络方式和地址、生产现场承包方或供货方人员名单、质量技术监督、医疗、消防、公安等部门的电话、地址及其他联系方式等。

（4）内外部的联络渠道　特种设备使用单位，应建立内、外部应急联络渠道。包括市质量技术监督行政部门、分包方（特种设备维护保养方）、医院、消防等部门/人员的联络方式和地址、电话及其他联系方式。应保证应急救援通信联络的畅通。

（5）应急的流程　特种设备使用单位应在应急预案中详细描述应急的流程，包括发现或发生紧急情况，各应急机构和人员的现场应急响应，以及向有关方面报告的程序。

（6）应急的启动与恢复　特种设备使用单位应在应急预案中详细描述应急的启动与恢复。包括在何种情况下启动应急程序，应急响应发生和紧急情况有效处理后由谁通过何种形式宣布应急撤销等。

使用单位发生特种设备事故，应启动应急，积极抢救，妥善处理，以防止事故的蔓延扩大。发生特种设备重大事故时，使用单位领导要直接指挥，使用单位各部门应协助做好现场抢救和警戒工作。在抢救时，应注意保护现场，因抢救伤员和防止事故扩大，需要移动现场物件时，必须做好标志。

（7）应急培训与演练　应对特种设备使用负重要职责岗位的员工进行应急培训，使其熟知岗位上可能遇到紧急情况及应采取的对策。

使用单位应针对特种设备应急预案定期演练，演练前应经过演练策划和批准，必要时对相关人员进行告知，演练次数 1 年不得少于 1 次，以验证应急预案、应急准备工作，以及应急响应规定的有效性、充分性和适宜性。

（8）应急方案的评审与改善　使用单位应针对特种设备应急预案和响应计划演习和实施过程中暴露的问题进行总结和评审，对演练规定、内容和方法进行及时的修订，也应注意总结本单位及外单位的事故教训，及时修订相关的应急预案。

自 测 题

1. 针对各个压力管道的特点，有选择地对压力管道的一些薄弱点、危险点，或管道在热状态下可能发生失稳（如蠕变、疲劳等）的典型点、重点腐蚀检测点、重点无损测点及其他作为重点检查的点等所做的标识称为（　　）。

A. 建档标识　　B. 常规标识

C. 特殊标识　　D. 必要标识

2. 运行中的检查和监测中不包括（　　）。

A. 运行初期检查　　B. 现场检查

C. 巡线检查及在线检测　　D. 末期检查及寿命评估

3. 压力管道运行前的检查中现场检查不包括（　　）。

A. 巡线检查及在线检测　　B. 未完工程

C. 设计与施工漏项　　D. 施工质量

4. 检查其与设计文件相符，并核对采购变更文件和产品随机资料齐全的文件是（　　）。

A. 竣工文件　　B. 设计竣工文件

C. 采购竣工文件　　D. 施工竣工文件

5. 压力管道初期升温升压后会暴露出设计、制造、施工等存在的问题，在运行初期全面系统检察管道时，重点应注意的是（　　）。

A. 管道位移情况　　B. 管道振动情况

C. 管道支撑情况　　D. 阀门及法兰的严密性

E. 管道的腐蚀情况

6. 在压力管道运行使用管理中，运行中的检查和监测包括（　　）。

A. 运行初期检查　　B. 现场检查

C. 巡线检查及在线检测　　D. 末期检查及寿命评估

E. 施工质量

7. 在压力管道运行使用管理中，运行前的现场检查可以分为（　　）的检查。

A. 建档　　B. 设计与施工漏项

C. 未完工程　　D. 施工质量

E. 标识与数据采集

8. 在压力管道运行使用管理中，运行前检查中的竣工文件主要包括（　　）。

A. 说明竣工文件　　B. 设计竣工文件

C. 采购竣工文件　　D. 施工竣工文件

E. 验收竣工文件

复习思考题

1. 压力管道的不安全因素有哪些?

2. 压力管道使用单位安全管理要求有哪些?

3. 压力管道投用前主要检查哪些内容?

第四章　起重机械安全技术

学习目标

1. 了解起重机械的基本知识。
2. 熟悉起重机械零部件的安全技术要求。
3. 掌握起重机械的安全防护装置安全技术要求。
4. 熟悉电梯的安全技术。

事故案例

[**案例 1**] 2002 年 7 月 18 日上午 8 时许，在上海××造船厂船坞工地发生特大事故。某公司、某中心等单位承担安装起重量 600t、跨度为 170m 的巨型龙门起重机，在吊装主梁过程中发生倒塌，造成 36 人死亡。

[**案例 2**] 2007 年 4 月 18 日 7 时 45 分左右，辽宁铁岭市××特殊钢有限公司装有 30t 钢水的钢包在吊运下落至就位处 2～3m 时，突然滑落，钢水撒出，冲进车间内 5m 远的一间房屋，造成在屋内正在交接班的 32 人全部死亡，6 名操作工轻伤。

[**案例 3**] 2007 年 3 月 12 日，大连市××大厦电梯发生事故，致使 19 人受伤。

第一节　概　　述

起重机械是指用于垂直升降或者垂直升降并水平移动重物的机电设备，其范围规定为额定起重量≥0.5t 的升降机；额定起重量≥1t，且提升高度≥2m 的起重机和承重形式固定的电动葫芦等。

多数起重机械在吊具取料之后即开始垂直或垂直兼有水平的工作行程，到达目的地后卸载，再空行程到取料地点，完成一个工作循环，然后再进行第二次吊运。一般来说，起重机械工作时，取料、运移和卸载是依次进行的，各相应机构的工作是间歇性的。起重机械主要用于搬运成件物品，配备抓斗后可搬运煤炭、矿石、粮食之类的散状物料，配备盛桶后可吊运钢水等液态物料。有些起重机械如电梯也可用来载人。在某些使用场合，起重设备还是主要的作业机械，例如在港口和车站装卸物料的起重机就是主要的作业机械。

一、起重机械分类及型号编制

1. 起重机械分类

起重机械可分为轻小起重设备、起重机和升降机。

轻小起重设备包括：千斤顶（螺旋千斤顶、齿条千斤顶、液压千斤顶）、滑车、起重葫芦（手拉葫芦、手扳葫芦、电动葫芦、气动葫芦）、绞车（卷绕式绞车、摩擦式绞车、绞盘）和悬挂单轨系统。

起重机按起重机构造分类可分为桥架起重机、缆索起重机和臂架型起重机；按起重机的取物装置和用途分类可分为吊钩起重机、抓斗起重机和电磁起重机等；按起重机的运移方式分类可分为固定起重机、运行起重机和爬升起重机等；按起重机工作机构的驱动方式分类可分为手动起重机、电动起重机和液压起重机等；按起重机回转能力分类可分为回转起重机和非回转起重机；按起重机支撑方式分类可分为支撑起重机和悬挂起重机；按起重机使用场合分类可分为仓库起重机、建筑起重机、工程起重机和港口起重机等。

升降机主要是指载货和载客电梯。

2. 起重机产品型号的编制

起重机产品型号的编制即起重机产品名称、结构形式与主参数的代号编制，供设计、制造、供销、使用、管理等有关部门应用。

产品型号按类、组、型分类原则编制，以简单明了易懂、同类间无重复为基本原则。产品型号一般由类、组、型代号与主参数代号部分组成。如需增加特性代号时，其特性代号置于类、组、型代号与主参数代号之间。

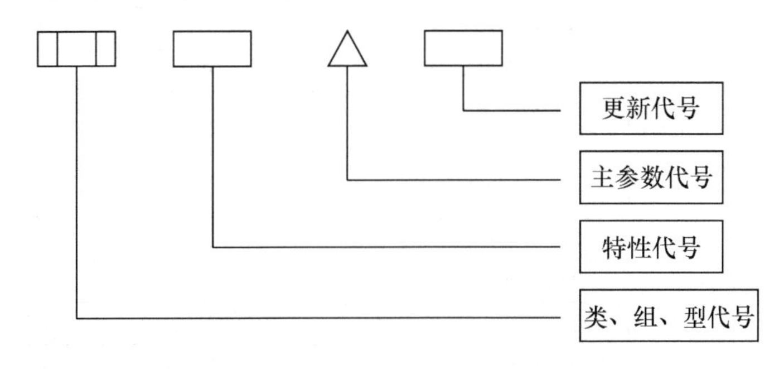

类、组、型均用大写汉语拼音字母表示。该字母应是类、组、型中代表性的汉语拼音字头，如该字母与其他代号的字母有重复时，也可采用其他字母。

产品如增添特性代号时，也用有代表性的汉语拼音字母表示，所用字母在各型产品标准中规定。

主参数用阿拉伯数字表示，各型号产品参数的具体规定见表 4-1。表中未列明主参数代号者留待该产品发展时再补充。

表 4-1　起重机械代号

类	组	型		类、组、型代号	主参数代号	
		名称	代号		名称	单位
（一）简易起重设备	千斤顶 Q（千）	螺旋千斤顶	L（螺）	QL	起重量	t
		液压千斤顶	Y（液）	QY		
		齿条千斤顶	1.2	Q		
	滑车 H（滑）	单轮开口吊钩型滑车	KG（开钩）	HKG		
		单轮开口吊链环滑车	KL（开链）	HKL		
		单轮闭口吊钩型滑车	G（沟）	HG		
		单轮闭口链型滑车	L（链）	HL		
		双轮吊钩型滑车	2G	H2G		
		双轮链环型滑车	2L（轮）	H2L		
		双轮吊环型滑车	2D（吊）	H2D		
		三轮吊钩型滑车	3G	H3G		
		三轮链环型滑车	3L	H3L		
		三轮吊环型滑车	3D	H3D		

续表

类	组	型		类、组、型代号	主参数代号	
		名称	代号		名称	单位
（一）简易起重设备	滑车 H（滑）	四轮吊环型滑车	4D	H4D	起重量	t
		五轮吊环型滑车	5D	H5D		
		五轮吊梁型滑车	5W	H5W		
		六轮吊环型滑车	6D	H6D		
		七轮吊环型滑车	7D	H7D		
		八轮吊环型滑车	8D	H8D		
		八轮吊梁型滑车	8W	H8W		
（二）葫芦 H（葫）	手动葫芦 S（手）	手拉葫芦	—	HS	起重量、起升高度	t、m
		钢丝绳手扳葫芦	S	HSS		
		环链手板环链	H	HSH		
		板链手板葫芦	B	HSB		
		常速钢丝绳电动葫芦	C（常）	HC		
		常慢速钢丝绳电动葫芦	M（慢）	HM		
		重级工作电动葫芦	Z（重）	HZ		
		双卷筒电动葫芦	T（筒）	HT		
		防爆电动葫芦	B（爆）	HB		
		防腐电动葫芦	F（腐）	HF		
		环链电动葫芦	H（环）	HH		
		板链电动葫芦	L（链）	HL		
（三）单轨起重机 G（轨）	手动单轨起重机		S（手）	GS	起重量	t
	电动单轨起重机	吊钩单轨起重机	D（吊）	GD		
		抓斗单轨起重机	Z（抓）	GZ		
		电磁单轨起重机	C（磁）	GC		
（四）桥式起重机	手动梁式起重机 L（梁）	手动单梁起重机	S（手）	LS	起重量	t
		手动单梁悬挂起重机	SX（手悬）	LSX		
		手动双梁起重机	SS（手双）	LSS		
		电动单梁起重机	D（单）	LD		
	电动梁式起重机 L（梁）	电动单梁悬挂起重机	X（悬）	LX		
		抓斗电动单梁起重机	Z（抓）	LZ		
		吊钩抓斗电动单梁起重机	L	LL		
		防爆电动单梁起重机	B（爆）	LB		
		防爆电动单梁悬挂起重机	XB（悬爆）	LXB		
		防腐电动梁式起重机	F（腐）	LF		
		电磁电动梁式起重机	C（磁）	LC		
		冶金梁式起重机	Y（冶）	LY		
		电动葫芦双梁起重机	H（葫）	LH		
	电动桥式起重机 Q（桥）	吊钩桥式起重机	D（吊）	QD		
		起卷扬桥式起重机	J（卷）	QJ		
		挂梁桥式起重机	G（挂）	QG		
		电磁挂梁桥式起重机	L	QL		
		双小车桥式起重机	E	QE		

续表

类	组	型		类、组、型代号	主参数代号	
		名称	代号		名称	单位
（四）桥式起重机	电动桥式起重机 Q（桥）	抓斗桥式起重机	Z（抓）	QZ	起重量	t
		电磁桥式起重机	C（磁）	QC		
		电磁吊钩桥式起重机	A	QA		
		抓斗吊钩桥式起重机	N	QN		
		抓斗电磁桥式起重机	P	QP		
		三用桥式起重机	S（三）	QS		
		防爆桥式起重机	B（爆）	QB		
		绝缘桥式起重机	Y（缘）	QY		
		慢速桥式起重机	M（慢）	QM		
		带悬臂旋转小车桥式起重机	X（旋）	QX		
（五）堆垛起重机 D（垛）		桥式堆垛起重机	Q（桥）	DQ		
		巷道式堆垛起重机	X（巷）	DX		
（六）冶金起重机 Y（冶）	炼钢用起重机	料箱起重机	X（巷）	YX	起重量	t
		加料起重机	L（料）	YL		
		有轨地上加料起重机	G（轨）	YG		
		铸造起重机	Z（铸）	YZ		
		脱锭起重机	T（脱）	YT	脱锭力	t
	轧钢用起重机	揭盖起重机	J（揭）	YJ	起重量	t
		火钳起重机	Q（钳）	YQ		
		刚性料耙起重机	P（耙）	YP		
		挠性料耙起重机	N（挠）	YN		
		板环夹钳起重机	B（板）	YB		
		旋转电磁起重机	C（磁）	YC		
	热加工用起重机	锻造起重机	D（锻）	YD		
		淬火起重机	H（火）	YH		
（七）龙门起重机及装卸桥 M（门）	龙门起重机	吊钩龙门起重机	G（钩）	MG	起重量	t
		抓斗龙门起重机	Z（抓）	MZ		
		电磁龙门起重机	C（磁）	MC		
		三用龙门起重机	S（三）	MS		
		半龙门起重机	B（半）	MB		
		集装箱龙门起重机	J（集）	MJ		
		电动葫芦龙门起重机	H（葫）	MH		
		水电站用单吊点式龙门起重机	D（吊）	MD		
		水电站用双吊点式龙门起重机	E	ME		
		船坞龙门起重机	U（坞）	MU		
	装卸桥	装卸桥	Q（桥）	MQ		
		集装箱装卸桥	X（箱）	MX		
（八）臂架起重机 B（臂）		定柱式悬臂起重机	Z（柱）	BZ	起重量	t
		壁行式起重机	B（壁）	BB		
		壁式悬臂起重机	X（旋）	BX		
		随车起重机	S（随）	BS		

续表

类	组	型		类、组、型代号	主参数代号	
		名称	代号		名称	单位
（九）升船机	垂直升船机 C（垂）	平衡重式垂直升船机	P（平）	CP	载重量	t
		卷扬式垂直升船机	J（卷）	CJ		
		浮筒式垂直升船机	F（浮）	CF		
		液压式垂直升船机	Y（液）	CY		
		潜没式垂直升船机	M（没）	CM		
	斜面升船机 X（斜）	平衡重式斜面升船机	P（平）	XP		
		卷扬式斜面升船机	J（卷）	XJ		
		水波式斜面升船机	S（水）	XS		

当产品进行更换或结构有重大改革需要重新试制鉴定时，其改进代号按大写汉语拼音字母 A，B，C，…，顺序采用，置于原产品型号尾部，以区别于原产品型号。例如，QD20/5 桥式起重机，表示吊钩桥式起重机主钩是 20t，副钩 5t；HC2-6A 电动葫芦，表示常速钢丝绳电动葫芦，起重量 2t，起升高度 6m，第一改进产品。

二、起重机主要技术参数

起重机的技术参数表征起重机的作业能力，是设计起重机的基本依据，也是所有从事起重作业人员必须掌握的基本知识。

起重机的重要技术参数有：起重量、起升高度、跨度（属于桥式类型起重机）、幅度（属于臂架式起重机）、机构工作速度等。

1．起重量

起重量 G 是被起升重物的质量。常用的参数如下。

额定起重量 G_n，是指起重机允许吊起的重物或物料质量，连同可分吊具（或属具）质量的总和（对于流动式起重机，包括固定在起重机上的吊具）。对于幅度可变的起重机，根据幅度规定起重机的额定起重量。

总起重量 G_t，起重机能吊起的重物或物料，连同可分吊具上的吊具或属具（包括吊钩、滑轮组、起重钢丝绳，以及在臂架或起重小车以下的其他吊物）的质量总和。对于幅度可变的起重机根据幅度规定总质量。

最大起重量 G_{max}，起重机正常工作条件下，允许吊起的最大额定起重量。

有效起重量 G_p，起重机能吊起的重物或物料的净重量。对于幅度可变的起重机，根据幅度规定有效起重量。

起重量单位是 t，表 4-2 所列为起重量系列标准。

表 4-2　起重量系列标准　　单位：t

0.05	0.1	0.25	0.5	0.8	1.00	1.25	1.5	2	2.5	3
4	5	6	8	10	12.5	16	20	25	32	40
50	63	80	100	125	140	160	180	200	225	250
280	320	360	400	450	500					

2．起升高度

起升高度 H，即起重机水平停车面至吊具最高位置的垂直距离，对吊钩和货叉算至它们的支撑表面，对于其他吊具，算至它们的最低点（闭合状态）。

对于桥式起重机，应是空载置于水平轨道上，从地面开始测定起升高度。起升高度单位是m。

下降升度h。吊具的最低工作位置与起重机的水平支撑面之间的垂直距离。对于吊钩和货叉，从其支撑面算起；对于其他吊具，从其最低点算起（闭合状态）。下降升度单位是m。

起升范围D。是吊具最高和最低位置之间的垂直距离（$D=H+h$）。

3. 跨度

桥架型起重机支撑中心线之间的水平距离称为跨度（S）。

4. 幅度

幅度L即起重机置于水平场地时，空载吊具垂直中心线至回转中心线之间的水平距离（非回转浮式起重机为空载吊具垂直中心线至船艏护木的水平距离）。

最大幅度L_{max}，即起重机工作时，臂架倾角最小或小车在臂架最外极限位置时的幅度。

最小幅度L_{min}，即起重机工作时，臂架倾角最大或小车在臂架最内极限位置时的幅度。

5. 轨距或轮距

轨距或轮距K，对于臂架型起重机，为轨道中心线或起重机行走轮踏面（或履带）中心线之间的水平距离；对于铁路起重机为运行线距两钢轨头部顶面下内侧16mm处的水平距离；对于起重小车，为小车轨道中心线之间的距离。起重机两侧为双轨线路时，轨距为双轨几何中心线之间的距离。

6. 起重臂倾角

在起升平面内，起重臂纵向中心线与水平线的夹角为起重臂倾角α，一般在25°～75°。

7. 机构工作速度

（1）起升（下降）速度v_n　稳定运动状态下，额定载荷的垂直位移速度，单位是m/min。

（2）下降速度v_m　稳定运动状态下，安装或堆垛最大额定载荷时的最小下降速度。

（3）回转速度ω　稳定运动状态下，起重机转动部分的回转角速度。规定为在水平地面上，离地10m高度处，风速小于3m/s时起重机幅度最大，且带额定载荷时的转速。

（4）起重机（大车）运行速度v_k　稳定运动状态下，起重机运行的速度。规定为在水平路面（或水平轨面）上，离地10m高度处，风速小于3m/s时的起重机带额定载荷时的运行速度。

（5）小车运行速度v_t　稳定运动状态下，小车的运行速度。规定为离地10m高度处，风速小于3m/s时，带载荷的小车在水平轨道上的运行速度。

（6）变幅速度v_r　稳定运动状态下，额定载荷在变幅平面内水平位移的平均速度。规定为离地10m高度处，风速小于3m/s时，起重机在水平路面上，幅度从最大值至最小值的平均速度。

三、起重机工作类型

起重机工作类型是指起重机工作闲忙程度和载荷变化程度的参数。工作忙闲程度，对整体起重机来说，就是指在一年总时间约8700h内，起重机的实际运转时间与总时间的比；对机构来说，则是指某一个机构在一年时间内运转时间与总时间的比。在起重机的一个工作循环中，机构运转时间所占的百分比称为该机构的负载持续率，用JC（%）表示。

$$JC=t/T\times 100\%$$

式中　t——起重机一个工作循环中机构的运转时间；

T——起重机一个工作循环的总时间。

载荷变化程度，按额定起重量设计的起重机在实际作业中，起重机所起吊的载荷往往小于额定质量，这种载荷的变化程度用起重量利用系数 $K=Q_{均}/Q_{额}$ 表示。$Q_{均}$ 为起重机在全年实际起重的平均值；$Q_{额}$ 为起重机的额定起重量。

根据起重机工作闲忙程度和载荷变化程度把起重机的工作类型划分为：轻级、中级、重级和特重级 4 级。

整个起重机及其金属结构的工作类型是根据主起升机构的工作类型而定的，同一台起重机各机构的工作类型可以不同。

起重机的工作类型和起重量是两个不同的概念，起重量大，不一定是重级，而起重量小，也不一定是轻级。如水电站用的起重机的起重量达数百吨，但使用机会很少，只有在安装机组、修理机组时才使用，所以尽管起重量很大，但还是属于轻级。又如车站货场用的龙门起重机，起重量一般为 10～20t，但是非常繁忙。虽然起重量不大，但也还是属于重级工作类型。

表 4-3 所列为起重机工作类型主要指标平均值。

表 4-3　超重机工作类型主要指标平均值

工作类型	工作忙闲程度		载荷变化程度	
	一个工作循环中机构运转时间/h	机构负载持续率(JC)/%	机构载荷变化范围	每小时工作循环数 n
轻级	1000	15	经常起吊 1/3 额定载荷	5
中级	2000	25	经常起吊（1/3～1/2）额定载荷	10
重级	4000	40	经常起吊额定载荷	20
特重级	7000	60	起吊额定载荷的机会较多	40

起重机工作类型与安全有着十分密切的关系。起重量、起升高度、跨度相同的起重机，如果工作类型不同，在设计制造时，所采用的安全系数就不相同，也就是零部件型号、尺寸、规格各不相同。

如钢丝绳、制动器的安全系数不同（轻级安全系数小、重级安全系数大）选出零部件的型号就不相同。

从以上情况可知，如果把轻级工作类型的起重机用在重级工作类型的场所，起重机就会经常出故障，影响安全生产。所以在实际使用时要特别注意起重机的工作类型必须与工作条件符合。

四、起重机工作级别

起重机工作级别根据起重机利用等级和载荷状态分为 8 级 A1～A8。

1. 起重机利用等级

利用等级表征起重机在其有效寿命期间的使用频繁程度，用总的工作循环数 N 表示。根据总的工作循环数 N，把起重机利用等级分为 U0～U9 共 10 级。

表 4-4 所列为起重机的利用等级表。

表 4-4　起重机的利用等级

利用等级	总的工作循环数 N	备注
U0	1.6×10^4	不经常使用
U1	3.2×10^4	
U2	6.3×10^4	
U3	1.25×10^5	

续表

利用等级	总的工作循环数 N	备注
U4	2.5×10^5	经常清闲地使用
U5	5×10^5	经常中等地使用
U6	1×10^6	不经常繁忙地使用
U7 U8 U9	2×10^6 4×10^6 $>4\times10^6$	繁忙地使用

2. 起重机载荷状态

起重机的载荷状态与多个因素有关。一个是实际起升载荷与最大载荷的比 P_i/P_{max}。一个是实际起升载荷作用数与总的工作循环数比 n_i/N。表示 P_i/P_{max}和 n_i/N 关系的值称为载荷谱系数 K_p（见表 4-5）。其表达式如下。

$$K_p=\sum\left[\frac{n_i}{N\ (P_i/P_{max})^m}\right]$$

式中　P_i——第 i 个起升载荷 $P_i=P_1$，P_2，P_3，…，P_n；

n_i——载荷的作用数，次；

N——总的工作循环数，次，$N=\sum n_i$；

P_{max}——P_i中的最大起升载荷；

m——指数，$m=3$。

表 4-5　起重机的载荷状态及其名义载荷谱系数

载荷状态	名义载荷谱系数 K_p	说明
Q1——轻	0.125	很少起升额定载荷，一般起升轻微载荷
Q2——中	0.25	有时起升额定载荷，一般起升中等载荷
Q3——重	0.5	经常起升额定载荷，一般起升较重的载荷
Q4——特重	1.0	频繁地起升额定载荷

3. 起重机工作级别的划分

根据利用等级和载荷状态把起重机分为 8 种工作级别 A1～A8，见表 4-6。

表 4-6　起重机工作级别

载荷状态	名义载荷谱系数 K_p	利用等级									
		U0	U1	U2	U3	U4	U5	U6	U7	U8	U9
Q1——轻	0.125			A1	A2	A3	A4	A5	A6	A7	A8
Q2——中	0.25		A1	A2	A3	A4	A5	A6	A7	A8	
Q3——重	0.5	A1	A2	A3	A4	A5	A6	A7	A8		
Q4——特重	1.0	A2	A3	A4	A5	A6	A7	A8			

从上述分类可知，起重机工作级别是以金属结构受力的状态为根据的，它与起重机工作类型的分类根据是不同的。尽管如此，但两者仍有相当的关系，即：A1～A4 相当于轻级工作类型；A5～A6 相当于中级工作类型；A7 相当于重级工作类型；A8 相当于特重级工作类型。

五、起重机机构工作级别

起重机机构工作级别根据机构利用等级和载荷状态分为 M1～M8 共 8 级。

1. 起重机机构利用等级

机构利用等级按机构总使用寿命分为10级，见表4-7总的使用寿命规定为机构在使用年限内处于运转的总时间（h），它仅作为机构零件的设计基础，而不能视为保用期。

表4-7 机构利用等级

机构利用等级	总使用寿命/h	备注
T0 T1 T2	200 400 800	不经常使用
T3	1600	
T4	3200	经常清闲地使用
T5	6300	经常中等地使用
T6	12500	不经常繁忙地使用
T7 T8 T9	25000 50000 100000	繁忙地使用

2. 起重机机构载荷状态

机构载荷状态表明机构受载的轻重程度。也可用载荷谱系数K_m表示。

$$K_m=\sum\left[\frac{t_i}{t_T\ (P_i/P_{max})^m}\right]$$

式中 P_i——该机构在工作时间内所承受的第i个起升载荷，$P_i=P_1$，P_2，P_3，…，P_n；

P_{max}——P_i中的最大值；

t_i——该机构在承受P_i载荷的持续时间，$t_i=t_1$，t_2，t_3，…，t_n；

t_T——所有不同载荷作用时的持续时间总和；

m——机构零件材料疲劳试验曲线的指数。

表4-8所列为机构载荷状态及名义载荷谱系数K_m。

表4-8 机构载荷状态及名义载荷谱系数K_m

机构载荷状态	名义载荷谱系数K_m	机构利用等级
L1——轻	0.125	机构经常承受轻的载荷，偶尔承受最大的载荷
L2——中	0.25	机构经常承受中等的载荷，较少承受最大的载荷
L3——重	0.50	机构经常承受较重的载荷，也常承受最大的载荷
L4——特重	1.00	机构经常承受最大的载荷

3. 起重机机构工作级别的划分

机构工作级别按机构的利用等级和载荷状态范围8级，见表4-9。

表4-9 机构工作级别

机构载荷状态	名义载荷谱系数K_m	机构利用等级									
		T0	T1	T2	T3	T4	T5	T6	T7	T8	T9
L1——轻	0.125			M1	M2	M3	M4	M5	M6	M7	M8
L2——中	0.25		M1	M2	M3	M4	M5	M6	M7	M8	
L3——重	0.5	M1	M2	M3	M4	M5	M6	M7	M8		
L4——特重	1.0	M2	M3	M4	M5	M6	M7	M8			

相关的设计与安全标准都与机构的工作级别有关。

六、起重机形式及工作级别

起重机形式及工作级别见表4-10。

表4-10　起重机形式及工作级别

起重机形式			工作级别
桥式起重机	吊钩式	电站安装及检修用	A1～A3
		车间及仓库用	A3～A5
		繁重工作车间及仓库用	A6～A7
	抓斗式	间断装卸用	A6～A7
		连续装卸用	A8
	冶金专用	吊料箱用	A7～A8
		加料用	A8
		铸造用	A6～A8
		锻造用	A7～A8
		淬火用	A8
		夹钳、脱锭用	A8
		揭盖用	A7～A8
		料耙用	A8
		电磁式	A7～A8
门式起重机		一般用途吊钩式	A5～A6
		装卸用抓斗式	A7～A8
		电站用吊钩式	A2～A3
		造船安装用吊钩式	A4～A5
		装卸集装箱用	A6～A8
装卸桥		料场装卸用抓斗式	A7～A8
		港口装卸用抓斗式	A8
		港口装卸集装箱用	A6～A8
门座起重机		安装用吊钩式	A3～A5
		装卸用吊钩式	A6～A7
		装卸用抓斗式	A7～A8
塔式起重机		一般建筑安装用	A2～A4
		吊罐装卸混凝土用	A4～A6
汽车、轮胎、履带、铁路起重机		安装及装卸用吊钩式	A1～A4
		装卸用抓斗式	A4～A6
甲板起重机		吊钩式	A4～A6
		抓斗式	A6～A7
浮式起重机		装卸用吊钩式	A5～A6
		装卸用抓斗式	A6～A7
		造船安装用	A4～A6
缆索起重机		安装用吊钩式	A3～A5
		装卸或施工用吊钩式	A6～A7
		装卸或施工用抓斗式	A7～A8

第二节　起重机械零部件的安全技术

一、吊钩

1. 吊钩的种类

根据制造方式，吊钩可分为锻造钩和板式钩。锻造钩是用 20 号钢，经过锻造和冲压、退火处理，再进行机械加工而成。锻造钩可以制成单钩和双钩。板式钩一般用在起重量较大的起重机上，板式钩由厚度为 30mm 成型板片重叠铆合而成。板式钩一般应用 16Mn 钢，轧制钢板制成。板式钩由于其板片不可能同时断裂，所以可靠性高，修理方便。但是板式钩的断面形状只能制成矩形断面，因此钩体的材料不能被充分利用。板式钩也分单钩和双钩两种(见图 4-1)，单钩多用于铸造起重机上。

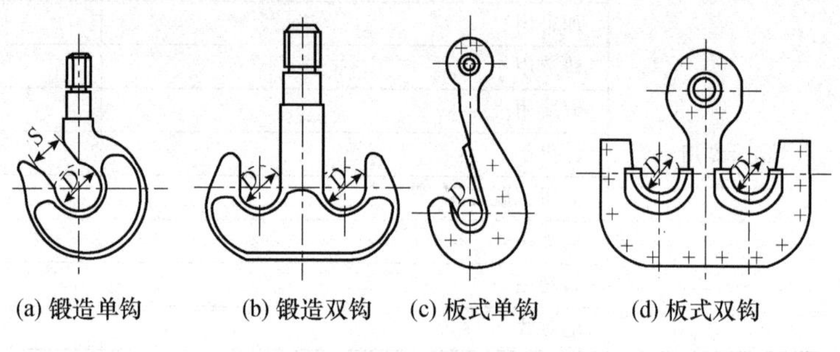

图 4-1　吊钩

吊钩断面形状有矩形、梯形、丁字形等。

吊钩的主要尺寸之间有一定的关系，如开口度 S 与直径 D 之间，$S\approx0.75D$。

2. 吊钩的危险断面

对吊钩进行检验，必须知道吊钩的危险断面所在，而危险断面是根据受力分析找出来的。吊钩的危险断面有 3 个，如图 4-2 所示。

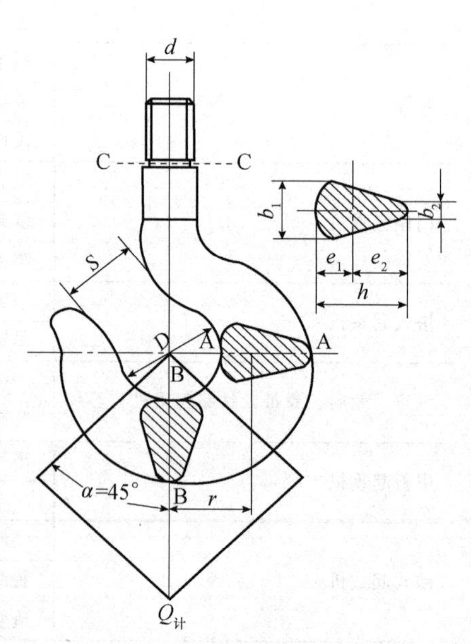

图 4-2　单钩危险断面分析

对于钩柱断面 C—C，$Q_{计}$ 有把吊钩拉断的趋势，所以钩柱断面受拉力，其值为：

$$\sigma=Q_{计}/F_0$$

$$F_0=1/4\pi d^2$$

式中　d——吊钩钩柱最细部分的直径。

$Q_{计}$ 对吊钩除有拉力、剪力作用外，还有把吊钩拉直的趋势，也就是对断面 B—B 以右的各断面，除受拉力外，还受一个力矩的作用。水平断面 A—A 一方面受 $Q_{计}$ 力的拉力，另一方面还受弯矩 M 的作用，在这个弯矩作用下，水平断面的内侧受拉力，外侧受压力。这样内侧拉应力迭加，外侧压应力抵消一部分，根据计算得知，内侧拉应力的绝对值比外侧压应力的绝对值大很多，这就是梯形断面的内侧宽大，外侧窄小的缘故。从上述分析可知，水平断面受弯曲应力最大，这是因为作用在这个断面上的弯矩值量大，所以这个断面是一个危险断面。同理分析得知 B—B 断面也是一个危险断面。

按曲梁理论计算 A—A，B—B 断面的应力。

A—A 断面内侧应力为：

$$\sigma_{拉}=\frac{2Q_{计}\ e_1}{F_A K_A D}\leqslant[\sigma]$$

外侧应力为：

$$\sigma=\frac{2Q_{计}\ e_2}{F_A K_A\ (D+2h)}\leqslant[\sigma]$$

B—B 断面剪切应力为：

$$\tau=\frac{Q_{计}}{2F_B}$$

合成应力为：

$$Q_{合}=\sqrt{\sigma_{拉}^2+3\tau^2}\leqslant[\sigma]$$

式中　$Q_{计}$——计算载荷；

D——钩孔直径；

F_A，F_B——分别为 A—A、B—B 断面面积；

K_A——为 A—A 断面形状系数；

e_1，e_2——断面形心到内、外缘距离；

h——梯形断面高度；

$[\sigma]$——许用应力，$[\sigma]=\sigma_S/1.3$；

σ_S——屈服强度。

3. 吊钩的安全检查

① 检查新钩制造合格证。

② 新钩应做负荷试验，测量钩口开度不应超过原开度的 0.25%。

③ 三个危险断面应用火油清洗，用放大镜看有无裂纹。对板式钩应检查衬套、销子磨损情况。

④ 防止脱钩，吊钩上应设有防止吊钩意外脱钩的安全装置。

4. 吊钩的报废标准

凡出现下列情况之一者应予报废，不许补焊。

① 表面有裂纹时。

② 危险断面损失量达原尺寸的 10%时。

③ 扭转变形超过 10°。

④ 危险断面和吊钩颈部产生塑性变形时。

⑤ 板式钩衬套磨损达原尺寸的 50%时，应报废衬套，销子磨损量超过名义直径的3%～5%应更新。

⑥ 板式钩心轴磨损达原尺寸的 5%时，应报废心轴，予以更新。

⑦ 开口度比原尺寸增加 15%时。

⑧ 吊钩上未装有防止脱钩的安全装置。

吊钩应定期进行载荷试验。人力驱动的机构用吊钩，以 $1.5Q_{额}$ 作为检验载荷；动力驱动的机构用吊钩检验载荷按规定取值。吊钩卸去检验载荷后，在没有任何缺陷和变形的情况下，开口度的增加不应超过原开口度的0.25%。

二、吊索具

吊索具是起重设备上配套使用的辅助工具，用来快速吊运板材、型材、箱类等。一般常用的有钢板起重钳、圆钢起重钳、钢轨起重钳、卷钢钳以及链条吊索、钢丝绳吊索、尼龙带吊索、纤维绳吊索等。

1. 吊索

（1）钢丝绳吊索的使用要求

① 做钢丝绳吊索应采用6×19或6×37型钢丝绳制作。

② 吊索应采用环式或8股头式两种，其长度和直径应根据所吊重物的几何尺寸和质量，并考虑采用的吊装工具和吊装工艺方法而定。

③ 使用时可采用单根、双根、四根或多根悬吊形式。

④ 钢丝绳吊索的绳环或两端的绳子套应采用编插接头，其编插接头长度不小于钢丝绳直径的20倍；8股头吊索两端的绳套可根据工作需要装上桃形卡环或吊钩等吊索附件。

⑤ 吊索的安全系数：当利用吊索上的吊钩、卡环来钩挂重物上的吊环时，安全系数$K \geqslant 6$；当吊索直接捆绑重物，且吊索与重物棱角间采取了妥善保护措施，安全系数$K=6 \sim 8$；当吊装特重、精密或几何尺寸特大的重物时，为保证安全，除应采取妥善保护措施外，$K \geqslant 10$。

⑥ 吊索与所吊钩件间的水平夹角$\alpha=45° \sim 60°$。

（2）铁链条吊索的使用要求

① 应采用短环焊接链条吊索。

② 新链条使用前，应用1/2破坏载荷进行试验合格后，方可用于起重作业中。

③ 链条吊索不允许承受振动载荷，不允许超载。

2. 吊索附件

对套环、卸扣等吊索附件的要求如下。

① 套环（桃形环、耳环、鸡形环）用于吊索端部连接吊钩、卸扣等附件时用。使用环绕套环的钢丝绳强度应按表4-11规定的降低百分率使用。

表4-11 使用套环钢丝蝇强度降低百分率

钢丝绳直径/mm	绕过套环后强度降低率/%	钢丝绳直径/mm	绕过套环后强度降低率/%
10～16	5	32～38	20
19～26	15	42～50	25

② 卸扣（又名T形卡环、卡环）用于吊索（千斤顶）和构件吊环之间的连接，或用在绑扎构件时扣紧吊索。它由弯环与销子两部分组成。

卸扣有轴销式、螺栓式和椭圆销卸扣3种，常用的是后两种。螺栓式卸扣的销子与U形环采用螺纹连接，如图4-3（a）所示，其主要尺寸及许用荷载见表4-12。

表4-12 螺栓式卸扣主要尺寸和许用载荷

主要尺寸/mm					许用载荷/tf[①]	钢丝绳直径/mm
d	B	H	l	D_1		
6	12	49	34	8	0.25	4.7
8	16	63	45	10	0.4	6.5

续表

主要尺寸/mm					许用载荷/tf①	钢丝绳直径/mm
d	B	H	l	D_1		
10	20	72	54	12	0.6	8.5
12	24	87	66	16	0.9	9.5
14	28	102	75	18	1.25	11.0
16	32	116	86	20	1.75	13.0
20	36	132	101	24	2.1	15.0
22	40	147	113	28	2.75	17.5
24	45	164	125	32	3.5	19.5
28	50	182	140	36	4.5	22
32	58	200	161	40	6.0	26
36	64	226	180	45	7.5	28
40	70	255	198	50	9.5	31
45	80	185	221	55	11.0	34
48	90	318	242	60	14.0	40.5
50	100	345	260	65	17.5	43.5
60	110	375	294	70	21	46.5

① 1tf=9.8kN。

椭圆销卸扣的轴销端头无螺纹，截面近似椭圆形，上宽下窄，如图 4-3（b）所示。

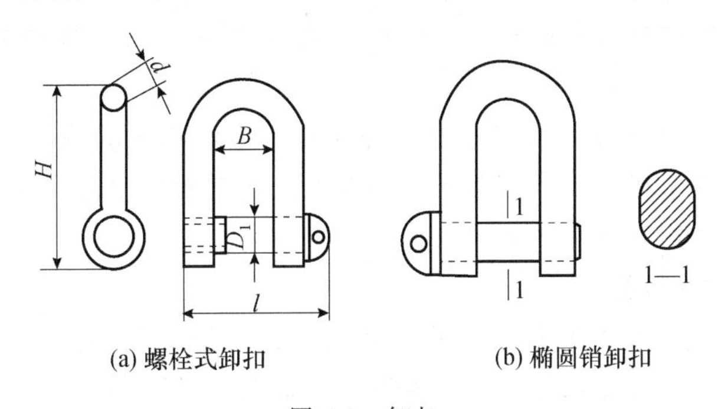

图 4-3　卸扣

在施工现场工作以及从事安全检查中，如需迅速地知道卸扣的许用载荷，可根据轴销直径用下列近似公式计算：

$$[S]\geqslant 4D_1^2$$

式中　$[S]$——卸扣许用载荷，kgf（1kgf=9.8N，下同）；

D_1——卸扣直径，mm。

［例］测出一卸扣直径 $d_1=24$mm，求此卸扣的许用载荷。

解：许用载荷 $[S]=4\times 24^2=2304$kgf，与查表得到的许用载荷 2100kgf 相近。

三、抓斗

抓斗是一种由机械或电动控制的自行取物装置，主要用于装卸货物。根据其操作特点可分为单索抓斗、双索抓斗和电动抓斗。其中以双索抓斗使用最为广泛。

根据抓取物料的品种不同，抓斗分为轻型、中型、重型3种。

1. 双索抓斗的工作原理

双索抓斗的结构如图4-4所示。抓斗由腭板1、下横梁2、支撑杆3、上横梁4等组成。

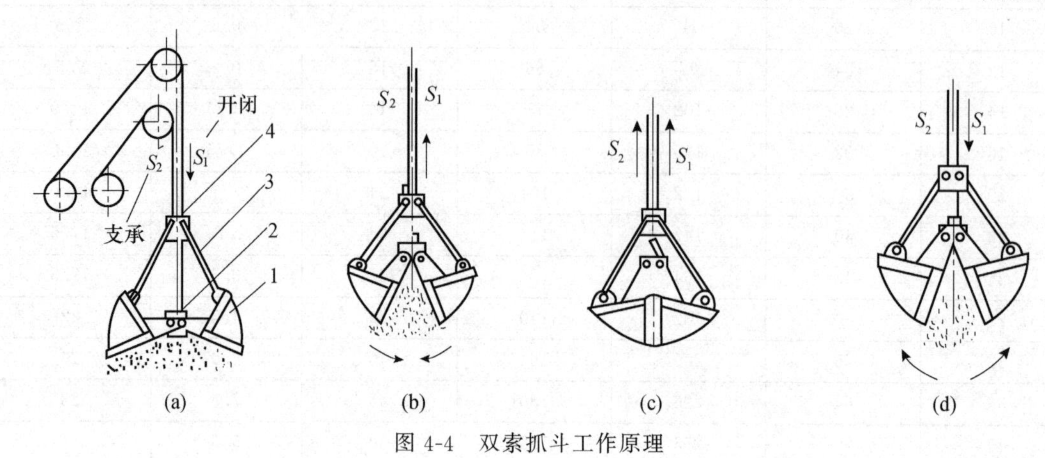

图4-4　双索抓斗工作原理

双索抓斗装卸载荷的过程是由几个独立的卷筒分别驱动开闭绳 S_1 和支撑绳 S_2 来实现的。抓斗的操作过程可以分为如图4-4所示的4个步骤。

（1）降斗　卸载后张开的抓斗依靠自重下降到散货堆上，这时开闭绳 S_1 和支撑绳 S_2 以相同速度下降，但 S_1 绳较松，以免下降过程中抓斗自动关闭［见图4-4（a)］。

（2）闭斗　抓斗插入物料后，支撑绳 S_2 保持不动，而开闭绳 S_1 开始收紧，使腭板闭合，把散粒物料抓取到斗中［见图4-4（b)］。

（3）升斗　抓斗抓好散粒物料后，开闭绳 S_1 和支撑绳 S_2 以同样的速度起升，直到所需的卸载高度为止［见图4-4（c)］。

（4）开斗　支撑绳 S_2 不动，并承受抓斗和抓斗内散粒物料的全部重量，把开闭绳 S_1 放松，这时腭板在自重和下横梁的共同作用下张开，并卸出散粒物料。然后抓斗在保持张开的状态下进入下一个工作循环［见图4-4（d)］。

2. 抓斗的安全技术检验

① 刃口检查，因为刃口材料用的是高锰钢制造，焊接工艺不良时易产生脆裂。因此要求每班检查，发现裂纹要停止使用，进行修理，以防发生崩飞伤人。

② 铰链磨损，铰链销轴一般每半月检查一次，销轴磨损超过原直径的10%；衬套磨损超过原厚度的20%则应更新。

③ 抓头闭合时，两水平刃口和垂直刃门的错位差及斗接触处的间隙不得大于3mm，最大间隙处的长度不应大于200mm。

④ 抓斗张开后，斗口不平行差不得超过20mm。

⑤ 抓斗起升后，无论在抓斗张开和闭合时，斗口对称中心线与抓斗垂直中心线，都应在同一垂直面内，其偏差不得超过20mm。

⑥ 抓斗上滑轮和钢丝绳分别按国家标准检查。

四、电磁吸盘

1. 电磁吸盘的特点

电磁吸盘是用来吊运具有导磁性的黑色金属及其制品。电磁吸盘主要由铸钢壳体和置于其中的线圈所构成，用挠性电缆将直流电输送给线圈绕组，挠性电缆圈绕在起重机上的电缆卷筒上。采用电磁吸盘作取物装置可以大大缩短钢铁料及其制品的装卸时间，减轻装卸人员的劳动强度，所以在冶金工厂、冶金专用码头及铁路货场应用较多。

工作时，当起重电磁吸盘下降到被吸吊的物品上时，电磁铁的磁通由电磁铁的外壳通过物品而闭合，这时物品被吸住，并继续保持到断电卸载为止。

按照外形，电磁吸盘可分为圆形和矩形两种，圆形用来起吊钢锭，钢铸件及废钢屑等，矩形电磁吸盘用来起吊钢板、钢管以及各种型钢。

电磁吸盘的特点是自动装卸，效率高。缺点是自重大，消耗功率大，断电时物品会坠落（有一定的延时），起重能力受温度影响及锰、镍含量影响。

一般起吊温度为200℃以下的钢材。当温度在500℃时，电磁吸盘的起重能力就会下降50%左右；当温度为700℃时，则没有起重能力。

2. 使用电磁吸盘的安全技术要求

① 起重电磁吸盘作业范围内（$R \leqslant 5m$）不准站人，吊运时不准从人和设备上通过。

② 电磁吸盘下降时，不得坠放，以免冲坏线圈。

③ 电磁吸盘连续作业时，夏天不得超过8h，冬天不得超12h，防止线圈烧坏。

④ 据电磁吸盘提取物料的特点，电磁吸盘不能用交流电。

⑤ 不准用电磁吸盘吊运200℃以上的钢铁物件。

⑥ 电磁吸盘不用时应放在指定专用的木墩（木架）上。

五、钢丝绳

1. 钢丝绳的特点

钢丝绳是起重机上应用最广泛的挠性构件，也是起重机械安全生产三大重要构件（制动器、钢丝绳和吊钩）之一。其优点是卷绕性好，承载能力大，对于冲击载荷的承受能力强；卷绕过程中平稳，即使在卷绕速度高的情况下也无噪声；由于绳股钢丝断裂是逐渐发生的，一般不会突然发生钢丝绳整体断裂，因此工作时比较可靠。它的缺点是：使用时不易弯曲，并要增大卷筒和滑轮的直径。起重钢丝绳频繁用于各种作业场所，易磨损、受烧烤、腐蚀等。如果钢丝绳的选择、维护、保养和使用不当，容易发生钢丝绳断裂，造成死亡事故或重大险情。因此，正确掌握使用钢丝绳的方法是十分重要的。

2. 钢丝绳的种类

（1）钢丝绳捻向　按钢丝绳的捻向分为右捻绳和左捻绳。

右捻绳：把钢丝绳立起来观看，绳股的捻制螺旋方向，从左下侧向右上方捻制，这种钢丝绳通常称为“右捻绳”，通常用“Z”表示。

左捻绳：绳股从右下侧向左上方捻制的称为“左捻绳”，用“S”表示（见图4-5）。

（2）钢丝绳捻向与绳股捻向的关系　按照钢丝绳的捻向与绳股捻向的关系，可分为交互捻和同向捻钢丝绳。

交互捻：也称逆捻。这种捻法的钢丝绳从外观上看，外层钢丝的方向几乎与钢丝绳的纵向轴线相平行。绳股的捻向与钢丝绳的捻向相反，在使用时钢丝绳表面与接触物的接触面小，所以易磨损，挠性较差。但不易松散旋转。

同向捻：也称顺捻，这种绳外观上钢丝的捻向与钢丝绳纵轴成倾斜方向，钢丝绳表面光滑，所以耐磨性好，挠性好。绳股的捻向与钢丝绳的捻向相同，所以有旋转松散的

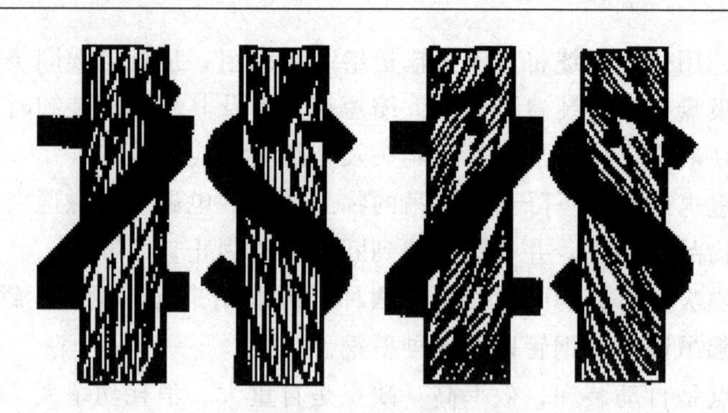

图 4-5　钢丝绳捻向

趋势。

起重机上多用右交互捻钢绳丝，因为不致旋转松散，而同向捻绳只能用于有导轨的情况。

右交互捻：表示绳子是右捻，股为左捻。

左交互捻：表示绳子是左捻，股为右捻。

右同向捻：绳和股都是右捻。

左同向捻：绳和股都是左捻。

（3）钢丝绳股结构　按钢丝绳股结构分类，可分为点接触绳、线接触绳、面接触绳。

点接触绳：由于绳内各层钢丝直径相同，但各层螺距不等，所以钢丝互相交叉，形成点接触，在工作中接触应力很高，钢丝易磨损折断。优点是制造工艺简单。

线接触绳：绳股内钢丝粗细不同，将细钢丝置于粗钢丝的沟槽内，粗细钢丝间成线接触状态。由于线接触钢丝绳接触应力较小，钢丝绳寿命长，同时挠性增加。由于线接触钢丝绳较为密实，所以相同直径的钢丝绳，线接触绳破断拉力大些。绳股内钢丝直径相同的同向捻钢丝绳也属线接触绳子。线接触的钢丝绳有瓦林吞（W）型、西尔（X）型以及填充（T）型等。

X 型钢丝绳也称外粗式，绳股内的外层钢丝粗，内层钢丝细。这种钢丝绳的优点是耐磨。W 型钢丝绳也称粗细式，绳股内外层钢丝粗细不等，细丝置于粗丝之间。这种钢丝具有较好的挠性。T 型钢丝绳的内外层钢丝之间填充较细的钢丝。这种钢丝绳内部磨损小，抗挤压，耐疲劳，但挠性稍差。

面接触绳：钢丝绳股内钢丝形状特殊，采用异形断面钢丝，钢丝间呈面状接触。特点是：外表光滑，抗腐蚀和耐磨性好，能承受较大的横向力。但价格昂贵，故只能在特殊场合下使用。

3. 钢丝绳的标记

普通型结构的钢丝绳表示方法；绳 6×19，股（1＋6＋12），纤维芯。复合型结构的钢丝绳表示方法：绳 6×(19) 或绳 6W(19)。X 表示线接触外粗式结构。W 则表示线接触粗细式结构。

目前在起重机上所采用的钢丝绳子主要是普通型结构钢丝绳，绳 6×19 和绳 6×37。

钢丝绳标记：X——西尔型（外粗式）钢丝绳，W——瓦林吞型（粗细式）钢丝绳；T——填充型钢丝绳；△——三角股钢丝绳；◯——椭圆股钢丝绳。

钢丝绳标记举例

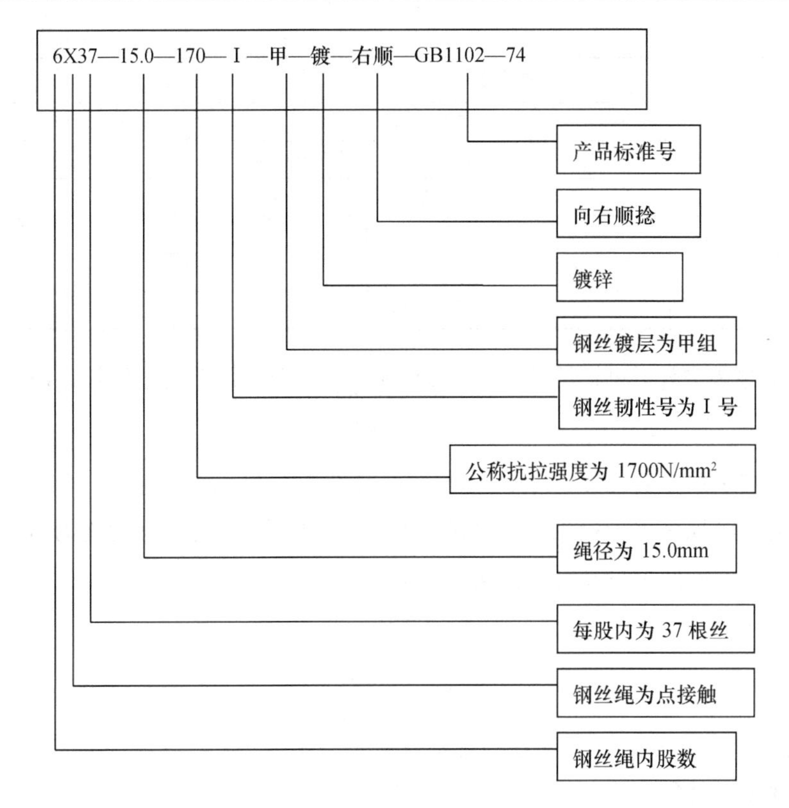

6X（37）表示绳股接触形式为西尔型。

6W（19）表示绳股接触形式为瓦林吞型。

6T（25）表示绳股接触形式为填充型。

6△（18）表示绳股接触形式为三角形。

6◯（21）表示绳股接触形式为椭圆形。

钢丝韧性号分别为：特、Ⅰ、Ⅱ号。

钢丝镀层组别为：甲组和乙组。

4．钢丝绳破断拉力计算

根据结构工作类型，使用要求，选取适合的安全系数，然后用下式计算钢丝绳的破断拉力：

$$S_{破} \geqslant nS_{max}$$

式中　$S_{破}$——钢丝绳的破断拉力；

n——钢丝绳最小安全系数，见表4-13；

S_{max}——钢丝绳最大工作静拉力。

若钢丝绳规格表中给出整条绳的破断拉力时，可以从表中直接选择查取。

表4-13　钢丝绳最小安全系数

钢丝绳用途			n
起升和变幅用	手动		4.0
	机动	轻级	5.0
		中级	5.5
		重级、特重级	6.0

续表

钢丝绳用途		n
抓斗用	双电动机分别驱动	6.0
	单绳抓斗（单数电动机集中驱动）	5.0
	抓斗滑轮	4.0
拉紧用	经常用	3.5
	临时用	3.0
小车	曳引力（轨道水平）	4.0

当钢丝绳规格表中只提供钢丝绳破断拉力总和 $\sum S_{丝}$ 时，按下式计算出整条绳的破断拉力。

$$S_{破} = \alpha \sum S_{丝}$$

式中 α——折减系数，对绳 6×39，$\alpha=0.82$；对绳 6×19，$\alpha=0.85$；

$\sum S_{丝}$——钢丝绳规格表中提供的钢丝破断拉力总和。那么选择钢丝绳时选一条破断拉力稍大一些的钢丝绳计算即可。

$$\alpha \sum S_{丝} \geqslant nS_{\max}$$

$$\sum S_{丝} \geqslant \frac{nS_{\max}}{\alpha}$$

根据钢丝绳破断拉力总和，选择一条钢丝绳。

5. 钢丝绳直径计算

根据钢丝绳承受的最大静拉力，计算钢丝绳直径。

$$d=c\sqrt{S_{\max}}$$

式中 d——钢丝绳的最小直径，mm；

c——钢丝绳选择系数；

$S_{\max}$——钢丝绳最大工作静压力，N。

钢丝绳选择系数由下式计算：

$$c=\sqrt{\frac{n}{k}\times\frac{\omega\pi}{4}\sigma_t}$$

式中 n——钢丝绳最小安全系数；

ω——钢丝绳充满系数；

k——钢丝绳捻制折减系数；

σ_t——钢丝绳公称抗拉强度。

钢丝绳选择系数 c 值也可根据钢丝绳最小安全系数、机构工作级别从表 4-14 中选用。

表 4-14 钢丝绳选择系数 c 和钢丝绳最小安全系数 n 表

机构工作级别	c 值 钢丝绳公称抗拉强度 σ_t/(N/mm²)			钢丝绳最小安全系数 n
	1550	1700	1850	
M1～M3	0.093	0.089	0.085	4
M4	0.099	0.095	0.091	4.5
M5	0.104	0.100	0.096	5

续表

机构工作级别	c 值			钢丝绳最小安全系数 n
	钢丝绳公称抗拉强度 σ_t/(N/mm²)			
	1550	1700	1850	
M6	0.114	0.109	0.106	6
M7	0.123	0.118	0.113	7
M8	0.140	0.134	0.128	9

6. 钢丝绳允许拉力的经验计算法

钢丝绳能承受的拉力和钢丝绳的粗细有关，可以近似地看成与钢丝绳的直径平方成正比。若取钢丝绳最小安全系数 $n \leqslant 5$ 时，则允许拉力

$$S_{允}=10d^2$$

式中　$S_{允}$——钢丝绳允许拉力，kg；

d——钢丝绳直径，mm。

若钢丝绳最小安全系数 $n>5$ 时，则允许拉力

$$S_{破}=50d^2$$

$$S_{允}=\frac{S_{破}}{n}$$

式中　$S_{允}$——钢丝绳允许拉力，kg；

$S_{破}$——钢丝绳破断拉力，kg；

n——钢丝绳最小安全系数。

当用 m 根成角度的钢丝绳起吊重物时，允许起吊质量：

$$Q=\frac{mS_{允}\cos\alpha}{n}$$

式中　$S_{允}$——允许起吊质量，kg；

m——钢丝绳根数；

$\cos\alpha$——钢丝绳与铅垂线夹角的余弦值；

n——钢丝绳最小安全系数。

7. 钢丝绳破断原因

① 超载。

② 与滑轮卷筒穿绕次数有关。

③ 与滑轮卷筒的直径大小有关。

④ 与工作级别使用环境（温度、腐蚀气体）有关。

⑤ 与保管使用维修有关。

⑥ 捆绑时与钢丝绳弯曲的曲率半径有关。

最主要的原因是钢丝绳绕过滑轮吊物时，钢丝在强大应力下，反复弯曲与反复挤压摩擦，所引起金属疲劳与磨损，表面的钢丝绳逐渐折断。

8. 钢丝绳的报废

(1) 报废情况的规定　钢丝绳有下列情况之一应报废。

① 钢丝绳的断丝数在一个捻节距内达到表 4-15 所列规定的数时，则应报废。

表 4-15 钢丝绳报废时的断丝数

安全系数	钢丝绳结构			
	绳 6W (19) 绳 6×19		绳 6×37	
	一个节距中断丝数			
	交互捻	同向捻	交互捻	同向捻
<6	12	6	22	11
6~7	14	7	26	13
>7	16	8	30	15

② 钢丝绳断股、绳芯外漏、钢丝绳直径减少达 7%，应报废。

③ 钢丝绳径向磨损或腐蚀超过原直径的 40%应报废。当达不到 40%时，可按表 4-16 所列折减系数报废。

表 4-16 折减系数

钢丝绳表面磨损或锈蚀量/%	折减系数/%	钢丝绳表面磨损或锈蚀量/%	折减系数/%
10	85	25	60
15	75	30~40	50
20	70	>40	0

④ 吊运炽热金属或危险品的钢丝绳，报废断丝数取通用起重机用钢丝绳断丝数的一半，其中包括钢丝表面磨损或腐蚀折减。

(2) 使用安全程度考核标准 钢丝绳使用安全程度由下述各项标准考核：

a. 断丝的性质和数量；

b. 绳端断丝；

c. 断丝的局部聚集；

d. 断丝的增加率；

e. 绳股断裂；

f. 由于绳芯损坏而引起的绳径减小；

g. 弹性减小；

h. 外部及内部磨损；

i. 外部及内部腐蚀；

j. 变形；

k. 由于热或电弧而造成的损坏。

所有的检验均应考虑以上各项因素并遵循各自的标准。然而，钢丝绳的损坏往往是由各个因素综合积累造成的，这就应由主管人员判别并决定钢丝绳是报废还是继续使用。对所有情况检验人员应弄清楚钢丝绳的损坏是否由机构上的缺陷所造成。如果是这样，在更新钢丝绳前应消除这些缺陷。

① 断丝的性质和数量。起重机械的设计不允许钢丝绳具有无限长的寿命。对于 6 股和 8 股的钢丝绳，断丝主要发生在外表。而对于多层绳股的钢丝绳（典型的多层结构就不同），这种钢丝绳大多数发生在内部因而是“不可见”的断裂。表 4-17 所列为考虑了这些因素的断丝数，因此，当与以下②～⑤项的因素综合起来考虑时，它适用于各种结构的钢丝绳。

表 4-17　断丝数

外层绳股承载钢丝绳数 n	钢丝绳结构的典型例子	起重机械中钢丝绳必须报废时与疲劳有关的可见断丝数							
		机构工作级别 M1 及 M2				机构工作级别 M3，M4，M5，M6，M7，M8			
		交捻		互捻		交捻		互捻	
		长度范围				长度范围			
		$6d$	$30d$	$6d$	$30d$	$6d$	$30d$	$6d$	$30d$
＜50	6×7、7×7	2	4	1	2	4	8	2	4
51～75	6×12	3	6	2	3	6	12	3	6
76～100	18×7（12 外股）	4	8	2	4	8	15	4	8
101～120	6×19、7×19、6X（19）、6W（19）、34×17（17 外股）	5	10	2	5	10	19	5	10
121～140		6	11	3	6	11	22	6	11
141～160	6×24、6X（24）、6W（24）、8×19、8X（19）、8W（19）	6	13	3	6	13	26	6	13
161～180		7	14	4	7	14	29	7	14
181～200	6×30	8	16	4	8	16	32	8	16
201～220	6X（31）、6W（36）、6XW（36）	8	18	4	9	18	38	9	18
221～240	6×37	10	19	5	10	19	38	10	19
241～260		10	21	5	10	21	42	10	21
261～280		11	22	6	11	22	45	11	22
281～300		12	24	6	12	24	48	12	24
＞300	6×61	$0.04n$	$0.08n$	$0.02n$	$0.04n$	$0.08n$	$0.16n$	$0.04n$	$0.08n$

当吊运熔化或炽热金属、酸溶液爆炸物、易燃物及有毒物品时，表 4-17 中断丝数应减少一半。

② 绳端断丝。当绳端或其附近出现断丝时，即使数量很少也表明该部位应力很高，可能是由于绳端安装不正确造成的，应查明损坏原因。如果绳长允许，应将断丝的部位切去重新合理安装。

③ 断丝的局部聚集。如果断丝紧靠一起形成局部聚集，则钢丝绳应报废。如这种断丝聚集在小于 $6d$ 的绳长范围内，或者集中在任一支绳股里，那么即使断丝数值比表所列的数值少，钢丝绳也应予以报废。

④ 断丝的增加率。在某些使用场合，疲劳是引起钢丝绳损坏的主要原因，断丝则是在使用一个时期以后才开始出现，但断丝数逐渐增加，其时间间隔越来越短。在此情况下，为了判定断丝的增加率，应仔细检验并记录断丝情况。判明这个“规律”可用来确定钢丝绳未来报废日期。

⑤ 绳股断裂。如果出现整根绳股断裂，则钢丝绳应报废。

⑥ 由于绳芯损坏而引起的绳径减小。当钢丝绳的纤维芯损坏或钢芯（或多层结构中的内部绳股）断裂而造成的绳径显著减小时，钢丝绳应报废。微小的损坏，特别是当所有各绳股中应力处于良好平衡时，用通常的方法检验可能是不明显的。然而这种情况会引起钢丝绳

的强度大大降低。所以，有任何内部细微损坏的迹象时，均应对钢丝绳内部进行检验，予以查明。一经证实损坏，则该钢丝绳就应报废。

⑦ 弹性减小。在某些情况下（通常与工作环境有关），钢丝绳的弹性会显著减小，若继续使用则是不安全的。

钢丝绳的弹性减小是很难发觉的，如检验人员有任何怀疑，则应征询钢丝绳专家的意见。然而，弹性减小通常伴随下述现象：

a. 绳径减小；

b. 钢丝绳捻距伸长；

c. 由于各部分相互压紧，钢丝之间和绳股之间缺少空隙；

d. 绳股凹处出现细微的褐色粉末；

e. 虽未发现断丝，但钢丝绳明显的不易弯曲和直径减小，比起单纯是由于钢丝磨损而引起的破坏要快得多。

这些情况都会导致在动载作用下突然断裂，故应立即报废。

⑧ 外部及内部磨损　产生磨损的两种情况如下。

a. 内部磨损及压坑。这种情况是由于绳内各个绳股和钢丝之间的摩擦引起的，特别是当钢丝绳经受弯曲时更是如此。

b. 外部磨损。钢丝绳外层绳股的钢丝表面的磨损，是它在压力作用下与滑轮和卷筒的绳槽接触摩擦造成的。这种现象在吊载加速和减速运动时，钢丝绳与滑轮接触的部位特别明显，并表现为外层钢丝磨成平面状。

润滑不足或不正确的润滑以及还存在灰尘和砂粒都会加剧磨损。磨损使钢丝绳的断面积减小因而强度降低。当外层钢丝磨损达到其直径的40%时，钢丝绳应报废。

当钢丝绳直径相对于公称直径减小7%或更多时，即使未发现断丝，该钢丝绳也应报废。

⑨ 外部及内部腐蚀。腐蚀在海洋或工业污染的大气中特别容易发生。它不仅减少钢丝绳的金属面积从而降低破断强度，而且还将引起表面粗糙并从中开始发展裂纹以致加速疲劳。严重的腐蚀还会引起钢丝绳弹性的降低。

a. 外部腐蚀。外部钢丝的腐蚀可用肉眼观察。当表面出现深坑，钢丝相当松弛时应报废。

b. 内部腐蚀。内部腐蚀比经常伴随它出现的外部腐蚀较难发现，但下列现象可供识别。

钢丝绳直径的变化。钢丝绳在绕过滑轮的弯曲部位直径通常变小，但对于静止段的钢丝绳则常由于外层绳股出现锈蚀而引起钢丝绳直径的增加。

钢丝绳外层绳股间的空隙减小。还经常伴随出现外层绳股之间断丝。

如果有任何内部腐蚀的迹象，则应由主管人员对钢丝绳进行检验。若确认有严重的内部腐蚀，则钢丝绳应立即报废。

⑩ 变形。钢丝绳失去正常的形状产生可见的畸形称为“变形”。在这种变形部位（或畸形部位）可能产生其他变化。它会导致钢丝绳内部应力分布不均匀。

钢丝绳的变形从外观上区分，主要可分下述几种。

a. 波浪形。波浪形的变形是钢丝绳的纵向轴线成螺旋线形状。变形不一定导致任何强度上的损失，但如变形严重即会产生跳动，造成不规则的传动。时间长了会引起磨损及断丝，如图 4-6 所示。出现波浪形时，在钢丝绳长度不超过 $25d$ 的范围内，若 $d_1 \geqslant 4d/3$，则钢丝绳应报废（d 为钢丝绳公称直径，d_1为钢丝绳变形后包络的直径）。

b. 笼状变形。这种变形出现在具有钢芯的钢丝绳上。当外层绳股发生脱节或者变得比内部绳股长的时候就会发生这种变形。笼状变形的钢丝绳应立即报废。

c. 绳股挤出。这种状况通常伴随笼状变形一起产生。绳股被挤出，说明钢丝绳不平衡。绳股挤出的钢丝绳应立即报废。

d. 钢丝挤出。此种变形是一部分钢丝或钢丝束在钢丝绳背着滑轮槽的一侧拱起形成环状这种变形因冲击载荷分布引起。若此种变形严重时，则钢丝绳应报废。

e. 绳径局部增大。钢丝绳直径有可能局部增大，并能波及相当长的一段钢丝绳。绳径增大通常与绳芯畸变有关（如在特殊环境中，纤维芯因受潮而膨胀），其必然结果是外绳层股产生不平衡，而造成定位不正确。绳径局部增大的钢丝绳应报废。

f. 扭结。扭结是由于钢丝绳成环状在不可能绕其轴线转动的情况下被拉紧而造成的一种变形。其结果是出现捻距不均而引起格外的磨损，严重时钢丝绳将产生扭曲，以致只留下极小一部分钢丝绳强度。严重扭结的钢丝绳应立即报废。

g. 绳径局部减小。钢丝绳直径的局部减小常常与绳芯的断裂有关，应特别仔细检查靠绳端部位有无此种变形。绳径局部减小严重的钢丝绳应报废。

h. 部分被压扁。钢丝绳部分被压扁是由于机械事故造成的。严重时，则钢丝绳应报废。

i. 弯折。弯折是钢丝绳在外界影响下引起的角度变形。这种变形的钢丝绳应立即报废。

另外，由于热或电弧的作用而引起的损坏，钢丝绳经受了特殊热力的作用，其外表出现可识别的颜色时该钢丝绳应予报废。

9. 钢丝绳端部连接的安全要求

钢丝绳端部连接常用的方式是编结绳套。绳套套入心形垫上，然后末端用钢丝扎紧，而捆扎长度不小于 $15d_{绳}$（绳径），同时不应小于 300mm。

当两条钢丝绳对接时，编接法编接长度也不应小于 $15d_{绳}$，并且不得小于 300mm，强度不得小于钢丝绳破断拉力的 75%。

另一种方式是用绳卡连接。绳卡数目与绳径有关，绳径为 7～16mm 应设 3 个绳卡；17～27mm 应设 4 个绳卡；28～37mm 应设 5 个绳卡；38～45mm 应设 6 个绳卡；绳卡间距不得小于钢丝绳直径的 6 倍。连接时绳卡压板应在钢丝绳长头一边，并且要把轧头轧紧到钢丝绳被压偏 1/3 左右；同时应保证连接强度不得小于钢丝绳破断拉力的 85%。

还可以用锥形套浇注法连接，连接强度应达到钢丝绳的破断拉力。

10. 钢丝绳的维护、保养和使用

① 钢丝绳应防止磨损、腐蚀或其他物理条件造成的性能降低。

② 钢丝绳开卷时应防止打结或扭曲。

③ 钢丝绳切断时，要扎紧防止松散。

④ 钢丝绳要保持良好的润滑状态，所有润滑剂应符合该绳要求。

⑤ 钢丝绳在使用中，如长度不够不得接长使用。

⑥ 吊运熔化和灼热金属的钢丝绳，要有防止高温损坏的措施。

⑦ 钢丝绳应每天检查（包括对端部的固定连接及平衡轮处），并作出安全判断。

11. 钢丝绳的安全检查

钢丝绳的检查可分为日常检验、定期检验和特殊检验。日常检验就是日检；定期检验根据装置形式、使用率、环境以及上次检验的结果，可确定月检还是年检；钢丝绳如有很突出的变化或遇台风和地震以及停用一个月以上，则进行特殊检验。钢丝绳检验见表 4-18、表 4-19。

表 4-18　钢丝绳检验部位

项目		日常检验	定期检验和特殊检验
动绳	起重机起升、变幅、牵引用钢丝绳	微速运转观察全部钢丝绳，特别注意下列部位： ① 末端固定部位； ② 通过滑轮的部分	微速运转作全面检验外，特别注意下列部位： ① 在卷筒上的固定部位； ② 绕在卷筒上的绳； ③ 通过滑轮的钢丝绳； ④ 平衡轮处的钢丝绳； ⑤ 其他固定连接部位
	缆索起重机钢丝绳	通常能观察到的部位外，特别注意末端固定部位	全长仔细检验
静绳	缆风绳	通常能观察到的部位外，特别注意末端固定部位	全长仔细检验
	捆绑绳	全长观察外，特别注意下列部位： ① 编结部分； ② 与吊具连接部分	同日常检验

表 4-19　钢丝绳检验项目

项目	日常检验	定期检验和特殊检验
断丝	检验	检验
腐蚀	检验	检验
磨损	检验	检验
变形	检验	检验
电弧及火烤	不检验	检验
涂油状态	检验	检验
末端固定状态	检验	检验
卷筒与滑轮处	不检验	检验

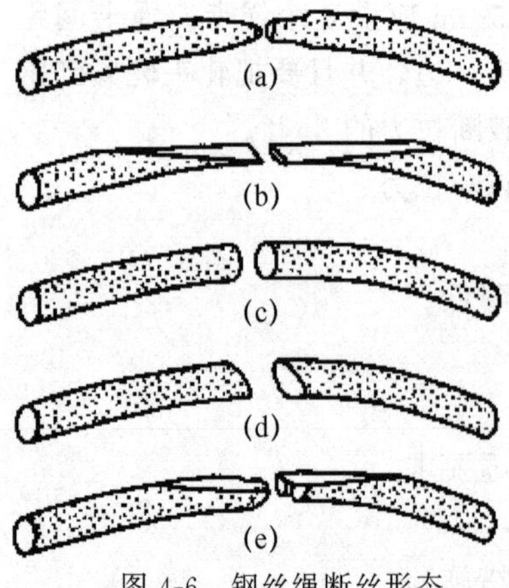

图 4-6　钢丝绳断丝形态

(a) 由于拉力造成的断丝；(b) 由于摩擦造成的断丝；(c) 由于疲劳造成的断丝；(d) 由于扭转造成的断丝；(e) 由于各种复杂原因造成的断丝

具体检验方法如下。

(1) 断丝　一个捻距的断丝数统计，包括外部和内部的断丝。即使在同一条钢丝上，有 2 处断丝，统计时应按 2 根断丝数统计。钢丝断裂部分超过本身半径者，应以断丝处理。

① 检验时应注意断丝的位置（如距末端多远）和断丝的集中程度，以决定处理方法。

② 注意断丝的部位和形态。即断丝发生在绳脱的凸出部位，还是凹谷部位。根据断丝的形态，可以判断断丝的原因。如图 4-6 所示为钢丝断丝的形态。

(2) 磨损　磨损检验主要是磨损状态和直径的测量。

① 磨损的状态。一种是同心磨损，另一种是偏心磨损［见图 4-7 (a)］。偏心磨损的钢丝绳多数发生在绳索移动量不大，吊具较重，拉力变化较大的场合。例如，电磁

吸盘起重机的起升绳子易发生这种磨损。偏心磨损和同心磨损同样使钢丝绳强度降低。

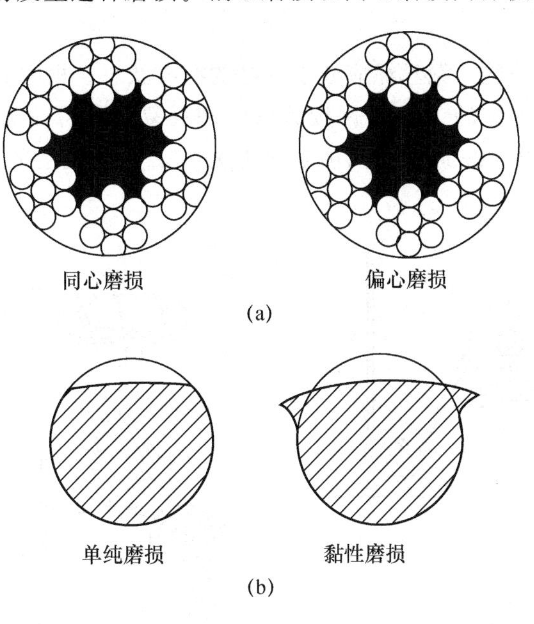

图 4-7　磨损种类

② 磨损种类。有单纯磨损和黏性磨损［见图 4-7（b）］。

由于表面压力，产生塑性变形而发生黏性磨损。黏性磨损金相组织的变化，而使钢丝绳硬化，随后发生裂纹和断丝。检验时要注意这种磨损的发展。

（3）腐蚀　外部腐蚀检验：目视钢丝绳生锈、点蚀，钢丝松弛状态。

内部腐蚀不易检验。如果是直径较细的钢丝绳（≤20mm），可以用手把钢丝绳弄弯进行检验，如果直径较大，可用如图 4-8 所示工具进行内部检验，检验后要把钢丝绳恢复原状，注意不要损伤绳芯，并加涂润滑油脂。

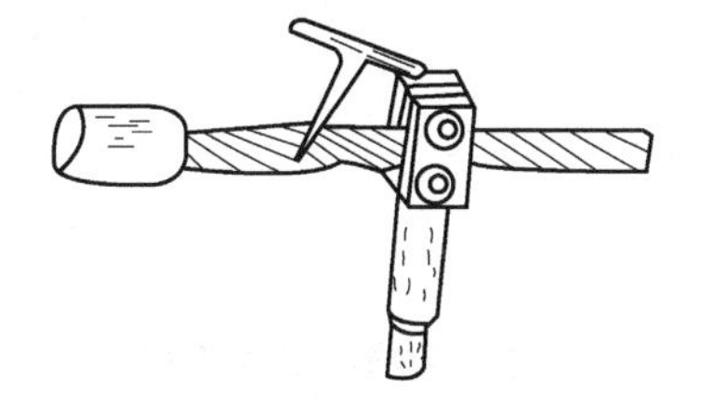

图 4-8　检验钉

（4）变形　对钢丝绳的打结、波浪、扁平等进行目检。钢丝绳不应打结，也不应有较大的波浪变形。

① 波浪变形。取绳径约 25 倍区段，测量绳径 d（见图 4-9）。要求 $d_1/d \leqslant 4/3$，否则应报废。

② 偏平度。测量其最大直径 d_{max} 和最小直径 d_{min}。当 $d_{max}/d_{min} \geqslant 3/2$ 时应报废（见图 4-10）。

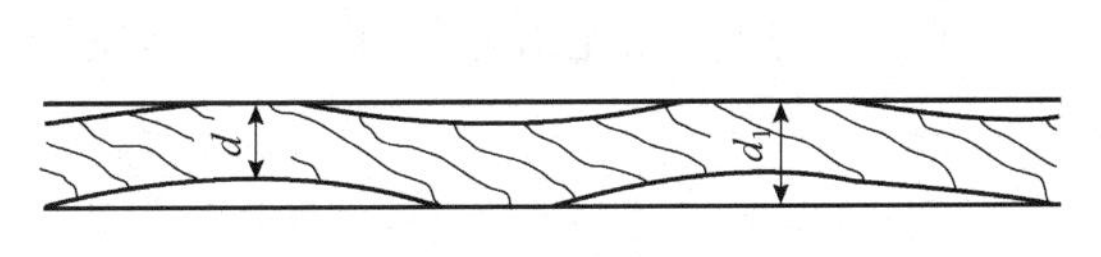

图 4-9　波浪变形

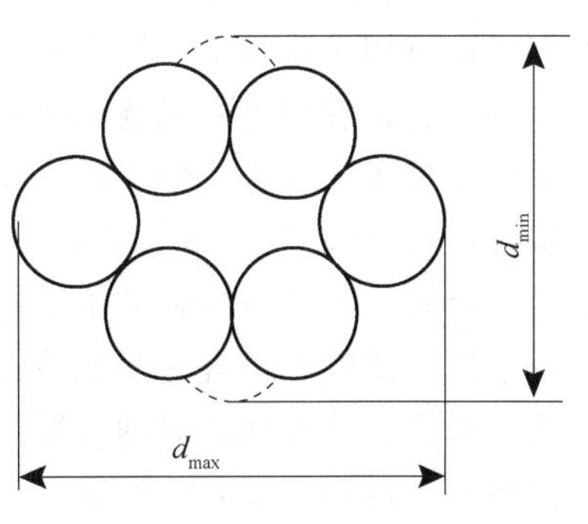

图 4-10　偏平度

(5) 电弧及火烤的影响　目视钢丝绳，不应有回火包，也不应有焊伤。有焊伤应按断丝处理。

(6) 钢丝绳的润滑检验　钢丝绳应处于良好的润滑状态。根据实验，润滑良好的钢丝绳在一个捻距内断丝达总丝数的10%，用疲劳试验和反复弯曲可达48500次，而没有润滑的相同规格的钢丝绳子仅为22500次。两项之比为2.15，可见润滑的重要性。图4-11所示为钢丝绳的润滑方法。

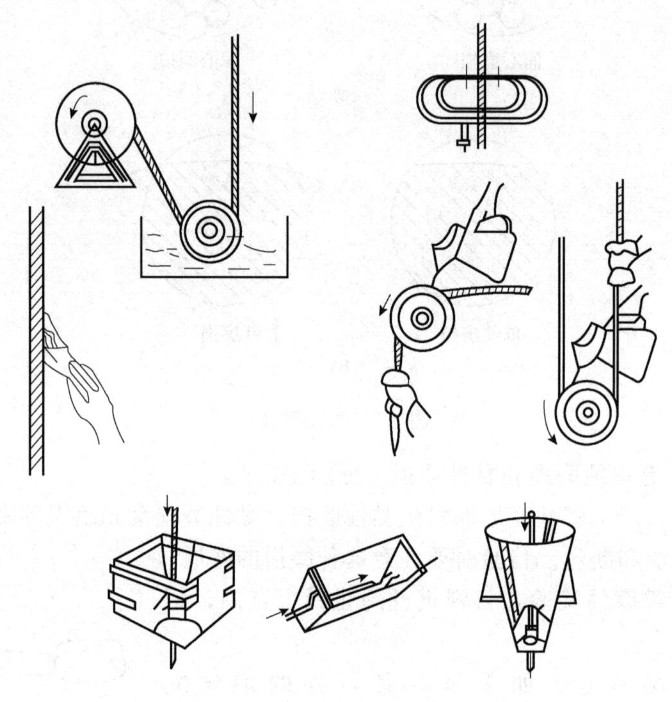

图4-11　钢丝绳的润滑方法

六、滑轮和滑轮组

1. 滑轮

在起重机中，滑轮的主要作用是穿绕钢丝绳。滑轮根据中心轴是否运动，分为动滑轮和定滑轮；根据制造方法，分为铸铁滑轮、铸钢滑轮、焊接滑轮、尼龙滑轮和铝合金滑轮等。

铸铁滑轮，有灰铸铁滑轮和球墨铸铁滑轮。灰铸铁滑轮工艺性能良好，对钢丝绳磨损小，但易碎，多用于轻级、中级工作级别中；球墨铸铁滑轮比灰铸铁滑轮的强度和冲击韧性高些，所以可用于重级工作级别中。

铸钢滑轮，有较高的强度和冲击韧性，但工艺性稍差。由于表面较硬，对钢丝绳磨损严重。多用于重级和特重级的工作条件中。

焊接滑轮，大尺寸（$D>800$mm）的滑轮多采用焊接滑轮。这种滑轮与铸钢滑轮大致相同，但质量轻，有的可减轻到1/4左右。

目前尼龙滑轮和铝合金滑轮在起重机上已有广泛应用。尼龙滑轮轻而耐磨，但刚度较低。铝合金滑轮硬度低，对钢丝绳的磨损很小。

滑轮尺寸可用如下方法计算。

按钢丝绳直径计算滑轮最小直径（见图4-12）。

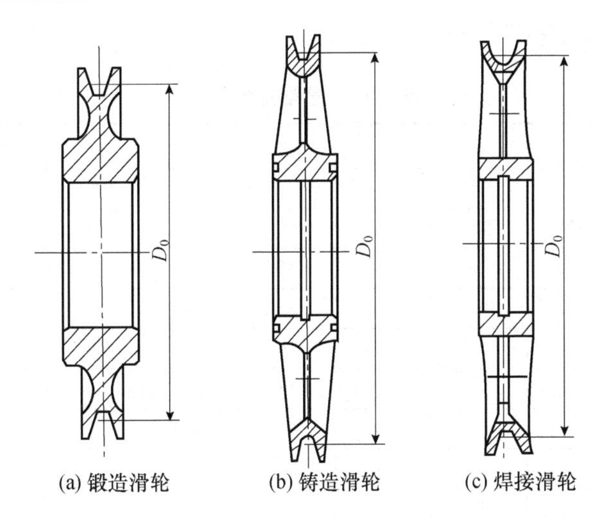

图 4-12　滑轮

$$D_{0\min}=h_2d$$

式中　$D_{0\min}$——按钢丝绳直径计算的滑轮最小直径，mm；

h_2——与工作级别和钢丝绳结构相关的系数，见表 4-20；

d——钢丝绳直径，mm。

表 4-20　卷筒及滑轮的钢丝绳直径相关系数 h_1 和 h_2

机构工作级别	卷筒 h_1	滑轮 h_2	机构工作级别	卷筒 h_1	滑轮 h_2
M1～M3	14	16	M6	20	22.4
M4	16	18	M7	22.4	25
M5	18	20	M8	25	28

计算后进行圆整，滑轮直径尽量取下列标准值（mm）：

D=250，300，350，400，500，600，700，800。

平衡轮直径，对于桥式类型起重机取与 $D_{0\min}$ 相同的值，对于臂架起重机取 0.6$D_{0\min}$。

滑轮绳槽尺寸必须保证钢丝绳顺利通过并不易跳槽。绳槽直径 d 应为绳径的 1.07～1.1 倍，轮缘高度应为绳径的 1.5～3 倍，β 角应为 50°～60°（见图 4-13）。

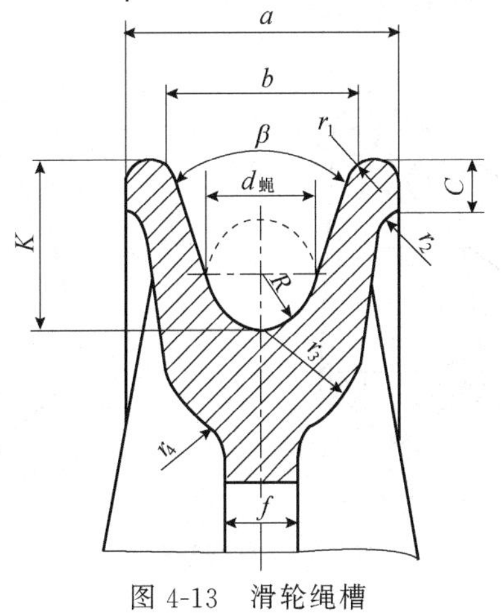

图 4-13　滑轮绳槽

滑轮绳槽尺寸见表 4-21。

表 4-21　滑轮绳槽尺寸

$d_{绳}$	a	b	K	C	f	R	r_1	r_2	r_3	r_4
4～6.5	17.5	13	11	3.5	5	3.5	2	1	7	3.5
7～9.2	25	18	16	5	8	5	2.5	1.5	10	5
10～14	40	28	25	8	10	8	4	2.5	16	8
14.5～18	50	35	32.5	10	12	10	5	3	20	10
18.5～24	65	45	40	13	16	13	6.5	4	26	13
25～28.5	80	55	50	16	18	16	8	5	32	16
30～35	95	65	60	19	20	19	10	6	38	19
36～39	110	78	70	22	22	11	7	44	22	
40～47.5	130	90	80	26	24	26	13	8	52	26

滑轮与钢丝绳的直径比 D/d 与规范值 h，钢丝绳的公称抗拉强度 σ_B 以及安全系数 n、钢丝绳弯曲方向和次数系数 H 有关，关系如下：

$$\frac{D}{d}=(h-9)\ \frac{\dfrac{\sigma_B}{n}+4}{\dfrac{\sigma_B}{5}+4}\times\frac{1}{H}$$

式中　D/d——滑轮与钢丝绳直径比；

h——与工作级别和钢丝绳级别相关的系数，见表 4-20；

σ_B——钢丝绳公称抗拉强度；

n——安全系数；

H——钢丝绳弯曲方向和次数系数，一般 $H=1.0\sim1.25$。

2. 滑轮组

滑轮组的功用可分为省力滑轮组和增速滑轮组，在起重机上常用的是省力滑轮组，在某些液压或气动机构中采用增速滑轮组。

按滑轮组的结构可分为单联滑轮组和双联滑轮组。动臂式起重机多采用单联滑轮组（见图 4-14），而桥式类型起重机多采用双联滑轮组（见图 4-15）。

滑轮组的倍率就是省力或增速的倍数。

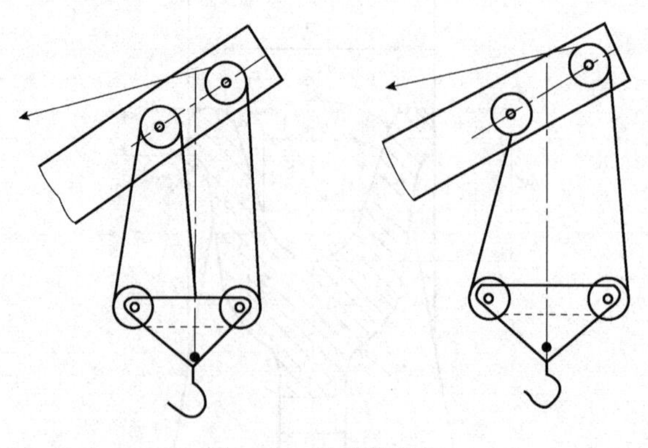

图 4-14　单联滑轮组

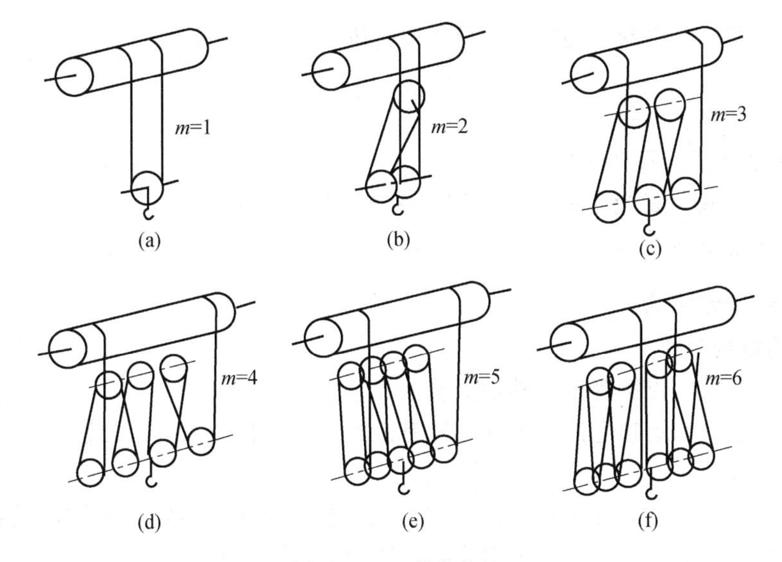

图 4-15　双联滑轮组

单联滑轮组的倍率：

$$m=\frac{Q}{S}\text{或}m=\frac{v_{绳}}{v}$$

式中　Q——起升载荷；

S——钢丝绳拉力；

$v_{绳}$——钢丝绳速度；

v——物品的速度。

倍率数也是滑轮组支撑绳分支数，即 $m=Z$。

双联滑轮组的倍率：

$$m=\frac{Q}{2S}$$

也就是起升载荷与滑轮支撑载荷 $2S$ 之比，即省力的倍数。

或者

$$m=Z/2$$

倍率数等于支撑绳分支数的 1/2。

对于滑动轴承，单个滑轮效率为 $\eta_0=0.96$；对于滚动轴承。单个滑轮效率为 $\eta_0=0.98$。

滑轮组效率：

$$\eta_{组}=\frac{1-\eta_0^m}{m\ (1-\eta_0)}$$

式中　m——滑轮组倍率；

η_0——单个滑轮的效率。

3. 滑轮的安全要求

滑轮直径与钢丝绳直径的比值 h_2 不应小于表 4-20 所列的数值。

平衡轮直径与钢丝绳直径的比值 $h_{平}$ 不得小于 0．$6h_2$。对于桥式类型的起重机，$h_{平}$ 应等于 h_2，对于临时性、短时间使用的简单、轻小型起重设备，h_2 值可取为 10，最低不得小于 8。

滑轮槽应光洁平整，不得有损伤钢丝绳的缺陷。

滑轮应有防止钢丝绳跳出轮槽的装置。

金属铸造的滑轮，出现下述情况时应予以报废：

① 裂纹；

② 轮槽均匀磨损达 3mm；

③ 轮槽壁厚磨损达原来壁厚的 20%；

④ 因磨损使轮槽底部直径减少量达钢丝绳直径的 50%；

⑤ 其他损害钢丝绳的缺陷。

七、卷筒和安全圈

1. 卷筒的结构形式

卷筒组件有卷筒、连接盘以及轴承支架。

卷筒有长轴卷筒和短轴卷筒。长轴卷筒有齿轮连接盘和带大齿轮的卷筒组，这是一种应用较多的结构形式。

短轴卷筒（见图 4-16）是一种新的结构形式。卷筒与减速器输出轴用法兰盘刚性连接，减速器底座通过钢球或圆柱销与小车架连接。这种结构形式的优点是：结构简单，调整与安装方便。

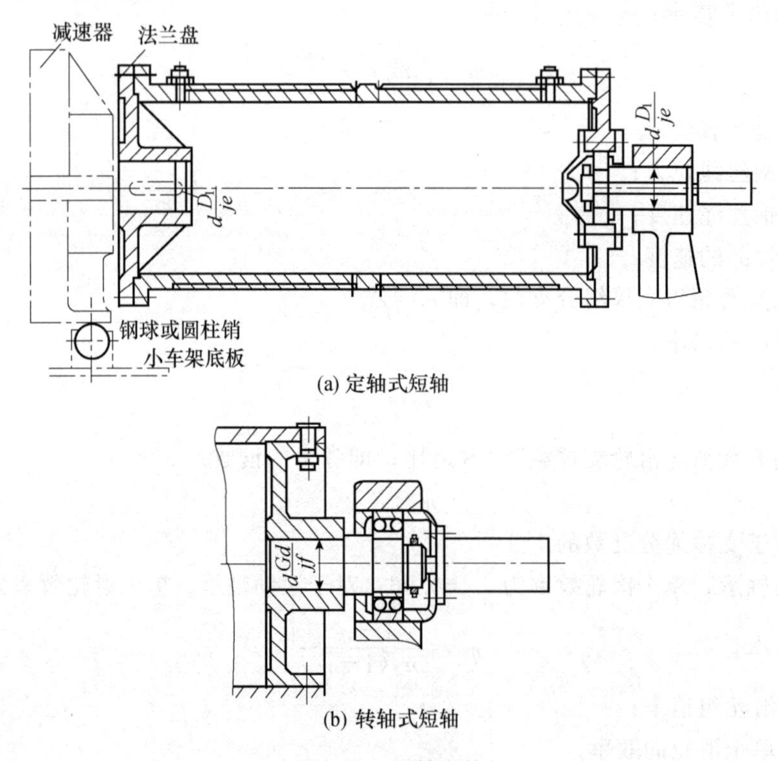

(a) 定轴式短轴

(b) 转轴式短轴

图 4-16　短轴卷筒

此外还有采用行星减速器放在卷筒内部的形式，优点是驱动装置紧凑、质量轻。卷筒材料，铸造卷筒一般用 HT20～HT40，特殊需要时可用 ZG25Ⅱ、ZG35Ⅱ制造。焊接筒采用 A3 钢制造。

卷筒直径和滑轮直径一样。由钢丝绳中心计算的卷筒的最小缠绕直径按下式计算：

$$D_{0\min}=h_1 d$$

式中　h_1——系数，见表 4-20。

卷筒直径尽量取下列标准值（mm）：

$$D=300，400，500，600，700，800，900，1000$$

卷筒绳槽半径

$$R=(0.54\sim0.6)d$$

卷筒绳槽深度（见图 4-17）

标准槽 $C_1=(0.25\sim0.4)d$（mm）

深槽 $C_2=(0.6\sim0.9)d$（mm）

卷筒绳槽节距

标准槽 $t_1=d+(2\sim4)$（mm）

$t_2=d+(8\sim9)$（mm）

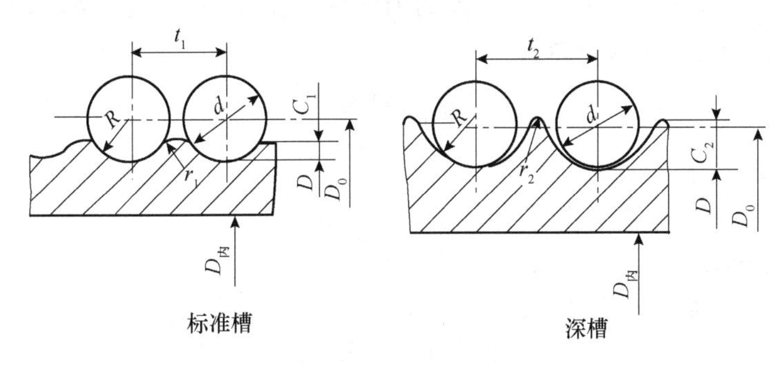

图 4-17 绳槽尺寸

卷筒壁厚可先按经验公式确定。

对于铸铁卷筒 $\delta\approx d$

由于铸造工艺的要求，铸铁卷筒壁厚不宜小于 12mm；铸钢卷筒壁厚不宜小于 15mm。

在钢丝绳的作用下，卷筒承受压缩、弯曲和扭转作用，其中压缩作用产生的压应力最大。当卷筒长度与直径比小于 3 时，即 $L\leqslant3D$ 时，弯曲和扭转产生的合成应力不超过压应力的 10%～15%。所以在这种情况下只需验算压应力。

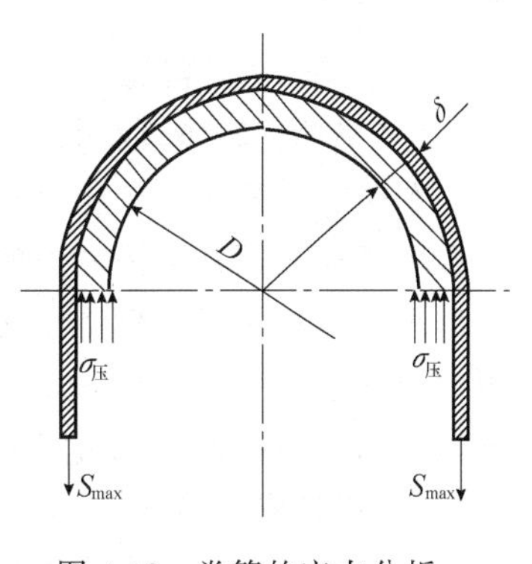

图 4-18 卷筒的应力分析

卷筒的应力分析如图 4-18 所示，其压应力为：

$$\sigma_压=\frac{AS_{max}}{\delta t}\leqslant[\sigma_压]$$

式中 S_{max}——钢丝绳最大拉力；

δ——卷筒壁厚；

t——卷筒绳槽节距；

A——应力减小系数，考虑筒壁绳圈的弯形，一般取 $A=0.75$；

$[\sigma_压]$——许用压应力，对钢 $[\sigma_压]=\sigma_s/1.5$，对铸铁 $[\sigma_压]=\sigma_b/4.25$。

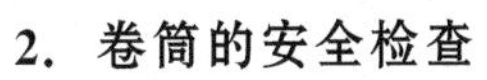

2. 卷筒的安全检查

① 卷筒上钢丝绳尾端的固定装置，应有防松和自紧的性能。对钢丝绳尾端的固定情况，应每月检查一次。

② 多层缠绕的卷筒，端部应有凸缘。凸缘应比最外层钢丝绳或链条高出 2 倍的钢丝绳

直径或链条的宽度。单层缠绕的单联卷筒也应满足上述要求。

③ 用户要求起升机构和变幅机构筒体内无贯通支撑轴的结构时，筒体宜采用钢材制造。

3. 卷筒的报废

卷筒出现下列情况之一时，应报废：

① 裂纹；

② 卷筒壁磨损量超过原来壁厚的 20%。

4. 钢丝绳在卷筒上的固定

钢丝绳在卷筒上的固定，通用的方法是采用压板，它的优点是构造简单，拆卸方便。为了保证安全，减小对固定压板的压力或楔子的受力，保证取物装置下放到极限位置，在卷筒上，除固定绳圈外，还应留不少于 2～3 圈的钢丝绳。这几圈钢丝绳叫安全圈，也叫减载圈。

经过 2 圈后，固定缠绕端拉力为

$$S_{固}=\frac{S_{max}}{e^{\mu\alpha}}$$

式中 S_{max}——钢丝绳最大拉力；

μ——钢丝绳与卷筒间的摩擦系数，$\mu=0.16$；

α——安全圈包角，$\alpha=4\pi$；

e——自然对数，e=2.71828。

所以

$$S_{固}=0.1345S_{max}$$

采用安全圈，绳尾固定圈拉力仅为钢丝绳最大拉力的 13.4%。如果没有安全圈，则固定圈拉力就是钢丝绳的最大拉力。而压板都是按有安全圈设计的，因此在使用中，一定要注意，不允许把钢丝绳放尽，而必须留有安全减载。

八、车轮与轨道

1. 车轮的种类及材料

车轮有单轮缘、双轮缘和无轮缘之分。车轮滚动面又可分为圆柱形和圆锥形。桥式起重机多用双轮缘圆柱形滚动面的车轮。

车轮材料多用碳素铸钢 ZG55Ⅱ，车轮滚动面硬度为 HB300～HB350，淬硬层深度为距滚动面 20mm 处达 HB260，对于 ZG50SiMn 车轮，规定滚动面硬度 HB420～HB480，淬硬层深度为距滚动面 20mm 处达 HB280。车轮通常根据最大轮压选择。

2. 车轮安全检验

① 轮缘不应有裂纹、显著的变形和磨损。

② 轮毂和轮辐不应有裂纹和显著的变形。

③ 相匹配的车轮直径差不应超过制造允许偏差。

④ 轴承不应发生异常声响、振动等，温升不应超过规定值；润滑状态应良好。

3. 车轮的报废

车轮出现下列情况之一时应报废：

① 裂纹；

② 轮缘厚度磨损达原厚度的 50%；

③ 轮缘厚度弯曲变形达原厚度的 20%；

④ 踏面厚度磨损达原厚度的 5%；

⑤ 当运行速度低于 50m/min 时，圆度达 1mm；当运行速度高于 50m/min 时，圆度达 0.5mm。

4. 轨道

中、小型起重机的小车采用 P 型铁路钢轨，大型起重机小车或大车采用 QU 型起重机专用钢轨或方轨。

(1) 轨道安装应具备的技术要求

① 安装前对钢轨、螺栓、夹板等进行检查，如有裂纹、腐蚀或不合规格的应立即更换。对允许修补的钢轨面和侧面，磨损缺陷都不超过 3mm 的钢轨，修补完毕后再使用。

② 垫铁与轨道和起重机主梁应紧密接触，每级垫铁不超过 20 块，长度大于 100mm，宽度比轨道底宽 10～20mm，两组垫铁间距不大于 200mm；垫铁与钢制起重机主梁牢固焊接，垫铁与轨道底面实际接触面积不小于名义接触面积的 60%，局部间隙不大于 1mm。

③ 钢轨接头可以做成直接头，也可以制成 45°角的斜接头。斜接头可以使车轮在接头处平稳过渡。一般接头的缝隙为 1～2mm。在寒冷地区冬季施工或安装时气温低于常年使用的气温，且相差在 20℃以上时，应考虑温度缝隙，一般为 4～6mm。接头处两条钢轨的接头应错开 500mm 以上。

④ 轨道末端装设终止挡板，以防起重机从两端出轨。

⑤ 钢轨的实际中心线与轨道的几何中心线的偏差不应大于 3mm。桥式起重机轨距允许偏差为±5mm；轨道纵向倾斜度为 1/1500；两根轨道相对标高允许偏差为 10mm。

(2) 轨道的测量与调整

① 轨道的直线度，可用拉钢丝的方法进行检查。即在轨道的两端车挡上拉一根直径为 0.5mm 的钢丝，然后用吊线锤的方法来逐点测量，测点间隔可在 2m 左右。

② 轨道标高，可用水准仪测量。

③ 轨道的跨度用钢卷尺来检查，尺的一端用卡板紧固，另一端拴一弹簧秤，其拉力约 147N，每隔 5m 测量一次。测量前应先在钢轨的中间打上冲眼，各测量点弹簧秤拉力要一致。

④ 小车轨道，每组垫铁不应超过两块，长度不小于 100mm，宽度应比钢轨底窄 10～20mm。两组垫铁间距不应小于 200mm。垫铁与轨道底面实际接触面积不应小于名义接触面积的 60%，局部间隙不应大于 1mm（用塞尺检查）。

(3) 轨道的检验

对轨道应作如下检验：

① 检查轨道螺栓、夹板有无裂纹、松脱和腐蚀。如果出现裂纹应及时更换新件，如有其他缺陷应及时修理。钢轨上的裂纹可用线路轨道探伤器检查，裂纹有垂直轨道的横向裂纹，也有顺着轨道的纵向裂纹和斜向裂纹。如果产生较小的横向裂纹可采用鱼尾板联接；斜向和纵向裂纹则要去掉有裂纹部分，换上新轨道。

② 轨道上不得有疤痕，轨顶面若有较小的疤痕或损伤时，可用电焊补平，再用砂轮打光。轨顶面和侧面磨损（单侧）都不应超过 3mm。

③ 轨道接头处横向位移和高低不平偏差不应超过 1mm，采用鱼尾板连接的轨道，联接螺栓不得少于 4 个，一般应有 6 个。

④ 轨道接头处应错开，相距不小于 1.5m（对塔式起重机）或 0.6m（对桥式起重机），对接头处应有垫铁或枕木，接缝间隙不大于 2mm。

九、制动器

为了保证起重机械运行的安全、可靠、准确，动力驱动的起重机，其起升、变幅、运行、旋转机构都必须装设制动器。人力驱动的起重机，其起升机构和变幅机构必须装设制动器或停止器。

起升机构、变幅机构的制动器，必须是常闭式的。

1. 制动器的分类

① 根据制动器的构造分为块式制动器、带式制动器、盘式制动器、圆锥式制动器。

② 根据操作情况分为常闭式、常开式、综合式。

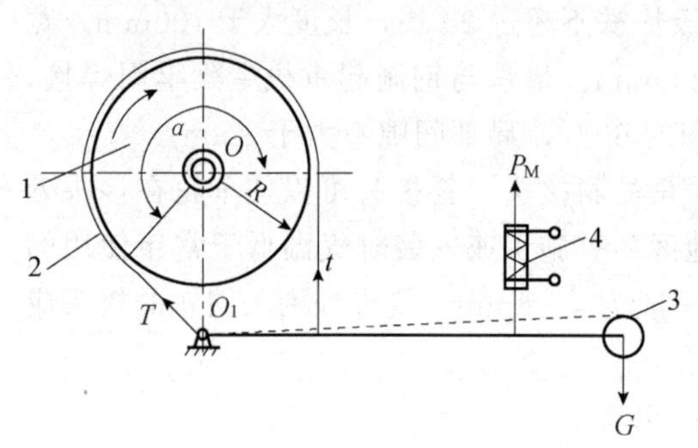

图 4-19 简单带式制动器的工作原理

1—制动轮；2—制动带；3—坠重；4—电磁铁
T，t—制动带对力臂的拉力；P_M—电磁吸引力；α—包角

2. 制动器结构、工作原理、特点

（1）带式制动器 带式制动器（见图 4-19）的钢质制动带紧包在制动轮 1 的表面上。带式制动器上闸依靠坠重 3、松闸依靠电磁铁 4 来实现。

制动轮直径 $D=700\sim760$mm，对于 $D<300$mm 的制动轮，采用 54 号钢制造，当 $D>300$mm 时，采用 ZG54 制造。制动带采用 45 号钢制造。

带式制动器优点；结构简单、紧凑并能随包角的增加而产生较大的制动力矩，在制动过程中冲击小。

其缺点是：制动轴受弯曲力的作用；摩擦片磨损不均匀；某些带式制动器不适用于逆转机构。

（2）块式制动器 块式制动器结构简单，工作可靠。有两个对称的瓦块，制动轴不受弯曲力作用，摩擦衬垫磨损均匀，但尺寸比较大。

块式制动器分为短行程和长行程制动器。

① 短行程电磁块式制动器。这种制动器结构如图 4-20 所示。制动器上闸靠主弹簧 1 和框形拉杆 2 使左右制动臂 10、11 上的制动瓦块 12、13 压向制动轮。副弹簧 7 的作用使右制动臂 11 向外推，便于松闸，螺母 8 的作用是调节衔铁冲程，螺母 4（3 个）的作用是紧锁主弹簧调整制动力矩。调整螺母 9 可以使两块闸瓦退程相等。

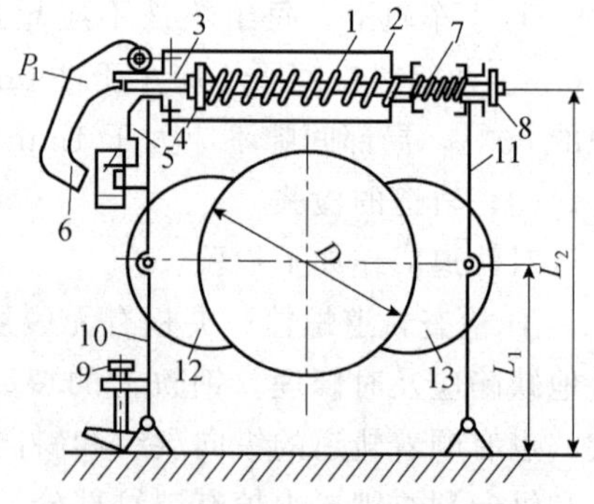

图 4-20 短行程电磁块式制动器

1—主弹簧；2—框形拉杆；3—推杆；4—螺母；5—电磁铁芯；6—衔铁；7—副弹簧；8—螺母；9—调整螺母；10—左制动臂；11—右制动臂；12—左制动瓦块；13—右制动瓦块；P_1—衔铁的吸力

当接通电流时，电磁铁的衔铁 6 吸向电磁铁芯 5，压住推杆 3，进一步压缩主弹簧 1，左制动臂 10 在电磁铁重量产生偏心压力作用下向外摆动，使左制动瓦块 12 离开制动轮，一直到调整螺母 9 阻挡为止，同时副弹簧 7 使右制动臂 11 及其上的右制动瓦块 13 离开制动轮，以实现松闸。

短行程制动器特点是：

a. 松闸、上闸动作迅速；

b. 制动器的质量轻，外形尺寸小；

c. 由于铰链少（较长行程），所以松闸器的死行程小；

d. 由于制动瓦块与制动臂之间是铰链连接，所以瓦块与制动轮的接触均匀，磨损也均匀，也便于调整。

② 长行程电磁块式制动器。由于短行程电磁块式制动器受电磁铁吸力的限制，所以短行程制动器，一般制动力矩不大。要求制动力矩大的机构多采用长行程电磁瓦块式制动器。

长行程电磁块式制动器是靠弹簧和杠杆系统重力上闸，电磁铁松闸（见图 4-21）。

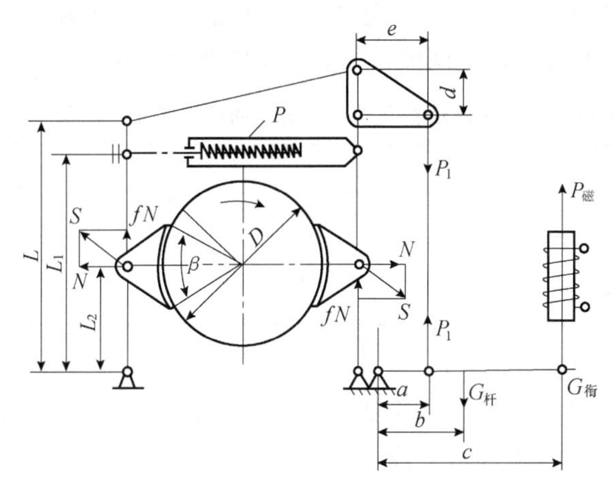

图 4-21　长行程电磁块式制动器工作原理

电磁块式制动器的优点是结构简单，能与电动机的操纵电路联锁，所以当电动机工作停止或事故断电时，电磁铁能自动断电，制动器上闸，以保证安全。这种制动器的缺点是电磁铁冲击大，引起传动机构的振动。

③ 液压电磁块式制动器。液压电磁块式制动器的松闸动作采用液压松闸器。其优点是启动、制动平稳，没有声响，每小时操作次数可达 720 次。

目前使用较多的是液压电磁推杆瓦块式制动器。其工作原理：将电磁铁置于液压缸内，当线圈通电时在这方的动铁芯向上移动。这时由于齿形阀片的阻流作用，工作间隙的液体被压缩成压力油，使活塞连同推杆一起向上移动，从而推动杠杆板，使制动器松闸。

当线圈断电，在制动器弹簧压力作用下，推杆向下运动，活塞下腔的油又流回工作间隙，动铁芯也就回到下方原始位置，动铁芯下面的液体通过通道流回油缸。

④ 块式制动器的调整。制动器必须每班严格检验，以确保起重机安全运行。制动器发生事故较多的主要原因是检验不够。在起吊过程中如果突然发现制动器失灵，切不可惊慌。在条件允许的情况下，可用起落钩的方法，慢慢地把重物放在安全的地方。

a. 主弹簧工作长度调整。为使制动器产生相应的制动力矩，须调整主弹簧。调整方法是用一扳手把住螺杆方头，用另一扳手转动主弹簧固定螺母（见图 4-22），以调整主弹簧长度。再用另两个螺母拧紧（背紧），以防止主弹簧固紧螺母松动。

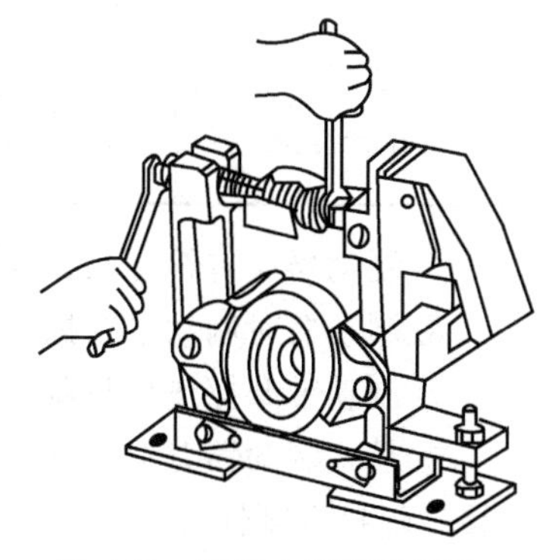

图 4-22　调整主弹簧示意图

b. 调整电磁铁冲程。方法是用一扳手把住锁紧螺母，用另一扳手转动制动器弹簧螺杆方头。电磁铁允许冲程见表 4-22。

表 4-22 电磁铁允许冲程

型号	冲程/mm	型号	冲程/mm
MZD_1-100	3	MZD_1－300	4.4
MZD_1-200	3.8		

c. 调整制动瓦块与制动轮的间隙。按表 4-23 规定数值，把衔铁推在铁芯上，制动瓦块即松开，然后转动调节螺栓来调整间隙，使制动轮的两侧间隙相等。

表 4-23 长行程制动器制动瓦块与制动轮之间允许间隙（单侧）

制动轮直径/mm	间隙/mm	制动轮直径/mm	间隙/mm
200	0.7	500	0.8
300	0.7	600	0.8
400	0.8		

3. 制动器的安全检验

① 必须按《起重机械安全规程》的要求装设制动器。

② 起升机构不宜采用重物自由下降的机构。如采用重物下降机构，应有可操纵的常闭式制动器。

③ 吊运炽热金属或易燃、易爆等危险品，以及发生事故后可能造成重大危险或损失的起升机构，其每套驱动装置都应装设两套制动器。

④ 每套制动器的安全系数，不应小于表 4-24 的规定。

表 4-24 制动器的安全系数

机构	使用情况	安全系数
起重机构	一般的	1.5
	重要的	1.75
	具有套压制动作用的液压传动	1.25
吊运炽热金属或危险品的起升机构	装有两套支持制动器时，对每套制动器	1.25
	对于两套彼此有刚性联系的驱动装置，每套装置有两套支持制动器时，对每套制动器	1.1
非平衡变幅机构		1.75
平衡变幅机构	在工作状态时	1.25
	在非工作状态时	1.15

⑤ 制动器应有符合操作频度的容量。

⑥ 制动器对制动带摩擦垫片的磨损应有补偿能力。

⑦ 制动带摩擦垫片与制动轮的实际接触面积，不应小于理论接触面积的 70%。

⑧ 带式制动器背衬钢带的端部与固定部分的连接，应采用铰接，不得采用螺栓连接、铆接、焊接等刚性连接形式。

⑨ 人力控制制动器，施加的力与行程不应大于表 4-25 的要求。

表 4-25　人的控制力与行程

要求	操作方法	施加的力		行程/mm
		/N	/kgf	
一般宜采用值	手控	10	10	40
	脚踏	120	12	25
最大值	手控	200	20	60
	脚踏	300	30	30

⑩ 控制器的操纵部位，如踏板、操纵手柄等，应有防滑性能。

⑪ 正常使用的起重机，每班都应对制动器进行检查。

⑫ 制动器应调整合适，以产生必需的制动力矩；制动距离应符合使用说明书的要求。

⑬ 电磁铁没有异常声响，不发出焦臭味，动作协调。

⑭ 液压上闸器、推杆不应有显著的变形，不漏油，油管不应有损伤。

⑮ 制动器和停止器上的棘轮、棘爪工作正常，不应有裂纹和严重磨损。

⑯ 制动轮安装良好，连接件不应有松动现象。

⑰ 制动衬不应脱落，不应严重磨损。

⑱ 制动间隙要符合要求，制动轮与制动衬间不应有油污。

⑲ 制动杠杆不应有裂纹和变形。

⑳ 冲程要符合使用说明书要求。

4. 制动器的报废

(1) 制动器的零件　制动器的零件，出现下列情况之一，应报废。

① 裂纹。

② 制动带摩擦垫片厚度磨损达原厚度的 50%。

③ 弹簧出现塑性变形。

④ 小轴或轴孔直径磨损达原直径的 5%。

(2) 制动轮　制动轮出现下列情况之一时，应报废。

① 裂纹。

② 起升、变幅机构的制动轮轮缘厚度磨损达原厚度的 40%。

③ 其他机构的制动轮轮缘厚度磨损达原厚度的 50%。

④ 轮面凹凸不平度达 1.5mm 时，如能修复，修复后轮缘厚度应符合本条中②、③的要求，否则应报废。

第三节　起重机械的安全防护装置

为保证起重机设备的自身安全及人员的安全，各种类型的起重机均设有多种安全防护装置，常见的起重机安全防护装置有限位器、缓冲器，防碰撞装置、防偏斜指示装置、夹轨器和锚定装置、超载限制界和力矩限制器等。

一、限位器

限位器是用来限制各机构运转时通过的范围的一种安全防护装置。限位器有两类，一类是保护起升机构安全运作的上升极限位置限制器、下降极限位置限制器；另一类是限制运行机构的运行极限位置限制器。

1. 上升极限位置限制器和下降极限位置限制器

上升极限位置限制器是用于限制取物装置的起升高度，当吊具起升到上升极限位置时，限位器能自动切断电源，使起升机构停止运转，防止吊钩等取物装置继续上升，继而可防止拉断起升钢丝绳避免发生重物失落事故。

下降极限位置限制器是用来限制取物装置下降深度，当下降至最低位置时，能自动切断电源，使起升机构下降运转停止，此时应保证钢丝绳在卷筒上缠绕余留的安全圈不少于2～3圈（根据卷筒大小确定）。

吊运炽热金属或易燃易爆或有毒物品等危险品的起升机构应设置两套上升极限位置限制器，且两套限位器动作应有先后，并尽量采用不同结构形式和控制不同的断路装置。

下降极限位置限制器可只设置在操作人员无法判断下降位置的起重机上和其他特殊要求的设备上，保证重物下降到极限位置时，卷筒上保留必要的安全圈数。

上升极限位置限制器主要有重锤式和螺旋式起升高度限位器两种。

（1）重锤式起升高度限位器　重锤式起升高度限位器由一个限位开关和重锤组成。常用的限位开关的型号有LX4-31、LX4-32、LX10-31。其工作原理是：当重锤自由下垂时，限位开关处于接通电源的闭合状态，当取物装置起升到一定位置时，托起重锤，致使限位开关打开触头而切断总电源，机构停止运转，吊钩停止上升；如要下降，控制手柄回零重新启动即可。

（2）螺旋式起升高度限位器　螺旋式起升高度限位器有螺杆传动和蜗杆传动两种形式，这类限位器的优点是自重小，便于调整和维修。

螺杆式起升高度限位器是由螺杆、滑块、十字联轴节、限位开关和壳体等组成。当起升重物到上极限位置时，滑块碰到极限开关，切断电源，控制了起升高度。当在螺杆两端都设置限位开关时，则可限制上升和下降的位置。

螺旋式起升高度限位器准确可靠，但应注意的是：每一次更换钢丝绳后，应重新调整限位器的停止位置，避免发生事故。

2. 运行极限位置限制器

运行极限位置限制器由限位开关和安全尺式撞块组成。其工作原理：当起重机运行到极限位置后，安全尺触动限位开关的传动柄或触头，带动限位开关内的闭合触头分开而切断电源，运行机构将停止运转，起重机将在允许的制动距离内停车，即可避免硬性碰撞止挡体对运行的起重机产生过度的冲击碰撞。

通常运行极限位置限制器所采用的限位开关型号多为LX4-11、LX10-11、LZ10-12等。

凡是有轨运行的各种类型的起重机，均应设置运行极限位置限制器。

二、缓冲器

当运行极限位置限制器或制动装置发生事故时，由于惯性的原因，运行到终点的起重机或主梁上的起重小车，将在运行终点与设置在该位置的止挡体相撞。设置缓冲器的目的就是吸收起重机或起重小车的运行动能，以减缓冲击。缓冲器设置在起重机或起重小车与止挡体相碰撞的位置。在同一轨道上运行的起重机之间，以及在同一起重机桥架上双小车之间也应设置缓冲器。

缓冲器类型较多，常用的缓冲器有弹簧缓冲器、聚氨酯缓冲器和液压缓冲器等。

1. 弹簧缓冲器

弹簧缓冲器主要由碰头、弹簧和壳体等组成，其特点是结构比较简单、使用可靠、维修方便。当起重机碰到弹簧缓冲器时，其能量主要转变成弹簧的压缩能，因而具有较大的反弹力。

2. 橡胶缓冲器

橡胶缓冲器的特点：结构简单，但它所能吸收的能量较小，一般用于起重机运行速度不超过 50m/min 的场合。主要起到阻挡作用。

3. 聚氨酯缓冲器

聚氨酯缓冲器是一种新型的缓冲器，在国际上已普遍采用，目前国内的起重设备也大量采用，大有替代橡胶缓冲器和弹簧缓冲器之势。

聚氨酯缓冲器有如下特点：吸收能量大、缓冲性能好；耐油、耐老化、耐稀酸和稀碱的腐蚀；耐高温又耐低温、绝缘又能防爆；密度小、结构简单、价格低廉、安装维修方便和使用寿命长。

4. 液压缓冲器

当起重机碰撞液压缓冲器后，推动撞头、活塞及弹簧移动。弹簧被压缩时，吸收了极小的一部分能量，而活塞移动时压缩了液压缸筒内的液体，受到压力的液体油，由液压缸筒流经顶杆与活塞的底部环形间隙进入贮油腔，在此处把吸收的撞击能量转化为热能，起到了缓冲作用。在起重机反向运动后，缓冲器与止挡体逐渐脱离，缓冲器液压缸筒的弹簧可使活塞回到原来的位置，此时贮油腔的液体又流回液压缸筒，撞头也被弹簧顶回原位置。

液压缓冲器能吸收较大的撞击能量，其行程可做得短小，故而尺寸也较小。液压缓冲器最大的优点是没有反弹作用，故工作较平稳可靠。

缓冲器应经常检查其使用状态，弹簧缓冲器的壳体和连接焊缝不应有裂纹和开焊情况，缓冲器的撞头压缩后能灵活地复位，不应有卡阻现象。橡胶缓冲器使用中不能有松脱，橡胶撞块不能有老化变质等缺陷，如有损坏应立即更换。液压缓冲器要注意密封，不得泄漏，要经常检查油面位置，防止失效；添加油液时必须过滤，不允许有机械杂质混入，且加油时应缓慢进行，使油腔中的空气排出缓冲器，确保缓冲器正常工作。

起重机上的缓冲器与终端止挡体应能很好地配合工作，同一轨道上运行的两台起重机之间及同一起重机的两台小车之间的缓冲器应等高，即两只缓冲器在相互碰撞时，两碰头能可靠地对中接触。

弹簧缓冲器与橡胶缓冲器已系列化，可以根据机构运行的冲量选择适当型号的缓冲器。

缓冲器在碰撞之前，机构运行一般应切断运行极限位置限制器的限位开关，使机构在断电且制动状态下发生碰撞，以减小对起重机的冲击和振动。

三、防碰撞装置

对于同层多台和多层设置的桥式类型起重机，容易发生碰撞。在作业情况复杂，运行速度较快时，单凭司机判断避免事故是很困难的。为了防止起重机在轨道上运行时碰撞邻近的起重机，运行速度超过 120m/min 时，应在起重机上设置防碰撞装置。其工作原理是，当起重机运行到危险距离范围时，防碰撞装置便发出警报，进而切断电源，使起重机停止运行，避免起重机之间的相互碰撞。

防碰撞装置有多种类型，目前产品主要有：激光式、超声波式、红外线式和电磁波式等，均是利用光或电波传播反射的测距原理，在两台起重机相对运动到设定距离时，自动发出报警，并可以同时发出停车命令。

四、防偏斜和偏斜指示、调整装置

大跨度的门式起重机和装卸桥的两边支腿，在运行过程中，由于种种原因会出现相对超前或滞后的现象，起重机的主梁与前进方向发生偏斜，这种偏斜轻则造成大车车轮啃道，重则导致桥架被扭坏，甚至发生倒塌事故。为了防止大跨度门式起重机和装卸桥在运行过程中产生过大的偏斜，应设置偏斜限制器、偏斜指示器或偏斜调整装置等，来保证起重机在运行中不出现超偏现象，即通过机械和电器的联锁装置，将超前和滞后的支腿调整到正常位置，以防桥架被扭坏。

当桥架偏斜达到一定量时，应能向司机发出信号或自动进行调整，当超过许用偏斜量时，应能使起重机自动切断电源，使运行机构停止运行，保证桥架安全。

《起重机械安全规程》中规定：跨度等于或大于40m的门式起重机和装卸桥应设置偏斜调整和指示装置。

常见的防偏斜装置有如下几种：钢丝绳式防偏斜装置、凸轮式防偏斜装置、链式防偏斜装置和电动式防偏斜指示及其自动调整装置等。

五、夹轨器和锚定装置

露天作业的轨道式起重机，必须安装可靠的防风夹轨器或锚定装置，以防止起重机被大风吹走或吹倒而造成严重事故。

《起重机械安全规程》规定：露天工作的起重机应设置夹轨器、锚定装置和铁鞋，对于在轨道上露天工作的起重机，其夹轨器和锚定装置或铁鞋应能独立承受非工作状态下在最大风力时不至于被吹倒。

1. 手动式夹轨器

手动式夹轨器有两种形式：垂直螺杆式和水平螺杆式。手动式夹轨器结构简单、紧凑、操作维修方便，但由于受到螺杆夹紧力的限制，安全性能差，仅适用于中小型起重机使用，且遇到大风袭击时，往往不能及时上钳夹紧。

2. 电动式夹轨器

电动式夹轨器有重锤式、弹簧式和自锁式等类型。

楔形重锤式电动夹轨器操作方便，工作可靠，易于实现自动上钳，但自重大，重锤与滚轮间易磨损。

重锤式自动防风夹轨器，能够在起重机自动工作状态下使钳口始终保持一定的张开度，并能在暴风突然袭击下起到安全防护作用，它具有一定的延时功能，在起重机制动完成后才起作用，这样可以避免由于突然的制动而造成的过大的惯性力。它比楔形重锤式夹轨器具有自重小、对中性好的优点，可以自动防风，安全可靠，应用广泛。

3. 电动手动两用夹轨器

电动手动两用夹轨器主要用于电动工作，同时也可以通过转动手轮，使夹轨器上钳夹归紧。当采用电动机驱动时，电动机带动减速锥齿轮，通过螺杆和螺母压缩弹簧产生夹紧力，使夹钳不松弛，电气联锁装置工作，终点开关断开，自动停止电动机运转，该夹轨器可以在运行机构使螺母退到一定的行程后，触动终点开关，运行机构方可通电运行。在螺杆上装有一手轮，当发生电锁故障时，可以手动上钳和松钳。

4. 锚定装置

锚定装置是将起重机与轨道基础固定，通常在固定的轨道上每隔一段相应的距离设置一个。当大风袭来时，将起重机开到设有锚定装置的位置，用锚柱将起重机与锚定装置固定，起到保护起重机的作用。

锚定装置由于不能及时起到防风的作用，特别是在遇到暴风突然袭击时，很难及时地做到停车锚定，而必须将起重机开到运行轨道设置锚定的位置才能锚定，故使用是不方便的，常作为自动防风夹轨器的辅助设施配合使用。通常露天工作的起重机，当风速超过 60m/s（相当于 10～11 级风）时必须采用锚定装置。

除以上几种夹轨钳和锚定装置外，还有各种不同类型的防风装置。无论其形式如何，都必须满足以下几点要求。

夹轨器的防爬作用一般应由其本身构件的自重（如重锤等）的自锁条件或弹簧的作用来实现，而不应只靠驱动装置的作用来防爬。

起重机运行机构制动器的作用应比防风装置动作时间略为提前，即防风制动时间——夹轨器动作时间应滞后于运行机构的制动时间，这样才能消除起重机可能产生的剧烈颤动。

防风装置应能保证起重机在非工作状态风力作用下而不被大风吹跑，在确定防风装置的防滑力时，应忽略制动器和车轮轮缘对钢轨侧面附加阻力的影响。

六、超载限制器

超载作业所产生的过大应力，可以使钢丝绳拉断、传动部件损坏、电动机烧毁，或者由于制动力矩相对不够，导致制动失效等。超载作业对起重机结构危害很大，既会造成起重机主梁的下挠，主梁的上盖板及腹板出现失稳、裂纹或焊缝开焊，还会造成起重机臂架或塔身折断等到重大事故。由于超载而破坏了起重机的整体稳定性，有可能发生整机倾覆倾翻等恶性事故。

额定起重量大于 20t 的桥式起重机、大于 10t 的门式起重机、装卸桥、铁路起重机及门座起重机等，根据《起重机械安全规程》的规定均应设置超载限制器，额定起重能力（起重量/起升高度）小于 25t/m 的塔式起重机、升降机和电动葫芦等起重设备根据用户要求必要时也应安装超载限制器。

对于超载限制器的技术要求主要有：各种超载限制器的综合误差不应大于 10%，当载荷达到额定起重量的 90%时，应能发出提示性的报警信号；起重机械设置超载限制器后，应根据其性能和精度情况进行调整或标定，当起重量超过额定起重量时，能自动切断起升动力源，并发出禁止性报警信号。

超载保护装置按其功能可分为：自动停止型、报警型和综合型几种。

自动停止型超载限制器是当起升重量超过额定起重量时，能停止起重机向不安全方向继续动作，同时允许起重机向安全方向动作。安全方向是指吊载下降、收缩臂架、减小幅度及这些动作的组合。自动停止型一般为机械式超载限制器，它多用于塔式起重机上。其工作原理是通过杠杆、偏心轮、弹簧等反映载荷的变化，根据这些变化与限位开关配合达到保护作用。

警报型超载限制器能显示出起重量，并当起重量达到额定起重量 95%～100%时，能发出报警的声光信号。

综合型超载限制器能在起重量达到额定起重量的 95%～100%时，发生报警的声光信号，当起升重量超过额定起重量时，能停止起重机向不安全方向继续动作。

超载限制器按结构形式可分为机械类型、液压类型和电子类型等。

机械类型的超载限制器有杠杆式和弹簧式等。

图 4-23 所示为电子超载限制器的框图，它是电子类型载荷限制器。它可以根据事先调节好的起重量来报警，一般将它调节为额定起重量的 90%；自动切断电源的起重量调节为额定起重量的 110%。数字载荷控制仪通用性能较好、精度高、结构紧凑、工作稳定。数字载荷控制仪的重量检出部分通常是一套电阻式压力传感器，它的应变筒上贴有联结成电桥式的电阻应变片，当压力作用于应变筒时，电阻应变片也随着应变筒发生变形，应变片的电阻值也随着变化，电桥失去平衡，产生了与起重量成正比例的电信号，电信号由放大器进行放大。放大后的信号，一路传输给模数转换器用来显示重量和输出打印信号；另一路传输给比较电路，与基准信号源传来的基准信号进行比较，当输入的放大信号超过基准信号源的信号时，比较器输出端产生一个高电平，促使开关电路吸动继电器，使起重机控制回路断路而切断电路。

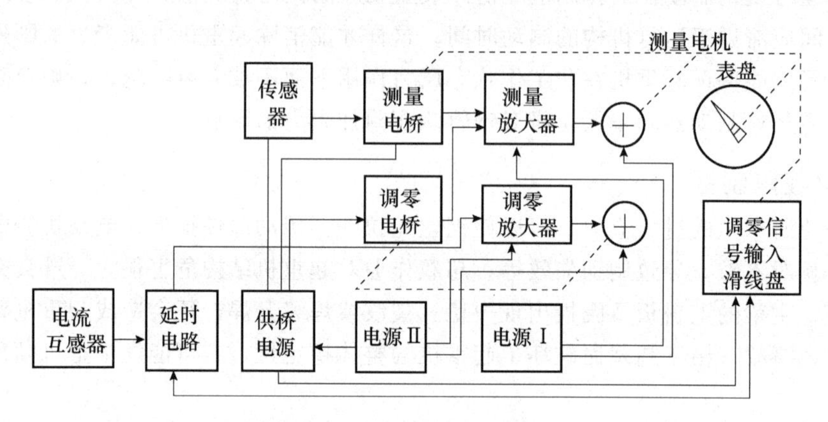

图 4-23　电子超载限制器框图

超载保护装置的自动停止型和综合型的产品在设计、安装和调试时应考虑起重机起升作用时动载荷影响。这是由于吊载在起升、制动及振动的情况下，速度的变化会在实际载荷的基础上，产生一个瞬间变化的附加载荷，起升动载荷常达到 110%～130%的额定载荷。动载荷是起重作业固有的动力现象，是起重机械作业的一个特点。因此超载保护装置必须根据这一特点进行设计使产品即具备判断处理这种“虚假”载荷的能力，以能防止实际载荷超过规定值，不至于发生误动作。

超载限制器在使用中调整设定要考虑以下几方面因素。

① 使用超载保护装置不应降低起重能力，设定点应调整到使起重机在正常工作条件下可吊运的额定载荷。

② 要考虑动作点偏高设定点相对误差的大小，在任何情况下，超载保护装置的动作不大于 1.1 倍的额定载荷。

③ 自动停止型和综合型的超载保护器的设定点可整定在 1.0～1.05 倍的额定载荷之间，报警型可调整在 0.95～1.0 倍的额定载荷之间。

七、力矩限制器

臂架式起重机的工作幅度可以变化是它的工作特点之一，工作幅度是臂架式起重机的一个重要参数。变幅方式一般有动臂变幅和起重小车变幅两种形式，起重量与工作幅度的乘积称为起重力矩。当起重量不变时，工作幅度愈大，起重力矩就愈大。当起重力矩不变时，那么起重量与工作幅度成反比。当起重力矩大于允许的极限力矩时，会造成臂架折弯或折断甚至还会造成起重机械整机失稳而倾覆或倾翻。臂架式起重机在设计时，已为其起重量与工作幅度之间求出了一条力矩极限关系曲线，即起重机特性曲线，根据《起重机械安全规程》规定：履带式起重机、起重量大于或等于16t的汽车起重机和轮胎起重机、起重能力等于或大于25t/m的塔式起重机应设置力矩限制器，其他类型或较小起重能力的臂架式起重机在必要时也要设置力矩限制器，力矩限制器的综合误差不应大于10%；起重机械设置力矩限制器后，应根据其性能和精良情况进行调整和标定，当载荷力矩达到额定起重力矩时，能自动切断起升动力源，并发出禁止性的报警信号。

常用起重力矩限制器有机械式和电子式等。

图4-24所示为电子式起重力矩限制器的框图。它一般由力矩检测器、工况选择器和微型计算机等组成。其工作原理是：当长度、角度检测器测出的臂长、臂角值及工况信息经过数据采集电路进入计算机，计算出该工况的额定值，而力矩检测器测出的信号经过数据采集电路进入计算机，计算出实际值。将额定值与实际值进行比较，当实际值大于或等于额定值的90%时，发出预警告信号；当实际值达到额定值时，发出禁止报警信号，并通过自动停止回路，自动停止起重机向危险方向运动，但允许起重量向安全方向运动。同时，起重臂的长度、角度、幅度、起重量等参数经软件程序中数字模型的计算，分别送到液晶显示器显示。

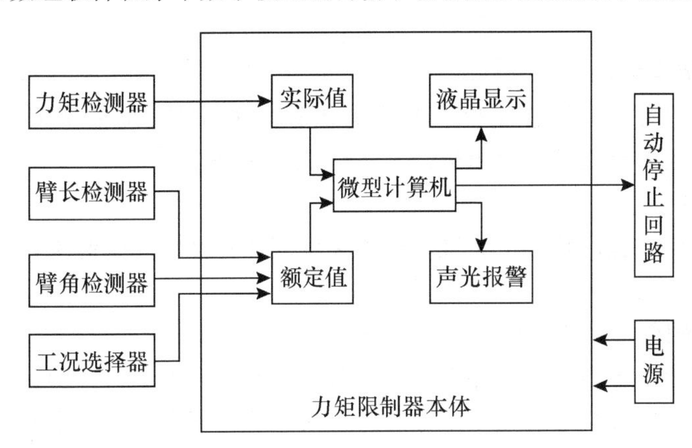

图4-24　电子式起重力矩限制器框图

八、其他安全防护装置

1. 幅度指示器

流动式、塔式和门座起重机应设置幅度指示器。

幅度指示器是用来指示起重机吊臂的倾角（幅度）以及在该倾角（幅度）下的额定起重量的装置。它有多种形式，一种是有电子力矩限制器的起重机，这种限制器可以随时正确显示幅度；另一种是采用一个重力摆针和刻度盘，盘上刻有相应倾角（幅度）和允许起吊的最大起重量。当起重臂改变角度时，重力摆针与吊臂的夹角发生变化，摆针则指向相应的起重量。操作人员可按照指针指示的起重量安全操作。

2. 联锁保护装置

塔式起重机在动臂变幅机构与动臂支持停止器之间应设置联锁保护装置，使停止器在撤去支撑作用前，变幅机构不能开动。

由建筑物进入桥式及门式起重机的门和由司机室登上桥架的舱口应设置联锁保护装置。当门打开时，起重机不能接通电源。

3. 水平仪

起重量大于或等于16t的流动式起重机，应设置水平仪，常用的水平仪多为气泡水平仪。主要由本体、带刻度的横向气泡玻璃管和纵向气泡玻璃管组成。当起重机处于水平位置时，气泡均处于玻璃管的中间位置，否则应调整垂直支腿伸缩量。

水平仪具有检查支腿支撑的起重机的倾斜度的性能。

4. 防止吊臂后倾装置

流动式起重机和动臂变幅的塔式起重机应设置防止吊臂后倾装置。它应保证当变幅机构的行程开关失灵时能阻止吊臂后倾。

5. 极限力矩限制装置

具有可能自锁的旋转机构的塔式和门座式起重机应设置极限力矩限制装置，这种装置应保证当旋转阻力矩大于设计规定的力矩时，能发生滑动而起保护作用。

6. 风级风速报警器

臂架铰点高度大于50m的塔式起重机及金属结构高度等于或大于30m的门座起重机应设置风级风速报警器，它应能保证露天工作的起重机，当风力大于6级时能发出报警信号，并应有瞬时风速风级的显示能力。在沿海工作的起重机，当风力大于7级时应能发出报警信号。

7. 支腿回缩锁定装置

对于有支腿的起重机应设置支腿回缩锁定装置，这种装置应能保证工作时顺利打开支腿，非工作时支腿回缩后能可靠地锁定。

8. 回转定位装置

流动式起重机应设置回转定位装置，这种装置应能保证流动式起重机在整机行驶时，使上车能保持在固定的位置上。

9. 登机信号按钮

对于司机室设置在运动部分（与起重机自身有相对运动的部位）的起重机，应在起重机上容易触及的安全位置安装登机信号按钮，对于司机室安装在塔式起重机上部、司机室安装架设在有相对运动部位的门座起重机及特大型桥式起重机必要时也应安装登机信号按钮。其作用是用于司机和维修人员在登机时，按钮按动后在司机室及明显部位显示信号，使司机能注意到有人登机，防止意外事故发生。

10. 防倾翻安全钩

单主梁桥式和门式起重机，在主梁一侧落钩的小车架上应设置防倾翻安全钩。在检修小车时，安全钩应保证小车不倾翻，保证维修工作安全。

11. 检修吊笼

供电主滑线位于司机室对面的桥式类型起重机，在靠近电源滑线的一端应设置检修吊笼。检修吊笼用于高空中导电滑线的检修，其可靠性不得低于司机室。

12. 扫轨板和支撑架

在轨道上运行的桥式起重机、门式起重机、装卸桥、塔式起重机和门座起重机的运行机构上应设置扫轨板或支撑架保护装置，它们是用来清除轨道上的障碍物，保证起重机能安全运行，通常扫轨板距轨道面不应大于10mm，支撑架距轨顶面不应大于20mm，二者合为一体，距轨面不应大于10mm。

13. 轨道端部止挡体

起重机运行轨道的端部及起重机小车运行轨道的端部均应设置轨道端部止挡体，止挡体应有足够的强度和牢固性，以防止被起重机撞坏出现起重机或小车脱轨而发生事故，止挡体应与起重机端梁或起重小车横梁端设置的缓冲器配合使用。

14. 导电滑线防护板

桥式起重机采用裸露导线供电时，在以下部位应设置导电滑线防护板。

司机室位于起重机电源引入滑线端时，通向起重机的梯子和走台与滑线间应设防护板，以防司机通过时发生触电事故。

起重机导电滑线端的起重机端梁上应设置防护板（通常称为挡电架）以防止吊具或钢丝绳等摆动与导电滑线接触而发生意外触电事故。

多层布置的桥式起重机，下层起重机应在导电滑线全长设置防电保护设施。

其他使用滑线引入电源的起重机，对于易发生触电危险的部位应设置防护装置。

15. 倒退报警装置

流动式起重机应设置倒退报警装置，当流动式起重机向倒退方向运行时，应发出清晰的报警信号和明灭相间的灯光信号。

16. 防护罩和防雨罩

起重机上外露的、有伤人危险的转动部分，如开式齿轮、联轴器、传动轴、链轮、链条、皮带轮等，均应安装防护罩。

露天工作的起重机，其电器设备应安装防雨罩。

第四节　电梯安全技术

一、概述

电梯是一种特殊的垂直运输机械，安全技术显得特别重要。由于开电梯需频繁启动、制动、升降，所以对电梯的各个部件都要求绝对安全可靠。尤其是对电梯重要部位的机械强度和可靠性要求特别高，同时还要采取各种机械的、电气的安全保护措施，以确保设备、司乘人员的安全。

二、电梯的分类及型号编制

1. 电梯的分类

（1）按用途分

① 乘客电梯：运送乘客的电梯，有较高的安全性能。

② 载货电梯：具有必要的安全装置。

③ 医用病床电梯：运送病床床身、护理人员等的专梯，轿厢深而窄。

④ 杂物电梯：运送图书、食品等小型物件用电梯，不准人员进入。

⑤ 特种电梯：船舶电梯、观光电梯、车辆电梯等。

（2）按速度分

① 低速电梯：速度不大于1m/s的电梯。

② 中速电梯：速度在 1.5～2.5m/s 的电梯。

③ 高速电梯：速度大于或等于 3m/s 的电梯。

(3) 按拖动方式分

① 交流电梯：又可分为交流单速电梯，交流双速电梯，交流调速电梯，交流调频调压电梯等几种，一般用于 1.753m/s 以下的中低速电梯。

② 直流电梯：一种是由交流电动机、直流发电机、直流电动机组成的交流机组进行拖动；一种是由可控硅直接调电枢电压的直流电动机拖动。

③ 液压电梯：又可分为柱塞直顶式和柱塞侧置式两种。

(4) 按提升方式分

① 钢丝绳式：以钢丝绳提升轿厢。

② 齿轮齿条式：靠齿轮在齿条上爬行起升轿厢。

③ 螺旋式：通过丝杠旋转，使其相配的螺母带动轿厢。

(5) 按有无司机操纵分

① 有司机电梯：由专职司机操纵。

② 无司机电梯：乘客自己操纵。

③ 有/无司机电梯。

2. 电梯型号编制

电梯型号由类组型、主要参数和控制方式 3 部分组成。

类组型代号用具有代表意义的大写汉语拼音字母表示，产品的改进型代号顺序用小写汉语拼音字母表示，置于类组型代号右下方。主要参数斜线上方为额定载重量，斜线下方为额定速度，均用阿拉伯数字表示。最后为控制方式，用大写汉语拼音字母表示。

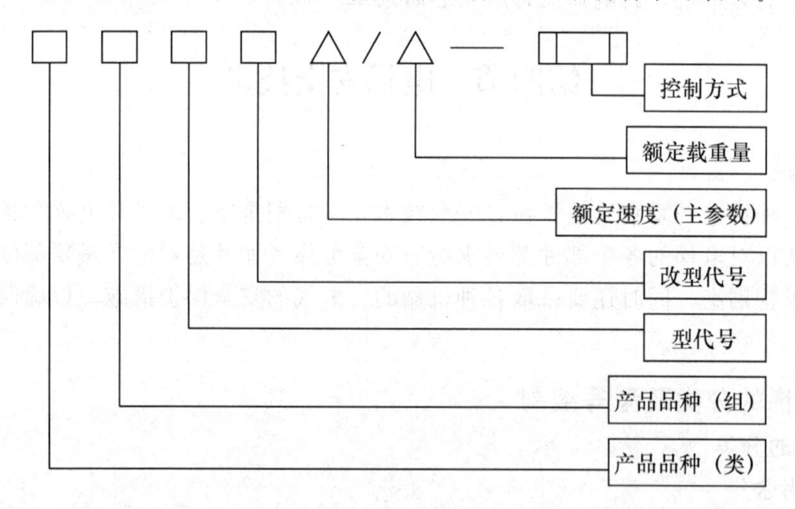

表 4-26 所列为类别代号；表 4-27 所列为品种（组）代号；表 4-28 所列为拖动方式（型）代号；表 4-29 所列为参数表示代号；表 4-30 所列为控制方式代号。

表 4-26　类别代号

产品类别	代号汉字	拼音	采用代号
电梯、液压梯	梯	TI	T

表 4-27　品种（组）代号

产品品种	代号汉字	拼音	采用代号
乘客电梯	客	KE	K
客货电梯	货	HUO	H
客货（两用）电梯	两	LIANG	L
病床电梯	病	BING	B
住宅电梯	住	ZHU	Z
杂物电梯	物	WU	W
船用电梯	船	CHUAN	C
观光电梯	观	GUAN	G
汽车电梯	汽	QI	Q

表 4-28　拖动方式（型）代号

拖动方式	代表汉字	拼音	采用代号
交流	交	JIAO	J
直流	直	ZHI	Z
液压	液	YE	Y

表 4-29　参数表示代号

额定载重量/kg	表示	额定速度/(m/s)	表示
400	400	0.63	0.63
630	630	1.0	1.0
800	800	1.6	1.6
1000	1000	2.5	2.5

表 4-30　控制方式代号

控制方式	代表汉字	采用代号	控制方式	代表汉字	采用代号
手柄开关控制、自动门	手、自	SZ	信号控制	信号	XH
手柄开关控制、手动门	手、手	SS	集选控制	集选	JX
按钮控制、自动门	按、自	AZ	并联控制	并联	BL
按钮控制、手动门	按、手	AS	梯群控制	群控	QK

示例如下。

① TKJ1000/1.6-JX，表示交流调速乘客电梯，额定载荷重量为1000kg，额定速度为1.6m/s，集选控制。

② THY1000/0.63-AZ，表示液压货梯，额定载荷重量为1000kg，额定速度为0.63m/s，按钮控制，自动门。

③ TKZ1000/1.6-JX，表示直流乘客电梯，额定载荷重量为1000kg，额定速度为1.6m/s，集选控制。

三、电梯的组成

1．曳引系统

曳引系统的主要功能是输出与传递动力，使电梯运行。

曳引系统主要由曳引机、曳引钢丝绳、导向轮、反绳轮组成。

2. 导向系统

导向系统的主要功能是限制轿厢和对重的活动自由度，使轿厢和对重只能沿着导轨作升降运动。

导向系统主要由导轨、导靴和导轨架组成。

3. 轿厢

轿厢是运送乘客和货物的电梯组件，是电梯的工作部分。

轿厢由轿厢架和轿厢体组成。

4. 门系统

门系统的主要功能是封住层站入口和轿厢入口。

门系统由轿厢门、层门、开门机、门锁装置组成。

5. 重量平衡系统

系统的主要功能是相对平衡轿厢重量，在电梯工作中能使轿厢与对重间的重量差保持在限额之内，保证电梯的曳引传动正常。

系统主要由对重和重量补偿装置组成。

6. 电力拖动系统

电力拖动系统的功能是提供动力，实行电梯速度控制。

电力拖动系统由曳引电动机、供电系统、速度反馈装置、电动机调速装置等组成。

7. 电气控制系统

电气控制系统的主要功能是对电梯的运行实行操纵和控制。

电气控制系统主要由操纵装置、位置显示装置、控制屏（柜）、平层装置、选层器等组成。

8. 安全保护系统

保证电梯安全使用，防止一切危及人身安全的事故发生。

由电梯限速器、安全钳、缓冲器、安全触板、层门门锁、电梯安全窗、电梯超载限制装置、限位开关装置组成。

曳引绳两端分别连着轿厢和对重，缠绕在曳引轮和导向轮上，曳引电动机通过减速器变速后带动曳引轮转动，靠曳引绳与曳引轮摩擦产生的牵引力，实现轿厢和对重的升降运动，达到运输目的。固定在轿厢上的导靴可以沿着安装在建筑物井道墙体上的固定导轨往复升降运动，防止轿厢在运行中偏斜或摆动。常闭块式制动器在电动机工作时松闸，使电梯运转，在失电情况下制动，使轿厢停止升降，并在指定层站上维持其静止状态，供人员和货物出入。轿厢是运载乘客或其他载荷的箱体部件，对重用来平衡轿厢载荷、减少电动机功率。补偿装置用来补偿曳引绳运动中的张力和重量变化，使曳引电动机负载稳定，轿厢得以准确停靠。电气系统实现对电梯运动的控制，同时完成选层、平层、测速、照明工作。指示呼叫系统随时显示轿厢的运动方向和所在楼层位置。安全装置保证电梯运行安全。

四、电梯安全装置

电梯在运行中，由于机械或电气设备故障而引起失控、平层越位、终端失控、超速、危险运行、非正常停车、关门受阻等不安全状态。为了对运载对象起到保护作用，但同时又对电梯本身的结构、电气系统也起到保护作用，电梯上必须设置安全装置。

1. 限速器与安全钳

限速器与安全钳一起构成轿厢的快速掣停装置，限速器是该装置的发送机构。当轿厢运行速度超过额定速度的115%时，要求限速器动作，切断电梯控制回路，制动器上闸，电梯停止运动，如果制动器失灵，或其他因素，电梯轿厢仍然在下降，安全钳动作，最终将电梯制动在导轨上。

图4-25所示为限速器与安全钳工作原理。

(1) 限速器　限速器一般安装在电梯机房中，功用是限制轿厢超速运行，其原理如图4-25所示。

轿厢3在运行时，通过安全钢丝绳4，锥形齿轮使限速器6回转。当速度达到动作速度时，由限速器抛球通过连杆使安全钢丝绳制动机构5动作，安全钢丝绳减速并停止运动。此时轿厢仍在下降，与安全钢丝绳连在一起的楔块相对上升，楔块与楔座的摩擦力使轿厢制动。

限速器的种类有：刚性夹持式抛块限速器、弹性夹持式抛块限速器和抛球式限速器等。电梯技术条件中规定：限速器动作速度不低于轿厢额定速度的115%，且小于下列数值：

① 0.8m/s，滚柱式以外的瞬时式安全钳；

② 1.0m/s，滚柱式瞬时式安全钳；

③ 1.5m/s，具有缓冲作用的瞬时式安全钳和用于额定速度v不超过1.0m/s的渐进式安全钳；

④ 1.5m/s+0.25/v，用于电梯速度超过1m/s的渐进式安全钳。

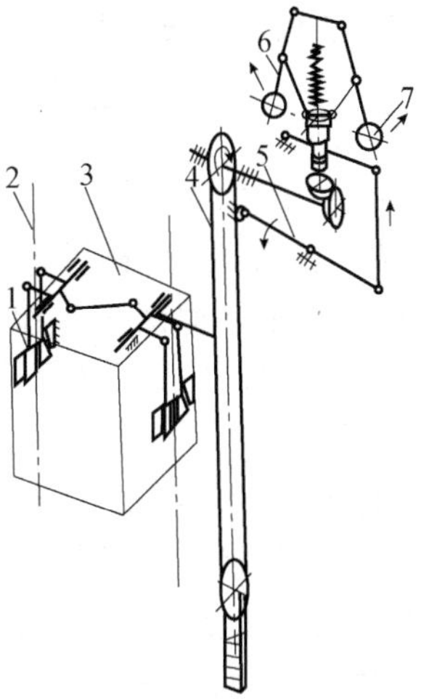

图4-25　限速器与安全钳工作原理

1—安全钳；2—轿厢导轨；3—轿厢；4—安全钢丝绳；5—安全钢丝绳制动机构；6，7—限速器

限速器用安全钢丝绳规定，直径不小于6mm时安全系数不小于8。绳轮直径为绳径的30倍。

(2) 安全钳　安全钳钳块的形式有偏心块式、滚子式、楔块式等，其中以双楔块式应用最为广泛，因为这种形式的安全钳在制动时，有对导轨损伤小、制动后容易解脱等优点。

根据安全钳、钳座的形式可分为刚性钳座和弹性钳座，刚性钳座制动瞬时完成，弹性钳座制动有滑移，也称滑移动作安全钳。

瞬时动作安全钳座是刚性的，轿厢制动距离取决于安全钢丝绳的滑移量。一般滑移量较小，因此电梯制动距离也很短，冲击力较大，为此要限制瞬时动作安全钳的使用范围. 所以一般低速（$v\leqslant0.63$m/s）电梯中才使用瞬时动作安全钳。当0.63m/s$\leqslant v\leqslant$1m/s时，应用具有缓冲作用的瞬时式安全钳。当$v>$1m/s时，应用渐进式安全钳。

渐进式安全钳制动平均减速度应在（0.2～1）g。

表4-31所示为渐进式安全钳的制停距离。

表4-31　渐进式安全钳的制停距离

电梯额定速度/(m/s)	限速器最大动作速度/(m/s)	制停距离/mm	
		S_{max}	S_{min}
0.5		840	330
0.75	0.89	1020	380
1.00	0.26	1220	460
2.5	1.15	1730	640
3.0	3.70	2320	840

安全钳不工作时模块与导轨工作表面之间间隙为 2～3mm。在设计时，必须保证楔块不被压碎。

楔块受力情况如图 4-26 所示。

楔块表面压强度验算（见图 4-26）：

$$q=\frac{P}{bh}\leqslant[q]$$

式中　b——楔块表面宽度；

h——楔块表面高度；

$[q]$——平面型楔块工作表面许用压强，45 号钢 $[q]=20\mathrm{N/mm^2}$。

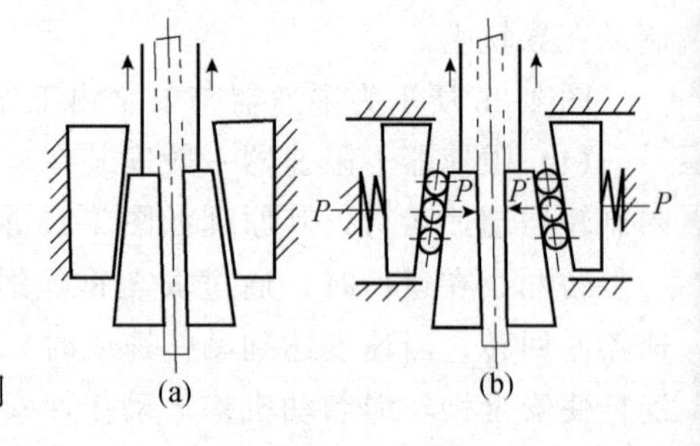

图 4-26　楔块受力情况

2. 缓冲器

缓冲器是吸收轿厢动能的装置，是电梯安全运行的最后一道保护装置，一般轿厢应装两个缓冲器，对重装一个缓冲器。

电梯额定速度 $v\leqslant1\mathrm{m/s}$，一般采用弹簧缓冲器，额定速度 $v>1\mathrm{m/s}$ 的电梯采用液压缓冲器。弹簧缓冲器，轿厢载荷为 110%的额定载重量，以限速器动作速度与缓冲器相撞击，轿厢所产生的瞬时减速度不应超过 2.5g（$24.5\mathrm{m/s^2}$），并能承受相应的冲击力。对液压缓冲器，轿厢负额定载重量，115%的额定速度，与液压缓冲器相撞击时，轿厢平均减速度应在（1～2.5）g 范围内，其持续时间不超过 0.04s。表 4-32 所列为弹簧缓冲器最小缓冲行程。

表 4-32　弹簧缓冲器最小缓冲行程

电梯额定速度 v/(m/s)	最小缓冲行程/mm
$v\leqslant0.5$	60
$0.5<v\leqslant0.75$	60～76
$0.75<v\leqslant1$	76～135

表 4-33 所列为液压缓冲器的最大缓冲速度和最小缓冲行程。

表 4-33　液压缓冲器的最大缓冲速度和最小缓冲行程

电梯额定速度 v/(m/s)	最大缓冲速度/(m/s)	最小缓冲行程/mm
1.5	0.725	150
1.75	2.010	205
2.0	2.300	268
2.5	2.857	418
3.0	3.450	603

电梯在正常运行时，是不允许触及缓冲器的，因此在安装时，缓冲器顶部至轿厢下梁或对重架碰板的距离应符合如下规定：

电梯速度 $v=0.5\sim1.0\mathrm{m/s}$（用弹簧缓冲器），距离 $h=200\sim350\mathrm{mm}$。

电梯速度 $v=1.5\sim3.0\mathrm{m/s}$（用液压缓冲器），距离 $h=150\sim400\mathrm{mm}$。

缓冲器最大压缩力：

$$F=W\left(1+\frac{a}{g}\right)$$

式中　a——平均减速度；

W——轿厢自重加载重量的1.1倍；

g——重力加速度。

缓冲行程：根据能量守恒定律

$$\frac{Wv^2}{2g}+WS=\frac{1}{2}SF$$

$$S=\frac{Wv^2}{g(F-2W)}$$

式中　v——限速动作速度；

F——压缩力（缓冲力）。

同一基础上安装两个缓冲器时，其顶面相对高度差不超过2mm；弹簧缓冲器顶面的水平度不超过4/1000；液压缓冲器活动柱塞的垂直度不超过0.5mm；缓冲界中心对轿厢架或对重架上相应撞板中心的偏差不超过20mm。

3. 超载限制装置

超载限制装置的功能是防止轿厢超载运行，一般电梯超载时能发出声光信号，载重量达到110%时，切断电梯控制电路，使电梯停止运行。对于集选控制电梯，当载重达到额定载重量的80%～90%时，还能接通直驶电路，运行中电梯不应答厅外信号。

电梯的超载限制装置可以安装在轿厢底部、轿厢顶部和机器房中。根据工作原理可分为：机械式和电气式的超载限制装置。

(1) 机械式活动轿厢底超载限制装置（称量装置，见图4-27）　轿厢底浮置于限制器上，而轿厢壁13与轿底梁8安装在一起。当载重时，轿厢底1可以下沉。厢底上的重量通过轿厢底支承12作用在悬臂框架9上，再通过其上的左右悬臂10、11和连接块7作用于杠杆3的右端。当超载时，杠杆3顺时针转动，触动限制开关5而起限制超载作用。

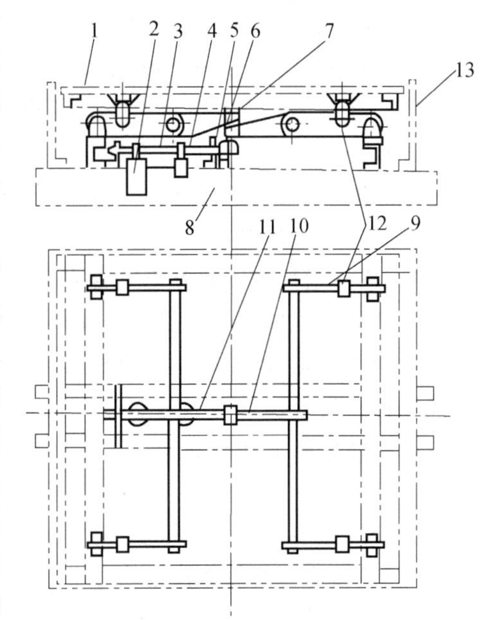

图4-27　机械式活动轿厢底超载限制装置

1—轿厢底；2，4—主副重砣；3—杠杆；5—限制开关；6—撞块；7—连接块；8—轿底梁；9—悬臂框架；10，11—左右悬臂；12—轿厢底支承；13—轿厢壁

当轿厢内重量达额定值时，蜂鸣器发出响声；当超载10%时，电梯不能启动。

(2) 电磁式超载限制器　目前国产高速直流电梯多采用电磁式超载限制装置，结构与图4-27相似，不同的地方是在悬臂端安装一个电磁变压器。当超载时，压头克服弹簧作用，使铁芯向线圈内移动，于是产生一个电压信号，经放大调零后，再通过比较信号输出接点信号，发出声信号，切断控制回路，起超载保护作用。

4. 安全开关

① 终端限位开关是防止轿厢越位而设置的。在上、下极限位置分别装设减速开关、终端限位开关、终端极限开关。

当电梯轿厢失控时，减速开关首先使其减速。终端限位开关迫使电梯轿厢停止运动，当终端限位开关动作时，电梯还能向反方向运动，如上终端限位开关动作时，电梯还可以下行。终端限位开关安装在限位开关之后，当极限开关动作时，切断电梯总电源，防止电梯冲顶或冲底。

② 在电梯上还装有轿内急停开关（JTK）、轿顶急停开关（DTK）、底抗急停开关（AQK）等安全开关。

电梯噪声要求：运行中轿厢内不应超过 55dB，开关门过程不应超过 65dB。

电梯应注意防火。当机房温度为 40℃，层门外侧或滑轮间温度达 70℃时，操纵电梯是危险的。

五、电梯安全常识

1. 电梯是如何运行起来的

电梯有一个轿厢和一个对重，通过钢丝绳将它们连接起来，钢丝绳通过驱动装置（曳引机）的曳引带动，使电梯轿厢和对重在电梯内导轨上做上下运动。

2. 电梯的钢丝绳是否会断

电梯用的钢丝绳是电梯专用的，国家有专门的规定和要求。钢丝绳的配置不只是为承担电梯轿厢和额定载重量，还考虑到了曳引力的大小，因此，钢丝绳的抗拉强度远远大于电梯的载重量，它们的安全系数都在 12 以上，通常电梯都配有 4 根以上的钢丝绳，一般情况下电梯钢丝绳是不会同时断的。电梯的安全系数是很高的，如果发现钢丝绳断股的话，这台电梯就会被停用，待更换钢丝绳以后再投入使用。

3. 电梯运行中突然停电是否有危险

电梯运行中如遇到突然停电或供电线路出现故障，电梯会自动停止运行，不会有什么危险。因为电梯本身设有电气、机械安全装置，一旦停电，电梯的制动器会自动制动，使电梯不能运行。另外，供电部门如有计划地停电，事先会通知的，电梯或提前停止运行。当电梯停电以后，轿厢下部有安全钳，它会卡住导轨，是轿厢固定在导轨上面，不会滑落。有的电梯控制柜里面有应急电源，当突然停电以后，应急电源里面的电量足以把轿厢送到最近楼层，打开门让乘客安全出来。

4. 电梯运行突然加快怎么办

电梯的运行速度不论是上行还是下行，均应在规定的额定速度范围内运行，一般不会超速，如果出现超速，在电梯控制系统内是有防超速装置（限速器，当电梯的速度超过额定速度的 115%，它就会动作），此时，该装置会自动动作，使电梯减速或停止运行。

5. 电梯轿厢超载是否能自动控制

电梯的载重量根据需要有所不同，电梯只能在规定载重量之内运行，超出时，电梯会自动报警，并停止运行。在轿顶部分有专门的称重装置，载重量是可以调整的。

6. 电梯关门时被夹是否会对人造成伤害

电梯在关门过程中，如果厅轿门碰到人或物，门会自动重新开启，不会伤人。因为在门上设有防夹人的开关，一旦门碰触到人或物，此开关动作使电梯不能关门，并重新开启，然后重新关门。另外，关门力是有规定的，不会达到伤人的程度。当门关到最后的时候是不会再开门的，请注意。

7. 电梯的厅门能否扒开

电梯的厅门在厅外是不能扒开的，必须用专用工具才能开启（专用工具由维修人员掌管）。乘客是不准扒门的，更不能打开，否则会有坠落井道的危险。

8．怎样召唤电梯

当你需要乘坐电梯时，应在电梯厅的呼梯面板上选择你要去的方向按钮。上行按“向上”方向按钮，下行按“向下”方向按钮。

9．电梯蹲底和冲顶是否有防护措施

电梯蹲底就是电梯的轿厢在控制系统全都失效的情况下，会超越首层平层位置而向下行驶，直至蹲到底坑的缓冲器上停止。缓冲器就是为此而设置的防护装置，此防护装置根据电梯的运行速度的不同，分弹簧式和液压式两种。当轿厢蹲在缓冲器上就称为蹲底。此时，缓冲器对电梯轿厢的冲击力产生缓解的作用，不至于对电梯内乘客造成严重的伤害。

10．当电梯突然停电或出现故障，被困在轿厢内则应注意些什么

当您被关在轿厢时，应听从电梯司机的指挥，若无司机的状况下，可通过通信装置与相关人员联系，以求解救。千万不要用力扒门或自行跳出，以免发生危险。

11．进入轿厢时应注意哪些事项

当您进入轿厢时，如果电梯门开着，要看一下电梯是否在平层位置，特别是在夜间光线不清的时候，更应注意轿厢是否在本层，否则有可能造成伤害，并应快进快出。

12．电梯安装、修理单位及维修、操作人员应取得什么资格

电梯安装、维修保养、改造单位应取得质量技术监督局核发的资格证书后，方可从事相应工作；电梯安装、维修保养、电梯操作人员均应取得特种人员操作证后，持证上岗。

13．电梯出现什么紧急情况可拨打110

当电梯出现紧急事故，有伤人、困人（人员被困在电梯轿厢内，无法找到电梯维修保养人员）情况，均可拨打110报警电话。

14．电梯出现什么情况时可进行质量或安全投诉

当电梯经常出现关门、夹人、不平层、冲顶、蹲底、电梯司机或维修人员无上岗证、司机经常脱岗、轿厢内无检验合格证或合格证过期，电梯有异常噪声或声响，异常振动或抖动，轿厢内有异常焦糊味，电梯速度过快或过慢，维修保养不及时，电梯轿厢内无通信或报警装置等，均可进行质量或安全投诉。

15．对电梯报警或投诉时应说清什么内容

应说清电梯的具体情况，并应说清电梯所在的具体位置、电梯的产权单位及负责部门的联系人和联系电话、电梯的维修保养单位及联系电话。

16．电梯安全使用须知

① 使用电梯时，欲上楼者请按向上方向按钮，欲下楼者请按向下方向按钮。

② 电梯抵达楼层后，乘客应判明电梯运行方向；当确定电梯运行方向与自己去往的方向一致时再进入轿厢。

③ 乘客可以按电梯内操作面板上的“关门按键”关闭电梯门；电梯门扇亦会定时、自动关闭，乘客切勿在楼层与轿厢接缝处逗留，以免被夹伤。

④ 乘客进入轿厢后，通过按动楼层选层按钮确定电梯停靠楼层。乘客不得倚靠轿厢门。

⑤ 电梯均有额定运载人数标准。当人员超载时，电梯内报警装置会发出声音提示，此时乘客应主动减员，退出电梯。

⑥ 当电梯发生异常现象或故障时，乘客应保持镇静，可拨打轿厢内报警电话寻求帮助

或等待救援。切不可擅自撬门，企图逃离轿厢。

⑦ 保持轿厢内的清洁卫生，不在轿厢内吸烟、随地丢弃废物。

⑧ 乘客要爱护电梯设施，不得随便乱按按钮和乱撬厢门。

⑨ 管理人员要严格履行岗位职责，经常检查电梯运行情况；定期联系电梯维修保养，做好维保记录；发现故障及时处理和汇报。

自 测 题

1. 钢丝绳的更新标准是在一个捻距内断丝达到钢丝绳总数的（　　）%、钢丝表面磨损量和腐蚀量超过原直径的（　　）%。

A. 20/50　　B. 10/50　　C. 10/40　　D. 20/40

2. 起重机械安全规程要求，跨度等于或超过（　　）m 的装卸桥和门式起重机，应装偏斜调整和显示装置。

A. 40　　B. 60　　C. 50　　D. 100

3. 凡是动力驱动的起重机，其运行极限位置都应装设（　　）。

A. 上升极限位置限制器　　B. 运行极限位置限制器

C. 缓冲器　　D. 回转锁定装置

4. 客运电梯是服务于规定的楼层的固定式提升设备，是在高层建筑生活、工作的人员的垂直通行运输工具，人们利用电梯可快捷、方便到达目的楼层。发生火灾时，（　　）使用普通客运电梯逃生。

A. 应该优先选择　　B. 绝对禁止　　C. 选择方案之一　　D. 可以，但最好不

5. 电梯是用于高层建筑物中的固定式升降运输设备，它有一个装载乘客的轿厢，沿着垂直和倾斜角小于（　　）的轨道在各楼层间运行。

A. 15°　　B. 10°　　C. 25°　　D. 20°

6. 吊运炽热金属或危险品所用钢丝绳的报废断丝数，取一般起重机用钢丝绳报废断丝数的（　　），其中包括由于钢丝表面磨蚀而进行的折减。

A. 90%　　B. 80%　　C. 60%　　D. 50%

7. 动力驱动的起重机起升机构必须设置制动器。制动器应采用（　　）。

A. 常开式　　B. 常闭式　　C. 综合式　　D. 形式不限

8. 吊钩表面应光洁，转动灵活，定位螺栓、开口销紧固完好；吊钩装配部分每（　　）至少检修一次。

A. 季度　　B. 月　　C. 年　　D. 半年

9. 特种设备使用单位应当按照安全技术规范的要求定期检验，电梯（载人升降机）的安全定期监督检验周期为（　　）。

A. 半年　　B. 1 年　　C. 2 年　　D. 3 年

10. 当客运电梯发生故障，造成电梯停运，乘客受困于轿厢时，一般地说，乘客并无危险。许多事故往往是乘客过度惊慌或采取不当逃生方法才发生。正确的做法应该是（　　）。

A. 强行扒门走出轿厢

B. 自行从轿厢的检修口爬出轿厢

C. 使用警铃或对讲机与外面取得联系，等候解救

D. 拼命拍打、踢踹轿厢门，以引起别人注意解救

11. 起重机的吊钩危险断面的磨损量达到原来的（　　）%时，应及时报废。

A. 50　　B. 30　　C. 10　　D. 5

12. 为防止人员从高处坠落，防止高处坠落的物体对下面人员造成打击伤害，在起重机上，凡是高度不低于（　　）m 的一切合理作业点，包括进入作业点的配套设施，如高处的通行走台、休息平台、转向

用的中间平台，以及高处作业平台等，都应予以防护。

A. 1　B. 2　C. 3　D. 4

13. 起重机开机作业前，应确认起重机与其他设备或固定建筑物的最小距离是否在（　）以上。

A. 50cm　B. 0.5m　C. 1m　D. 1.5

14. 电梯和载人升降机安全定期监督检验周期为（　）。

A. 1 年　B. 2 年　C. 3 年　D. 4 年

15. 起重作业应该按指挥信号和按操作规程进行。对于紧急停车信号，（　）都必须立即执行。

A. 不论何人发出　B. 只要是直接作业人员发出

C. 只要是作业指挥人员发出　D. 只要是领导发出

16. 根据特种设备检验要求，起重设备（除电梯和载人升降机外）的安全定期检验周期为（　）。

A. 半年　B. 1 年　C. 2 年　D. 3 年

17. 起重作业安全操作技术包括（　）。

A. 吊运前的准备　B. 正确佩戴个人防护用品

C. 起重机司机通用操作要求　D. 严格按指挥信号操作

E. 司索工安全操作要求

18. 电梯管理的措施有（　）。

A. 宏观管理方式　B. 建立管理档案

C. 法定管理要求　D. 建立管理制度

E. 远程管理系统

19. 电梯可能发生的危险一般有（　）。

A. 人员被挤压、剪切、撞击和发生坠落　B. 人员被电击、轿厢超越极限行程发生撞击

C. 轿厢超速或因断绳造成坠落　D. 由于材料失效、强度丧失而造成结构破坏等

E. 人员操作不当而停车

20. 起重吊运作业常用的联络方式有（　）。

A. 手势　B. 音响　C. 旗语　D. 喊话

E. 对讲机

21. 起重机进行起重作业过程中，不正确的操作是（　）。

A. 歪拉斜吊　B. 汽车起重机带载行驶

C. 物件上站人起吊　D. 吊载移动时，打铃警示

E. 不是司机指挥人员发出紧急停止信号也立即停止操作

22. 从安全技术角度分析，综合起重机械的工作特点，下列说法正确的是（　）。

A. 起重机械通常具有庞大的结构和比较复杂的机构，能完成一个起升运动、一个或几个水平运动

B. 大多数起重机械需要在较大的范围内运行，活动空间较大

C. 有些起重机械需要直接载运人员在导轨、平台或钢丝绳上做升降运动（如电梯、升降平台等），其可靠性直接影响人身安全

D. 暴露的、活动的零部件较多，且常与吊运作业人员直接接触（如吊钩、钢丝绳等），潜在许多偶发的危险因素

E. 作业中一人即可操作

23. 起重机的安全装置包括（　）。

A. 位置限制与调整装　B. 防风防爬装置

C. 安全钩、防后倾装置和回转锁定装置　D. 防机械伤害的装置

E. 起重量限制器和力矩限制器

24. 对于电梯的安全性应针对各种可能发生的危险设置专门的安全装置，其中包括（　）。

A. 防止电梯倾斜的保护　B. 防超越行程的保护

C. 防电梯超速和断绳的保护　　　　D. 防人员剪切和坠落的保护

E. 停止开关和检修运行装置

复习思考题

1. 起重机械的技术参数有哪些？
2. 什么是起重机械的工作类型？起重机的工作类型分为几类？
3. 吊钩在哪些情况下应报废？
4. 钢丝绳的检查分为几种类型？检查内容有哪些？
5. 制动器的作用是什么？有哪几种类型？
6. 起重机械的安全防护装置有哪些？
7. 电梯由哪几部分组成？简述其作用？
8. 电梯的安全装置有哪些？

第五章　场（厂）内专用机动车辆安全技术

学习目标

1. 了解场（厂）内专用机动车辆基本知识。
2. 熟悉场（厂）内专用机动车辆操作安全技术。
3. 熟悉场（厂）内专用机动车辆事故防范技术。

事故案例

[案例1] 2010年7月26日晚6时30分，在广西柳州市城中区××村，一辆载有7人的装载机翻下数十米长的陡坡，造成2人当场死亡，3人受伤。

[案例2] 2007年4月24日，内蒙古自治区赤峰市宁城县甸子镇××厂工人李××与曲××驾驶铲车欲到另一施工点，途经一陡坡，由于坡度过大，铲车不慎翻入一侧沟中，铲车司机李××当场被砸死，同车的曲××受伤后经抢救无效死亡。

[案例3] 2003年2月4日3时40分，江苏苏州××公司三轧车间乙班叉车工高××准备将两捆线材运到车间外堆放，在出车间门左转弯上厂区大道时，将2名骑自行车巡逻的警卫撞压，在送往医院途中伤者死亡。直接经济损失30万元。

第一节　概　　述

一、基本概念

1. 场（厂）内专用机动车辆定义

广义而言，场（厂）内专用机动车辆是指仅限于在厂矿、机关、团体、学校、码头、货场、生产作业区、施工现场、厂内火车专用线等企事业单位区域内使用运行的机动车辆。狭义而言，根据国务院412号令，场（厂）内机动车辆实施行政许可监管的范围是指：限于在使用单位场区范围内（含工厂、码头、货场、车站等生产作业区域）或特定区域（含施工现场）行驶和作业，最大行驶速度（设计值）超过5km/h或具有起升、回转、翻转等工作装置，由动力装置驱动或牵引的轮式专用机械和履带式自行专用机械，不包括各类铁路机车和轨道上（含城市公交轨道）行驶的车辆。

场（厂）内专用机动车辆主要用于运输作业、搬运作业以及工程施工作业等。其种类繁杂，厂矿、企业自制、改装的机动车辆也很多。场（厂）内专用机动车辆往往兼有装卸、运输、施工作业功能，并可配备各种可拆换的工作装置或专属用具，能机动灵活地适应多变的物料搬运和工程施工作业场合，经济高效地满足各种短距离物料搬运和工程施工作业的需要，在现代生产过程中已占据着越来越重要的地位。

2. 场（厂）内专用机动车辆特点

① 工作环境差异大，工况恶劣。场（厂）专用内机动车辆施工和作业的环境千差万别。

不同环境的气候条件和地理地质条件相差悬殊。

② 同类场（厂）内专用机动车辆的规格差别大。

③ 一台车辆具有多种可换工作装置。为了降低产品成本并满足各种工程施工和作业的要求，在同一种底盘上更换不同的工作装置，以实现不同类型的施工和作业。

④ 各类产品之间具有使用成套性。一般的工程施工和搬运作业均包含多道工艺程序，用一种车辆往往无法全部完成，必须使用相应的不同车辆，进行不同工序的连续作业，最后完成全部的工程施工和作业。

二、分类及用途

《特种设备分类目录》将场（厂）专用内机动车辆分为：轮式自行专用机械、履带式自行专用机械、蓄电池车、客车类、汽车类、方向船轮式拖拉机、手扶拖拉机、手把式三轮机动车、其他机动车。GB/T 16178 将场（厂）内专用机动车辆分为大型汽车、小型汽车、专用汽车、大型轮式自行专用机械、小型轮式自行专用机械、履带式自行专用机械、筑路专用机械、大型方向盘式拖拉机、手扶拖拉机、手把式三轮摩托车、手把式二轮摩托车、有轨机车和电瓶车。在此按机动车辆工作原理、功能、结构和行业习惯及相关标准对车辆进行分类如下。

1. 汽车

主要指为机场、港口、工矿企业等场内载货、载客、运行的车辆。

2. 轨道式搬运车辆

主要包括工矿内燃机车、工矿电机车和电动平车。

3. 工程建筑机械

主要包括以下几类。

(1) 工业搬运车辆　由自行轮式底盘与工作装置或承载装置组成，主要用于码头、车站、仓库、各类企业的内部运输和装卸等工作。包括各类牵引车、搬运车、跨车等。

(2) 挖掘机械　用以开挖土方和装卸爆破后的石方。是一种重要的工程建设机械产品，它广泛适用于矿山、冶金、筑路、水利工程、市政建设等工程，随着经济的发展，它必特发挥越来越重要的作用。根据行走装置传动型式分为全液压式、半液压式。根据不同的行走等又可分为履带式、轮胎式、汽车式和悬挂式。目前以全液压履带式挖掘机为主，因其附着力大、接地比压小（软土或沼地可采用加宽和加长履带的低比压挖掘机）、作业时不用支腿；越野性能和爬坡性能良好，行驶速度低，档位数小，操作简单，故应用最为广泛。

(3) 铲土运输机械　通过行走装置与地面相互作用产生驱动力而对地面土壤进行铲掘、平整、并进行短距离运输。包括推土机、装载机、铲运机、平地机、翻斗车等。

(4) 工程起重机械　通过吊钩的垂直升降运动和水平运动的复合运动，按工程要求转换重物位置。包括汽车式起重机、轮胎式起重机、履带式起重机、塔式起重机等。

(5) 压实机械　用以强化介质（土壤和混合物料等）的密实程度。包括压路机和夯实机两大类。

(6) 桩工机械　用以完成桩基工程。包括打夯机、钻孔机等。

(7) 装修车辆　用于对建筑物内部和外部进行装满修饰。地面修整机、屋面施工机械、装修用升降平台等。

(8) 凿岩机械　对母岩和母矿凿孔供装药爆破用的机械。包括凿岩机、破碎锤等。

(9) 气动工具　用于取代手工操作并以压力空气为动力源的机械。包括回转类、冲击类以及其他气动工具等。

(10) 路面机械　用于公路稳定层和路面层进行修筑和维护保养。包括稳机械、沥青路面施工机械、水泥路面施工机械、养护机械等。

(11) 钢筋机械　在混凝土预制构件生产和混凝土工程施工过程中对所需钢筋进行加工。包括钢筋调直、弯曲成型、切断、绑扎成型等设备。

(12) 混凝土机械　在工程施工过程中用于混凝土的制备、运输、浇注和振实等。包括搅拌机等混凝土制备机械、混凝土泵和混凝土输送车等输送机械、各种振捣器和振动台等振实机械。

(13) 线路机械　用于铁路轨道的铺设、拆装、更换以及线路维修保养。

(14) 市政工程机械　用于市政工程施工和作业。包括绿化机械、垃圾收集机械、街道清扫机械等。

4. 工业搬运车辆的分类和型号

工业搬运车辆按其作业方式分类见图 5-1。

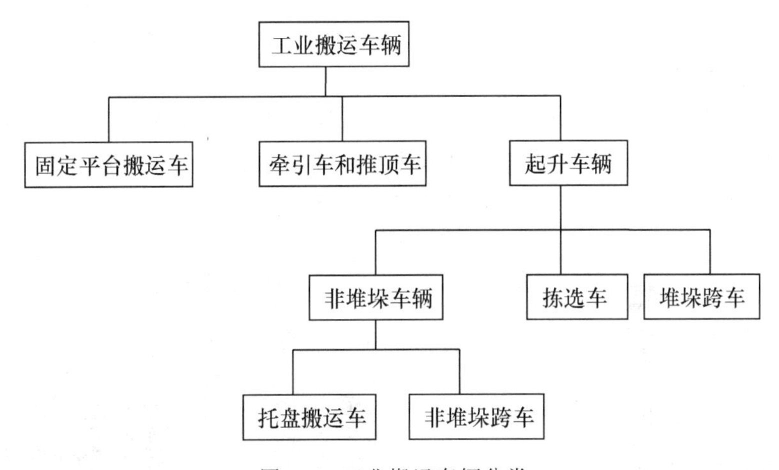

图 5-1　工业搬运车辆分类

还可按其传动、运行、导向或非导向度或使用环境等进行分类。

(1) 固定平台搬运车　是载货平台不能起升的搬运车辆。一般不设装卸工作装置，主要用于货物的短距离搬运作业。

(2) 牵引车和推顶车　车辆后端装有牵引连接装置，用来在地面上牵引其他车辆的工业车辆为牵引车；车辆前端装有缓冲牵引板，用来在地面上作推顶其他车辆的工业车辆称为推顶车。牵引车是一种重要的机动工业车辆，属中低速车辆与平板拖车配合使用，主要适用于港口、机场、货场、转运站等场所中短距离货物运输作业，同时也适用于牵引港区内其他设备（如非自行式轮胎起重机）等。

(3) 起升车辆　起升车辆是具有起升和搬运货物功能的工业车辆。

(4) 堆垛用（高起升）车辆　具有升降平台或其他承载装置，可把货物起升定高度进行堆垛或堆放作业的车辆。

(5) 非堆垛用车辆　具有平台、货叉或起升装置，能把货物起升到满足运行的高度（拣选车除外），进行搬运作业的车辆。主要车辆如下。

① 托盘搬运车：装有货叉用来搬运带托盘的货物的车辆。

② 非堆垛跨车：车体及起升装置跨在货物上，对货物进行起升和搬运作业的车辆。

③ 拣选车：操作台随平台或货叉一起起升，允许操作者将货物堆放在货架上，或从货架上取出货物放置在平台或货叉上的车辆。

常见工业搬运车辆型号及编号规则见表 5-1。

表 5-1 常见工业搬运车辆型号及编号规则

车辆名称	第一部分（车辆代号）	第二部分（动力源代号）	第三部分	第四部分	第五部分
固定平台搬运车	B	蓄电池：D；柴油：C；汽油：Q	特性代号：一般用途不表示；防爆：B；冷库用：L	额定载重量代号：t	更新代号：按汉语拼音字母顺序表示
托盘堆垛车	CD	D（蓄电池）	额定载重量代号：t	改进代号：按汉语拼音字母顺序表示	—
托盘搬运车	CBD	额定载重量代号：t	操纵方式代号：步行：B；站式：Z；坐式不表示	改进代号：按汉语拼音字母顺序表示	—
履带式液压挖掘机	W	—	Y	整备质量代号：t	—

三、主要技术参数

由于场（厂）内专用机动车辆种类很多，车辆的功能、结构及作业条件等相差很大，因此不同类型车辆所要求的主要技术指标和参数不相同。在此以叉车（图 5-2）和装载机（图 5-3）为例，介绍场（厂）内专用机动车辆主要技术参数。

图 5-2 叉车

图 5-3 装载机

1. 叉车的主要技术参数

要选择适用的叉车，必须了解叉车的技术参数。叉车的技术参数包括性能参数、尺寸参数及重量参数。

（1）载荷中心距　它是指货叉上放置标准重量的货物、确保叉车纵向稳定时，其重心至货叉垂直段前壁间的水平距离值。在实际作业中，货物重心与其体积、形状及在货叉上的放置位置等多种因素有关。

（2）额定起升重量　它是指货叉起升货物时，货物重心至货叉垂直段前壁的距离不大于载荷中心距时，允许起升货物的最大重量。

（3）门架倾角　它是指无载叉车在平坦、坚实的地面上，门架相对其垂直位置向前和向后倾斜的最大角度。

(4) 最大起升高度　它是指叉车在平坦坚实的地面上，满载、轮胎气压正常，门架直立，货物升到最高时，货叉水平段的上表面至地面的垂直距离。

(5) 最大起升速度　通常指叉车在坚实的地面上满载时，货物举升的最大速度。最大起升速度会直接影响叉车的作业效率，提高叉车的起升速度是国内外叉车制造业技术改进的共同趋势。

(6) 最大运行速度　一般指叉车满载时，在干燥、平坦、坚实的地面上行驶时的最大速度。叉车主要用于装卸和短途搬运作业，而不是用于货运。所以，在运距为100～200m时，叉车能发挥出最好效率；而运距超过500m时，则不宜采用叉车搬运。

(7) 满载最大爬坡度　它是指叉车满载时，在干燥、坚实的地面上，以低速等速行驶所能爬越的最大坡度，以度或百分数表示，满载行驶的最大爬坡度，一般由原动机的最大转矩和低挡的总传动比决定。

(8) 最小外侧转弯半径　一般是指叉车在无载低速转弯行驶，转向轮处于最大转角时，车体最外侧至转向中心的最小距离。

(9) 最小离地间隙　指车体最低点与地面的间隙。它是叉车在满载低速行驶时通过性的主要参数。

2. 装载机的主要技术参数

装载机的主要性能参数有额定装载质量、斗容量、最大卸载高度和卸载距离、铲斗倾角、最高车速、最大爬坡度、最小转弯半径、外形尺寸、发动机功率等。其中有些参数因含义明确，或与叉车（汽车）相应参数含义相同，故对这部分参数于此不再重述，只重点介绍几个与转载机有关的参数。

(1) 额定装载质量　额定装载质量m(t) 是指装载机固定作业时所允许装载的最大起升质量。装载机的实际装载质量要小于额定装载质量（一般规定，轮式装载机在乎、硬的地面上作业时，速度$v_a \leqslant 6.4$km/h，铲斗中的载荷不得超过静态倾翻载荷的50%），就能保证装载机作业时的必要的稳定性。该参数反映了装载机的生产能力。

(2) 斗容量　装载机斗容量（m^3）分为几何斗容量j和额定斗容量y两种。几何斗容量j是指铲斗的平装容积，即由铲斗切削刃与挡板（无挡板者为斗后壁）最上边的连线，沿斗宽方向刮平后留在斗中的物料的容积，额定斗容量y是指铲斗上口四周均以1∶2的坡度堆积物料时，由料堆坡面线与铲斗内廓之间所围成的容积，又称名义堆积容积。在产品说明书中，一般未注明是几何斗容量或额定斗容量时，均指额定斗容量。

为了装卸不同的物料（物料不同，容积密度也各异），应制成各种不同容积的铲斗。一般按不同斗容分成3类铲斗。

正常斗容的铲斗，用来铲装$\rho=1.4\sim1.6\text{t/m}^3$物料，如砂、碎石等。

加大斗容的铲斗，用来铲装$\rho=1\text{t/m}^3$左右的物料，如煤等。加大的斗容一般为正常斗容的1.4～1.6倍。

减小斗容的铲斗，用来铲装容积密度较大的物料，如矿石等，减小斗容为正常斗容的0.6～0.8倍。

对于作业范围较广的装载机，一般采用正常斗容的铲斗。

(3) 卸载高度和卸载距离　卸载高度是指铲斗前倾卸载，其斗底与水平面成45°时，铲斗刃口距地面的垂直高度；卸载距离是指在相应卸载高度时，铲斗刃口到装载机最前一点（轮式装载机的前轮胎的前缘）之间的水平距离。

在产品说明书中，一般标注最大卸载高度 H_{max}(mm) 和卸载距离 S(mm)，显然这是指动臂提升到最高位置时的卸载高度和卸载距离。

(4) 铲斗倾角

① 收斗角。铲斗斗底由水平面向上转动的角度，又称上翻角。动臂在不同位置时，收斗角也不同，一般只标注装载机在运行状态时的最大收斗角 α_1 和动臂升到最大位置时的最大收斗角 α_2。装载机的运行状态是指动臂与铲斗铰接点中心至地面垂直高度为 h（一般为300～400mm）时，铲斗处于内收的位置，此时装载机的收斗角为45°左右。

② 卸载角。铲斗斗底由水平面往下转动的角度，又称下翻角，在技术性能里一般标注最大卸载高度时的卸载角 $\alpha_3 \geqslant 45°$。

四、基本结构与功能

场（厂）内专用机动车辆种类很多，不同种类的各种车辆是由各种机构、装置组成的，但其总体构造和工作原理基本遵循同一基本规律。以下同样以叉车和装载机为例予以说明。

1. 叉车

叉车的种类很多，但其构造基本相似，主要由发动机、底盘（行走机构）、车体、起升机构、液压系统及电气设备等组成。

(1) 发动机　它是内燃叉车的动力源。它将燃料产生的热能转化为机械能量，通过发动机的飞轮向外输出动力。

(2) 底盘　底盘用来支承车身、接受发动机输出的动力，并保证叉车能够正常行驶。它包括传动装置、行驶装置、转向装置和制动装置等。

(3) 车体　叉车的车体与车架合为一体，由型钢组焊而成。置于叉车后部、与车型相适应的铸铁块为配重，其重量根据叉车额定起重量的大小而决定，在叉车载重时起平衡作用，以保持叉车的稳定性。

(4) 起升机构　起升机构主要由门架和货叉组成。门架铰接在前桥支架车体上，由一套并列的钢框架和固定货叉的滑动支架所组成。

货叉是两个弯曲90°的钢叉，装在滑动支架上，是承载物料的工具。货叉的规格是根据叉车的最大载荷而设计的。货叉可借液压缸前倾后仰。

(5) 液压系统　主要液压系统如下。

① 升降液压缸，其柱塞顶端与升降门架固紧在一起，控制货叉的起升或降落。

② 倾斜液压缸，其柱塞顶端与门架铰接，控制门架的前倾或后仰。

③ 液压泵，可以是叶片泵或齿轮泵。液压泵输出高压油（6.37～15.7MPa），驱动升降液压缸和倾斜液压缸。

④ 液压分配阀，由阀体、升降液压缸阀芯，倾斜液压缸阀芯和安全阀组成。其作用是按货叉升降和倾斜的工作需要，通过操纵手柄控制升降或倾斜液压缸阀芯动作，将高压油输入升降或倾斜液压缸。安全阀的作用是当系统中油压超过一定值时，使油液从回油管流回油箱。

⑤ 节流阀，装于升降液压缸的管路中，其作用是增大油液的流动阻力，当升降液压缸泄压时，保证货叉缓慢下降。

(6) 电气设备　电气设备由电源，发动机启动系统和点火系统以及叉车照明，信号等用电设备所组成。

2. 装载机

（1）制动系统　该系统具有行车制动、停车制动及紧急制动系统。停车制动与紧急制动共用，紧急制动具有4种功能。

① 停车制动。

② 起步时保护制动作用。气压未达到允许起步气压时，停车制动起作用，且挂不上挡。

③ 行车时气路发生故障起安全保护制动作用。当制动系统气路出了故障。降到允许行车气压时，紧急制动会自动刹车，同时变速器会自动挂空挡。

④ 紧急制动。当行车制动出了故障时可选用该系统实施紧急制动，而代替行车制动起作用。这也是紧急制动名称的由来。

（2）工作液压系统　目前我国轮式装载机的工作液压系统已发展到采用小阀操纵大阀的先导工作液压系统。但目前用得最多的仍是机械式的轮轴操纵工作液压系统。

① 机械式的轮轴操纵工作液压系统。该系统分配阀内带有控制系统最高压力的主安全阀，另外在分配阀的下面通转斗缸大小腔分别带有一个双作用安全阀。其作用是在工作装置运动过程中，转斗缸发生干涉时间起卸压力及补压作用。操纵杆通过软轴直接操纵分配阀的转斗阀及动臂阀，使定量齿轮工作泵的压力油进入转斗缸或动臂缸，使工作装置完成作业运动。

② 先导工作液压系统。由于先导阀及与先导阀相匹配的分配阀国内配套一直不成熟，少量装机采购CAT件，由于价格昂贵，只能用于少量进口机型上，国内市场无法推广。最近几年来，由于国内配套企业消化研制引进CAT技术成功，价格合适，因此已开始批量推向市场。先导操纵可实现单杆操纵，且手柄操纵力及行程比机械式操纵小得多，大大降低了驾驶员的劳动强度，大大增加了操纵舒适性，从而也就大大提高了作业效率。

（3）传动系统

① 变速器。变速器由液力变矩器及变速箱两部分组成。通常采用变矩器的一端与柴油机、另一端与变速箱直接相连，这样结构紧凑、连接可靠，是目前国内外轮式装载机用得最多、最普遍的一种连接方式。其他还有变速器为一整体与柴油机分置，或变矩器与柴油机直接相连而与变速箱分置，之间用传动轴连接。

② 驱动桥。驱动桥由前桥、后桥组成。由于装载机需要大的牵引力，因此现代轮式装载机前后桥均为驱动桥。前桥直接固定在前车架上，后桥为摆动桥，通过副车架与后车架相连。现代轮式装载机基本上都采用铰接式转向，因此前后驱动桥除主传动螺旋锥齿轮中的旋向不同外，其他件全部通用。第三代出现了后桥中心摆动式，不再用副车架，而用摆动架与后车架相连，后桥壳体与主传动托架和前桥不通用、其余件仍然与前桥完全通用。

我国目前轮式装载机的驱动桥基本上都是采用整体桥壳，全浮式半轴，具有主传动及轮边两级减速的驱动桥。主传动一般都采用一级螺旋锥齿轮减速，轮边一般都采用行星式轮边减速。

第二节　场（厂）内专用机动车辆操作安全技术

一、场（厂）内专用机动车辆安全操作的重要性

由于场（厂）内专用机动车辆在场（厂）内的生产环节中起着越来越重要的作用，因此，场（厂）内专用机动车辆的拥有数量也在连年增加。据从部分大城市了解，场（厂）内

专用机动车辆的拥有量都在万台以上，而且还在连年增加。然而这些设备中有相当部分技术状况比较落后，再加上我国目前关于场（厂）内运输安全的有关法规制度不健全，场（厂）内运输安全没有得到应有的重视。具体体现在场（厂）内专用机动车辆驾驶人员技术素质和安全意识差，车辆的技术状况差，运输安全方面的管理制度不健全、不落实等，因此，造成场（厂）内专用机动车辆伤害事故频繁发生。加强场（厂）内运输安全管理，保障运输安全，已成为当前十分重要的问题。

二、场（厂）内专用机动车辆使用安全技术

车辆在各种环境条件下行驶作业，各部件或总成的工作状况常有显著变化，使车辆使用性能变坏。因此，必须有相应的措施，保证在各种条件下正确使用车辆，防止机件损坏，确保行车作业安全并减少运行材料消耗。

1. 通常情况下的使用

通常是指正常环境、普通情况下的使用，驾驶员必须熟悉所驾驶车辆的技术性能，特别是很好地掌握与行车作业安全有关的技术特性。如车辆的额定载重量，叉车货叉最高起升高度和速度，行驶时货叉距地面高度，叉车起重架前、后货角，自动倾卸车车厢最大起升高度，轮胎标准充气压力，最小转变半径，最大爬坡度等。同时，严格按性能要求去操作。

在使用中，驾驶员要严格坚持“三检”，即出车前、作业中、收车后的检查。

驾驶员坚持“三检”是保证行车安全和保证车辆良好技术状况的基本要求。“三检”的主要项目和要求按出车前、作业中、收车后有所不同，但是出车前的检查尤为重要，带有隐患的不合格车辆不准出车作业。每个驾驶员要养成一种良好的习惯。

（1）检查的部分内容和要求。

① 轮胎。气压符合标准，不能过高或过低，无夹石、无破裂。无气压表时可敲击，凭经验判断。

② 全车各部位外露螺栓无松动、不缺少。如轮胎螺栓、半轴螺栓、传动轴螺栓、钢板弹簧U形螺栓等。

③ 灯光、喇叭齐全有效。

④ 转向。转向盘灵活自如，自由转动时为30°，横直拉杆不松旷、不碰磨。

⑤ 漏油。如变速箱、驱动桥、转向器等无渗漏，燃油箱无渗漏。

⑥ 漏水。散热器无漏水或防冻液水量符合标准，蓄电池无漏液，水泵、缸盖、缸体无渗漏。

⑦ 制动。制动管路无漏气、漏油，贮气筒无漏气，放气开关完好，刹车制动器操纵杆移动量合格（3～5齿），离合器踏板自由行程为30～40mm。

⑧ 发动机。检查油面高度应在机油尺刻度标准2/4～4/4，高压线无松脱，带无松动、破损，以大拇指按下带松紧度为10～15mm为宜，启动发动机后无异响。

⑨ 驾驶室门须齐全、可靠，后视镜调整得当，雨刷器完好，仪表齐全有效。

在检查中，有的项目需要驾驶员之间配合操作完成为好。在行车作业途中及间歇时间注意检查发动机、制动鼓、轮胎温度，发动机及各总成部位有无异常，以便及时处理，必要时要中止作业进行维修。

收车后做全车清洗，做清洁擦洗车辆的过程也是全车检查的过程，随着擦洗的到位，检

查也要到位并及时排除故障。同时，根据当天作业中发现的故障及时维修，以便保证下次出车作业的安全。

（2）车辆的正确使用注意事项

① 在车辆投入使用之前，要组织驾驶员和维修工进行培训，熟悉掌握车辆出厂使用说明书的内容，了解车辆的主要性能和技术标准，掌握车辆使用中应注意的事项并严格按照要求去做。

② 车辆的装置不得随意更改、拆除。

③ 对于车辆的燃、润料，必须按照出厂说明书的技术要求，结合本地区的气候、环境条件正确选用。进口车辆使用国产燃、润料时，应按出厂规定选用相适应的牌号。

不同种类和牌号的燃、润料，不得混合使用，更换不同牌号的润滑油时，必须事先做好清洁工作。

④ 车辆使用管理非常重要。在新车投入使用前应建立车辆档案，一车一档。在使用过程中随时记录车辆的使用情况，损坏部件的更换修理情况，燃、润料的消耗情况，作业里程或时间。轮毂使用、更换情况，车辆车故发生情况等。

要认真填写车辆档案，填写要及时、完整、准确。

⑤ 车辆的随车工具要妥善保管，特别是车辆专用工具，不得遗失，保证正确使用。

⑥ 车辆在投入使用前，应进行一次全面检查，并根据出厂规定进行清洁、润滑、紧固及调整。

⑦ 驾驶员在进行日常“三检”中，应建立“三检”记录，特别是在车辆双班或三班运行作业情况下，更有必要。需要驾驶员将当班按照规定项目的检查情况逐项记录下来，作为车辆运行记录和交接班车辆状况的依据。

2. 特殊情况下的使用

（1）车辆在低温条件下的使用　在冬季，我国大部分地区的最低气温在0℃以下一般在－25～－10℃，西北、东北及西部边疆严寒地区最低气温可达－35℃以下。车辆在低温条件下使用，会使发动机启动困难，冷却系统和蓄电池容易冻结，燃料消耗增加，车辆发动机磨损加剧；行车作业困难，影响行车安全。

在低温环境下，车辆发动机润滑性能降低，流动性差，增大启动阻力，也加剧部件磨损。有资料表明，在气温为5℃时，若不加热水冷启动一次发动机，汽缸磨损相当于行驶30～40km的磨损量。在－18℃的气温下，冷启动一次发动机，汽缸磨损相当于行驶250km的磨损量。在一台发动机的整个寿命中，由于启动造成的汽缸磨损量占总磨损量的5%，而冬季启动磨损量占启动总磨损量的60%～70%，说明冬季低温对发动机的影响是非常大的，必须引起重视。

在低温环境下，水冷式发动机的车辆在室外停放易冻裂散热器和汽缸体。如果蓄电池的电解液密度不够，也有冻坏的危险。

在冬季气温低的环境下行车作业要精心操作，特别是在严寒地区，冬季冰雪路面轮胎附着系数大大降低，车辆容易横滑，气压制动的管路中含水分易结冰，使制动性能降低，在刮风下雪时，驾驶员视线差，操作困难。

在低温条件下使用应采取以下措施。

① 在进入冬季前，应对车辆进行一次季节性维护。其主要内容是：换用冬季润滑油、润滑脂。目前随着科技发展，已生产出全天候冬夏季通用内燃机油。如15W/40，因温度变

化对润滑油的流动性和润滑性能影响很小，已经在客车和小型客车上普遍使用，但因价格较高，在大型载重货车上的使用受到一定的限制。使用品质好的润滑油避免了气温变化带来的影响。

润滑脂要耐高温，且具有良好的抗水性和氧化安定性，通常采用性能较好的锂基脂，适用温度在－20～120℃。

调整蓄电池电解液的密度。不同密度冻结温度不同，密度为1.2g/cm³的电解液，其冻结温度最低可达－60℃。

② 水冷式发动机的车辆在室外停放时应及时放水，也可以加注防冻液，有条件的情况下，尽量避免露天停放。同时，收车后应放净贮气罐内的存气、积水。

③ 柴油发动机的车辆要使用低凝点的柴油。常用国产柴油按凝点分为10号、0号、－10号、－20号、－35号，使用的柴油牌号应低于大气环境温度5℃以上。

④ 采取保温措施和装置。在发动机罩上装置保温套，散热器前装置保温帘，散热器百叶窗应完好，保持发动机罩下空间温度在30～40℃。车辆停放时要关闭百叶窗和保温帘。

⑤ 发动机启动前要加热水预热。严禁冷启动。

⑥ 适当调高浮子室油平面高度，适当增加分电器触点闭合角度，触点间隙调小，以增强火花强度。调整发电机调节器以提高发动机充电电流。

⑦ 精心驾驶和操作。在冰雪路面上行驶时，要采取防滑措施。降低车速，转弯时尽量放大转弯半径，禁止急转弯、急刹车。发生车辆打滑时，要注意车辆横滑。叉、吊车在作业前应进行起重机构空载操作，观察有无异常。在行车作业中注意水温，适当调节保温帘和百叶窗的开度。

(2) 车辆在高温条件下的使用　高温季节，由于气温高，发动机冷却散热不良，易使发动机温度过高；高温使润滑油黏度下降，润滑性能变差；高温易使燃料系统产生“气阻”，影响发动机正常工作；外界气温高，使轮胎散热慢，易使轮胎气压增高，长时间作业易使轮胎爆破。

高温条件下作业应采取以下措施。

① 根据不同地区的季节特征，在进入高温季节前要进行必要的检查、调整，做季节性维护。其主要内容是：换用高黏度的夏季润滑油或熔点高的润滑脂。换用耐高温且不易挥发的合成型或矿物油型制动液，但使用矿物油型制动液时，制动系要使用耐油的丁腈橡胶。为提高发动机冷却系的散热强度，应清除水垢。一般可采用化学清洗剂，按规定比例注入散热器中，启动车辆运转30min以上，然后放出，这时可将冷却系统中的薄层水垢清除下来。检查节温器是否正常，调整风扇带的松量度和风扇叶片的角度，以保持良好的散热效果。

② 调整发电机调节器，减小充电电流，适当降低浮子室油平面高度。

③ 调整降低蓄电池电解液密度，经常检查蓄电池电解液液面高度，并补充蒸馏水，保持液面一定高度（应超过极板10～15mm）和通气孔畅通。

④ 在高温季节作业中，要注意检查轮胎气压和温度，保持规定的气压，利用作业间歇时间，将车辆放在阴凉通风处，待轮胎温度降低后再继续作业。严禁用给轮胎放气和浇冷水的方法降低轮胎温度和气压，以免加速轮胎损坏。

(3) 车辆在山区或高原地区的使用　由于高原地区的海拔高、气压低，造成车辆的动力性、经济性和安全性下降。

由于气压低、空气稀薄，发动机充气量减少，汽缸内压缩终了的压力和温度降低，混合气体的燃烧速度相应缓慢。由于气压低，使真空点火提前装置的工作受到影响，使点火时间相应推迟。这些都会造成发动机功率下降。同时，由于充气量减少，使混合气体中的燃料含量过大，燃烧不完全，造成燃料消耗增加。

由于气压低，水的沸点也降低，冷却水易蒸发，从而使发动机温度上升，所以需要经常补水。同时，由于冷却效果不良，使润滑性能下降，导致发动机磨损增加，发动机使用寿命缩短。

车辆在高原地区使用应采取以下技术措施。

① 提高压缩比。一般可采用减小汽缸垫厚度或使用薄型汽缸盖，缩小燃烧室容积的方法。

② 加装增压器，加大汽缸的进气压力，增加进气量。

③ 调整点火时间，可调整点火提前角（略提前 1°～2°）。调整分电器触点间隙，使火花增强，改善燃烧。

④ 相应调整化油器或喷油泵，减少供油量。

⑤ 为防止液压制动管路中产生“气阻”，应使用矿物油型制动液（矿物油型制动液不易挥发，制动效果好，适应山区、高原地区经常踩刹车的情况）。

⑥ 加强制动系和转向系的检查和维护工作，确保效能可靠、工作正常。

⑦ 在风沙严重地区作业时，应加强发动机空气、机油、燃油滤清器的维护工作。

⑧ 作业时要注意发动机的温度。温度过高时，要检查冷却水量。作业间歇时，要检查车辆轮胎温度。

(4) 车辆走合期的使用　新车或大修后的车辆及装用大修后的发动机的车辆，在使用初期称为走合期。走合期是按照行驶里程或时间，根据各种车辆出厂的规定确定。一般为 1000～1500km 行驶里程或工作 40～60h。

车辆在使用初期正常走合非常重要，对车辆使用寿命有直接影响。新车或大修后的车辆，尽管在生产过程中各部总成件已经过磨合，但零件加工中总会存在符合规定的几何偏差，在总成及部件装配过程中，也会有一定允许的误差。因此，新的配件运动时，相互间产生摩擦，其摩擦表面压力要比理论上大得多，同时，还会造成摩擦面温度升高。往往由于装配中的误差，使间隙小的地方，润滑油不易到达摩擦表面，造成润滑不良，加剧零件磨损，甚至导致过热膨胀，过度磨损，零件表面刮伤，引起零部件的早期损坏或影响使用寿命。所以，新车、大修后的车辆，包括发动机大修的车辆，在使用初期必须经过一定时间的走合。

车辆走合期必须遵守以下规定。

① 减载。在走合期内一定要减轻装载，各种车辆按出厂具体规定减载，一般按标准载重减载 20%～25%。同时，不允许拖带其他车辆。

② 限速。走合期内应控制发动机的转速，保持发动机正常温度。一般在发动机上加装限速装置，在走合期内不准拆除。若没有限速装置，驾驶员在走合期内必须严格减速和避免长时间不间断地作业。

③ 紧固。走合期内，要特别注意做好日常检查、维护工作，尤其是在走合期初期。经常检查紧固车辆各部外露螺栓、螺母，尤其是对转向、制动、传动系统等更要加强检查有无松旷、渗漏现象。

④ 在走合期内，要注意各总成部件在运行中的声响和温度有无异常，发现后必须立即停车，及时查明原因，进行调整，排除故障。

⑤ 走合期满，应对车辆进行全面的检查、清洗、润滑、紧固、调整，即进行一次走合维护。走合期维护项目及要求可按车辆生产厂的走合规定进行。其主要项目如下。

a. 清洁车辆：全面地检查、拧紧各部外露螺栓、螺母；汽缸盖螺栓。铝质缸盖在发动机冷态时拧紧后启动发动机，铁质缸盖待发动机热启后再检查铁质汽缸盖螺栓的紧度。

b. 清洗发动机曲轴箱、变速槽并更换润滑油。

c. 拆除发动机限速装置。

d. 清洁机油、空气、燃油滤清器并更换滤芯。

e. 润滑全车各润滑点。

f. 检查制动、转向系统的技术状况是否正常，并进行必要的调整。

g. 排除在走合期中发现的一切故障。

三、场（厂）内专用机动车辆安全操作技术

1. 叉车安全操作技术

(1) 检查车辆

① 叉车作业前后，应检查外观，加注燃料、润滑油和冷却水。

② 检查启动、运转及制动安全性能。

③ 检查灯光、喇叭信号是否齐全有效。

④ 叉车运转过程中应检查压力、温度是否正常。

⑤ 叉车运行后还应检查外泄漏情况并及时更换密封件。

(2) 起步

① 起步前，观察四周，确认无妨碍行车安全的障碍后，先鸣笛、后起步。

② 液压（气压）式制动的车辆，制动液压（气压）表必须达到安全方可起步。

③ 叉车在载物起步时，驾驶员应先确认所载货物平稳可靠。

④ 起步必须缓慢平稳。

(3) 行驶

① 行驶时，货叉底端距地高度应保持 300～400mm，门架须后倾。

② 行驶时不得将货叉升得太高。进出作业现场或行驶途中，要注意上空有无障碍物刮碰。载物行驶时，货叉不准升得太高，影响叉车的稳定性。

③ 卸货后应先降落货叉至正常的行驶位置后再行驶。

④ 转弯时，如附近有行人或车辆，应先发出行驶信号。禁止高速急转弯，高速急转弯会导致车辆失去横向稳定而倾翻。

⑤ 行驶叉车在下坡时严禁熄火滑行，非特殊情况禁止载物行驶中急刹车。

⑥ 叉车在运行时要遵守厂内交通规则，必须与前面的车辆保持一定的安全距离。

⑦ 叉车运行时，载荷必须处于不妨碍行驶的最低位置，门架要适当后倾。除堆垛或装车时，不得升高载荷。

⑧ 载物高度不得遮挡驾驶员视线。特殊情况物品影响前行视线时，倒车时要低速行驶。

⑨ 禁止在坡道上转弯，也不应横跨坡道行驶。

⑩ 叉车厂区安全行驶速度 5km/h，进入生产车间区域必须低速安全行驶。

叉车的起重升降或行驶时，禁止人员站在货叉上把持物品和起平衡作用。发现问题及时检修和上报，绝不带病作业和隐瞒不报。

（4）装卸

① 叉载物品时，应按需调整两货叉间距，使两叉负荷均衡，不得偏斜，物品的一面应贴靠挡物架。

② 禁止单叉作业或用叉顶物、拉物。特殊情况拉物必须设立安全警示牌提醒周围行人。

③ 在进行物品的装卸过程中，必须用制动器制动叉车。

④ 车速应缓慢平稳，注意车轮不要碾压物品垫木，以免碾压物绷起伤人。

⑤ 用货叉叉货时，货叉应尽可能深地叉入载荷下面，还要注意货叉尖不能碰到其他货物或物件。应采用最小的门架后倾来稳定载荷，以免载荷后向后滑动。放下载荷时可使门架少量前倾，以便于安放载荷和抽出货叉。

⑥ 禁止高速叉取货物和用叉头向坚硬物体碰撞。

⑦ 叉车叉物作业时，禁止人员站在货叉周围，以免货物倒塌伤人。

⑧ 禁止超载，禁止用货叉举升人员从事高处作业，以免发生高空坠落事故。

⑨ 不准用制动惯性溜、放、圆形或易滚动物品。

⑩ 不准用货叉挑、翻、栈板的方法卸货。

（5）离开叉车

① 禁止货叉上物品悬空时离开叉车，离开叉车前必须卸下货物或降下货叉架。

② 停车制动手柄拉死或压下手刹开关。

③ 发动机熄火，停电。

（6）停车注意事项

① 发动机熄火前，应使发动机慢速运转。

② 2～3min 后熄火。发动机熄火停车后，应拉紧制动手柄。

③ 低温季节（在零度以下），应放尽冷却水，或者加入防冻液。

④ 当气温低于－15℃时，应拆下蓄电池并搬入室内，以免冻裂。转动机油滤清器手柄1～2 转，检查螺栓、螺母有无松脱现象，并及时排除不正常情况。

⑤ 将叉车冲洗擦拭干净，进行日常例行保养后，停放车库或指定地点。

2. 装载机安全操作技术

① 装载机在起步前应先鸣声示意，将铲斗提升离地 500mm，行驶过程中应测试制动器的可靠性，并避开路障或高压线等。除规定的操作人员外，不得搭乘其他人员，严禁铲斗载人。

② 高速行驶时，应采用前两轮驱动；低速铲装时，应采用四轮驱动。行驶中应避免突然转向铲斗，装载后升起行驶时，不得急转弯或紧急制动。

③ 装料时应根据物料的密度确定装载量。铲斗应从正面铲料，不得铲斗单边受力；卸料时，举臂翻转铲斗，应低速缓慢动作。

④ 在松散不平的场地作业时，应把铲臂放在浮动位置，使铲斗平稳地推进，当推进时阻力过大时，可稍稍提升铲臂。铲臂向上或向下动作到最大限度时，应速将操纵杆回到空挡位置。

⑤ 操纵手柄换向时，不应过急过猛；满载操作时，铲臂不得快速下降。

⑥ 不得将铲斗提升到最高位置运输物料，运载物料时宜保持铲臂下铰点离地面 500mm，并保持平稳行驶。

⑦ 铲装或挖掘时，应避免铲斗偏载，不得在收斗或半收斗而未举臂时前进。铲斗装满

后应举臂到距地面约 500mm 时再后退转向卸料。

⑧ 当铲装阻力较大出现轮胎打滑时，应立即停止铲装，排除过载后再铲装。

⑨ 当向自卸汽车装料时，宜降低铲斗及减小卸落高度，不得偏载超载和砸坏车厢。

⑩ 机械运行中，严禁接触转动部位和进行检修。在修理工作装置时，应使其降到最低位置，并应在悬空部分垫上方木。装载机转向架未锁闭时，严禁站在前后车架之间进行检修保养。

⑪ 在边坡壕沟凹坑卸料时，轮胎离边缘距离应大于 1.5m，铲斗不宜过于伸出。在大于 30°的坡面上不得前倾卸料。

⑫ 在作业过程中，发现内燃机水温出现过高状况，变矩器油温超过 110℃时，应停机降温。

四、场（厂）内专用机动车辆维护安全技术

车辆在使用中受各种因素的影响，其各部件必然会逐渐出现不同程度的磨损和损坏。为避免零部件的早期损坏，应及时采取必要的技术措施，即进行车辆的维护作业。

车辆的维护贯彻预防为主、强制维护的原则。其目的是及时发现和消除故障隐患，防止早期损坏，它与车辆修理是两种不同性质的技术措施。车辆维护是降低零部件磨损程度，预防故障发生，延长使用寿命而采取的预防性技术措施。车辆修理是处理已出现的故障，修理或更换已损坏的零部件，为恢复技术性能而采取的技术性措施。严格地执行车辆的维护制度，必将给企业带来经济效益，给驾驶员带来收益和安全。

车辆行驶到一定的里程或工作一定的时间后进行车辆维护；这种需要维护的行驶里程或工作时间称为维护周期。根据不同的维护周期而制定出不同的作业范围称为维护分级。车辆的维护分为日常维护、一级维护、二级维护、季节维护、走合维护。

走合维护如前所述，是指新车或大修后车辆使用初期，一般在 1000～1500km 行驶里程或 60～80 工作小时所进行的技术维护。

季节维护是指在进入夏季、冬季前为车辆合理使用所进行的技术维护，可结合定期维护合并进行。

一、二级维护属于定期维护，维护周期间隔里程或工作时间可根据不同车型的结构特点和技术状况、使用条件，参照车辆出厂使用规定来确定。

一级维护：国产车辆间隔在 1500～2000km 行驶里程（10～15 天）；进口车辆间隔在 3000～5000km 行驶里程（15～25 天）。

二级维护：国产车辆间隔在 12000～14000km 行驶里程（3 个月至 3 个半月）；进口车辆间隔在 16000～20000km 行驶里程（4～5 个月）。

各级维护的作业内容如下。

日常维护：是由驾驶员在每天出车前、行车中、收车后负责进行的日常作业。其作业中心内容是清洁、补给和安全检查，发现问题及时处理。

一级维护：是由维修人员负责的作业。其作业中心内容是除日常维护作业外，以清洁、润滑、紧固为主，并检查制动、转向等安全部位，发现问题及时维修。

二级维护：是由维修人员负责的作业。其作业中心内容是除一级维护作业外，以检查、调整为主，并拆检轮胎，进行轮胎换位。轮胎换位是使各车辆轮胎磨损均匀，延长轮胎使用寿命。常用的换位方法是交叉换位或循环换位。

车辆二级维护前，应进行检测诊断和技术鉴定。根据结果，确定附加作业或小修项目，结合二级维护一并进行。

各级维护作业内容的具体规定，必须根据不同厂牌、车型的结构特征、配件质量、故障规律、使用条件以及经济性等情况综合考虑。一般维护内容要在车辆使用一段时间或过程中及时调整，以确实达到预防为主的目的。

车辆在运行作业过程中，对于因零部件磨损、变形、损伤而不能继续使用产生故障或维护作业中发现的隐患，需要进行必要的修理和排除。车辆的修理应贯彻视情修理的原则，即根据车辆检测诊断和技术鉴定的结果，视情按不同作业范围和深度进行，既要防止延误修理造成车况恶化，又要防止提前修理造成浪费。

车辆的修理包括车辆大修、总成大修、车辆小修和零件修理。目前，车辆使用中的修理作业范围以总成大修、车辆小修为主。

总成大修，如发动机、变速箱、后桥等车辆的总成经过一定时间的使用后，用更换总成零部件的方法，恢复其完好的技术状况，延长使用寿命。

车辆小修，是用修理或更换个别零件的方法，恢复车辆工作的能力，保证车辆技术性能，消除车辆作业中发生的故障或维护作业中发现的隐患。

由于场（厂）内专用机动车辆种类较多，不便逐一叙述，故选取最有代表性的蓄电池叉车、装载机的维护规范进行介绍。

1. 叉车的维护

（1）日常维护　由驾驶员执行，其规范分为出车前、作业中、作业后3个阶段。

① 出车前

a. 检查报修项目是否完成、合格。

b. 检查行车、刹车制动和转向是否良好、有效，

c. 检查起重链、门架、货叉有无损伤，是否牢固。

d. 检查电动机固定螺栓及防护带是否牢固。

e. 检查减震板螺栓紧固情况。

f. 检查蓄电池组电解液是否充足，各连接线、接线卡头是否紧固。

g. 检查喇叭、灯光及仪表是否正常。

h. 检查控制屏是否清洁、干燥。

i. 检查接触器分离情况及触头表面有无烧灼现象。

j. 检查主令开关对应小凸轮转动角的关合情况是否正确。

k. 检查各液压装置有无滑油，工作是否正常。

l. 检查电气线路各接线有无磨损、短路和松动。

m. 检查各操作手柄是否处于零位或空挡。

n. 检查轮胎气压和胎况。

② 作业中

a. 检查制动，转向机构工作情况。

b. 检查液压系统工作情况。

c. 检查电气控制系统、接触器工作情况。

d. 检查电动机工作是否正常。

e. 检查减速器工作是否正常。

f. 检查差速器工作是否正常。

g. 检查油泵工作是否正常。

h. 闻电气线路和电动机有无异味。

③ 作业后

a. 清洁擦洗车辆并检查车辆外露部件。

b. 清扫电气控制屏。

c. 用抹布蘸5%的碳酸钠或氢氧化铵溶液擦去蓄电池极柱及表面外溅电解液。

d. 检查有无漏油、渗漏电解液现象并及时排除。

e. 检查蓄电池组电压及电解液密度，并视需要进行充电。

f. 检查起重链、货叉、门架、护顶架有无裂纹及损坏。

g. 作业中发现的异常现象和检查中发现的故障应及时报修。

(2) 一级维护　由专业修理工负责，其作业规范如下。

① 检查紧固车辆全部外露螺栓、螺母。

② 检查各总成内润滑油液面，视需加添润滑油。

③ 检查控制屏各接头焊接处并进行紧固补焊。

④ 检查接触器触头接触是否良好。

⑤ 对蓄电池各卡头进行清洁、紧固。

⑥ 清洁电动机外表及电刷架。

⑦ 对全车各润滑部位加注润滑油脂。

(3) 二级维护　由专业修理工负责，除完成一级维护规定的作业项目外，作业规范如下。

① 检查调整制动系境。

② 检查调整转向机构。

③ 检查前后轮毂及轮胎，并进行轮胎换位。

④ 调整电动机电刷弹簧压力，紧固刷架、更换轴承润滑油。

⑤ 检查接触器，调整紧固弹簧、触头、导线等。

⑥ 检查电气控制屏，紧固、焊牢更换部分电子器件及导线。

⑦ 检查减速器、联轴节。

⑧ 检查蓄电池并进行充电。

⑨ 更换各总成内润滑脂。

⑩ 检查喇叭、照明及仪表。

⑪ 检查起重机构。

2. 装载机的维护

(1) 日常维护　由驾驶员负责，其规范分为出车前、作业中、作业后3个阶段。

① 出车前

a. 检查报修项目是否完成、合格。

b. 检查行车、刹车制动是否良好。

c. 检查转向机构是否灵敏、有效。

d. 检查铲斗的举升及翻转机构工作是否正常。

e. 检查发动机运转是否正常。

f. 检查发动机润滑油、冷却水及蓄电池电解液是否充足。

g. 检查轮胎螺栓紧固情况。

h. 检查轮胎压力是否标准。

i. 检查喇叭、照明及仪表是否正常。

② 作业中

a. 检查制动机构工作是否正常。

b. 检查转向机构工作是否正常。

c. 检查液压系统工作是否正常。

d. 检查铲斗举升及翻转机构的机件有无异常或损坏现象。

e. 检查发动机工作是否正常。

f. 检查变矩器及变速器工作是否正常。

g. 检查差速器及减速器工作是否正常。

h. 检查轮胎螺栓紧固情况。

i. 检查轮胎压力是否标准。

③ 作业后

a. 清洁擦洗装载机外部并检查外露部件。

b. 检查液压油路有无漏油现象并排除。

c. 检查各油缸有无漏油现象并排除。

d. 检查铲斗的举升及翻转支架有无裂纹及损坏。

e. 作业中发现的异常现象和检查中发现的故障应及时报修。

（2）一级维护　由专业修理工负责，其作业规范如下。

① 检查紧固车辆全部外露螺栓、螺母。

② 检查各总成内润滑油液面，视需要加添润滑油。

③ 清洗空气滤清器、机油滤清器、柴油滤清器和变矩滤清器。

④ 测量并加添蓄电池电解液及清洗表面，蓄电池接头涂薄层凡士林。

⑤ 检查工作装置、前后车架、副车架各受力焊缝、固定螺栓有无裂缝及松动并排除。

⑥ 检查轮胎压力是否标准并调整。

⑦ 对全车各润滑部位加注润滑脂。

（3）二级维护　由专业修理工负责，除完成一级维护规定的作业项目外。作业规范如下。

① 检查调整制动系统。

② 检查调整转向系统。

③ 拆检前后轮毂及轮胎。

④ 更换发动机润滑油。

⑤ 更换变速箱、减速器齿轮油。

⑥ 检查变矩器、变速箱、转向机的工作性能，并排除故障。

⑦ 更换液压系统工作油，清洗油箱过滤器及油箱底部。

⑧ 检查工作装置、车架各部焊缝有无裂纹，以及各螺栓紧固情况。

⑨ 检查轮辋焊缝及各受力部位。

⑩ 检查喇叭、照明及仪表。

第三节 场（厂）内专用机动车辆事故防范技术

一、场（厂）内专用机动车辆伤害事故的主要原因

根据对大量场（厂）内专用机动车辆伤害事故的分析，影响场（厂）内安全运输的因素是多方面的。车辆的技术状况不良，如制动失灵、转向失灵等因素，驾驶员不能有效控制车辆的运行状态，该停的时候停不下来，运行的方向不能控制，会造成伤害事故。驾驶员的技术素质和安全意识不强、场（厂）内的作业环境不良和没有健全的场（厂）内运输安全方面的规章制度，或有制度而没有认真遵守等，也是造成场（厂）内专用机动车辆伤害事故的主要原因。

1. 车辆安全技术状况不良

我国对场（厂）内专用机动车辆的安全管理起步较晚，对场（厂）内专用机动车辆的技术标准，检验要求、有关安全管理的法规等也不健全；因此，造成很多企业对场（厂）内专用机动车辆只顾使用，不进行维修保养，使车辆的技术状况越来越坏的结果。天津市从1989年开始对全市场（厂）内专用机动车辆进行安全检验，发现有将近一半的车辆制动不合格，个别车辆一点制动也没有，还在行驶。转向不合格的车辆也占很大的比例。另外，车辆的灯光、声响等信号损坏、失灵，车辆各传动部位严重失油，各部位跑冒滴漏等现象也十分普遍。这样就给场（厂）内运输的安全带来了很大的隐患。为保证运输安全，必须做到以下几点。

① 车辆必须符合安全要求，定期接受特种设备安全监督管理部门的安全检验，并取得行驶许可证方能行驶。

② 车辆的制动器、转向器、喇叭、灯光、后视镜必须保持齐全有效，行驶途中如发生故障，应停车修复后，方准继续行驶。

③ 车辆在使用过程中要定期进行维护保养，以使车辆始终保持良好的工作状态。

④ 应制定出对车辆的定期检查制度，及时发现车辆的故障，及时排除，以防止事故的发生。

2. 驾驶员的安全技术素质

驾驶员的安全技术素质的高低，是影响场（厂）内运输安全的关键因素。驾驶员的安全技术素质，又包括了驾驶技术、对设备各部位技术状况的了解、排除故障的能力、运输安全规章的掌握程度等。为此，场（厂）内专用机动车辆驾驶员必须做到以下几点。

① 驾驶员必须经特种设备安全监督管理部门考核，并取得驾驶证，方准驾驶车辆。取得驾驶证的驾驶员在实际工作中，还要不断学习，提高驾驶技能。

② 驾驶员应熟悉自己所学驾驶车辆的性能和技术状况，并能及时发现故障，及时排除。

③ 驾驶员应定期进行体检，凡患有驾驶禁忌证的人员不得从事驾驶作业。

④ 驾驶员应遵守场（厂）内运输安全规则，不超速、不超载、不开带病车。

⑤ 不得驾驶无牌照车辆。

3. 场（厂）内的作业环境

场（厂）内作业环境的好坏直接影响场（厂）内运输的安全质量。作业环境包括生产的工艺流程，货运量的大小，道路上的车流、人流的数量，建筑物的设置及其他杂物在道路上的堆放，道路上的交通信号标志等。为避免场（厂）内专用机动车辆伤害事故的发生，应创

造良好的场（厂）内作业环境，因此应做到以下几点。

① 根据工艺流程、货运量和货物性质选用适当的运输方式。

② 合理地组织车流、人流，使道路上的车辆和行人不致过于密集，道路过于拥挤，避免发生事故。

③ 场（厂）内的建筑物和绿化物严禁侵入道路的安全限界，并不得妨碍驾驶员的视线。

④ 场（厂）内各种物品的堆放不得占用道路及阻塞交通。

⑤ 在道路上应设立交通信号标志，在危险地点，要有限制行驶速度的标志和交通信号，驾驶员应遵守这些标志和信号。

二、场（厂）内安全运输的基本措施

道路运输是工业企业中普遍采用的一种运输方式，随着场（厂）内专用机动车辆数量的增多，车辆伤害事故也频繁发生。为保证场（厂）内运输安全，应做到以下几点。

1. 驾驶员的安全素质

车辆必须由持有特种设备安全监督管理部门颁发的驾驶证的驾驶员驾驶，驾驶员应不断学习，提高驾驶技术，以保证安全行驶。各单位应经常对驾驶员进行安全教育，以提高驾驶员的安全素质。

2. 车辆的技术状况

车辆经常保持良好的技术状况，是保证场（厂）内安全运输的重要技术措施之一。为此，应选用专业生产厂家的定型产品。在使用过程中应定期进行维护和维修，发现存在影响安全的故障时，应立即停止运行，不开带病车。

3. 场（厂）内道路

场（厂）内道路的好坏也直接影响场（厂）内运输的安全质量。在场（厂）内道路交叉口处，为保证行车安全，应有足够的会车视距，即车辆在弯道口，驾驶员可以清楚地看到弯道口另一侧的情况，在这一视距范围内不应有建筑物或树木等遮挡物。当道路与铁路平交时，交叉口应尽量设置在瞭望良好的地点。场（厂）内道路还应经常保持良好的路面，路面要平坦、坚实，并不得堆放杂物，影响车辆行驶。道路上还应按有关规定设置交通安全信号标志。

4. 车辆的管理

场（厂）内应设立专门的车辆管理部门，加强对场（厂）内专用机动车辆的安全管理，负责组织对驾驶员的安全教育，检查安全行车情况，制定安全操作规程和奖惩制度，对车辆应建立技术档案。管理人员应随时掌握车辆的技术状况，制订维修计划并按期落实，企业领导应在资金上给予保证。企业的有关部门还应根据各自的作业特点，合理布置场（厂）内专用机动车辆的工艺流程，使车辆的行驶路线处在最合理的路线上，即运输距离最短，行驶路线上人流少、道路平坦等。这样就可以减少或控制危险。

总之，不断提高驾驶员的安全技术素质，经常保持车辆良好的技术状况，加强对场（厂）内运输安全的管理，是场（厂）内安全运输的基本保障。

三、场（厂）内专用机动车辆防火技术

1. 机动车辆发生火灾的原因

可燃物质和火源的存在是场（厂）内专用机动车辆发生火灾的主要因素。例如，车辆使用的燃油及部分防冻液，均属于易燃烧的液体物质。由于车辆的燃油（汽车、柴油）、防冻

液或电气设备的短路等原因导致的火灾，又会引起机动车辆本身的可燃物质，如轮胎、油漆、车厢及装载货物的燃烧，从而造成了车辆的火灾的事故。

2. 车辆防火和防化学伤害安全技术要求

(1) 车辆在加注燃油时防火安全要求

① 工作人员的工作服必须穿戴整齐，不准戴手套，周围禁止烟火。

② 车辆加注燃油时，必须将发动机熄火。

③ 加注燃油时，不准检修和调试发动机，不准在注油容器附近进行锤击和磨削作业。

④ 应用扳手旋拧油桶螺塞，不允许用铁器敲击和刮擦汽油容器。

⑤ 禁止在雷雨天气及高压电源线下加注燃油。

⑥ 严禁使用各种容器或其他自流方式向发动机上的化油器内加注燃油。

(2) 车辆检修时防火和防化学伤害的安全要求

① 搬运和安装蓄电池应平稳，以免电解液溅出。

② 严禁在汽缸外随意试火和“吊火”。

③ 严禁用高压线“燃缸”。

④ 禁止用划火法检查蓄电池电压的高低。

⑤ 禁止用短路法进行划火，检查电路导线通断情况。

⑥ 不准用火柴、打火机等明火作照明，检查油箱油量及燃油渗漏的管路，在车辆周围应尽量少用或不用各种火源。

⑦ 当发动机上的化油器发生回火时，应立即停车检查调整，故障未排除之前不得行驶。

⑧ 严禁使用汽油等易燃物品擦拭车辆，清洗零部件、烘烤车辆和烧热水。清洗后的废油不准随意乱倒，应倒入指定回收地点。

⑨ 清洗发动机时，必须切断电瓶线路。

⑩ 发现油路管道或油箱渗漏，在紧急情况下可以用锡焊暂时补漏，一般情况下应把油箱或油管拆下，在排尽和挥发尽或清尽残余汽油后进行焊接。

⑪ 严禁将各种盛装汽油的容器放入驾驶室内。

⑫ 坚持三级动火制度。

⑬ 空气滤清器要紧固，防止脱落时机油洒在排气管处引起火灾。

⑭ 车辆各种导线要保持横平竖直卡子化，不得随意拉线，以免绝缘破损引起着火。

⑮ 车辆电气设备用线，要采用标准规格合格产品线，防止导线过细或其他质量问题，造成导线过热引起着火。

⑯ 发生车辆事故时，在抢救被困在车内人员的同时，要及时采取有效措施切断电瓶电源，以免产生火花引起车辆着火。

(3) 防静电的安全要求

① 严禁用丝绸和毛毯等物过滤油料。

② 车辆行驶时和加注燃油时尽量减小油料冲击和摩擦。

③ 往油罐汽车装油时，输油管应插入油面以下或按到油罐底部。

(4) 车库及作业场所防火技术要求　车库及作业场所的防火要求如下。

① 车库应有良好的通风设施。

② 在车库及作业场所内严禁烟火。

③ 车库内禁止明火作业及明火照明，不得用明火炉直接取暖。必要时，可用暖气或火

墙式火炉取暖。火墙式火炉取暖不得用于装载易燃易爆物品的车辆。

④ 车辆进入易燃易爆场所作业时，车辆的排气管必须安装火星熄灭器，防止火星飞溅，造成火灾。

⑤ 停放装运易燃易爆液体和液化石油气槽车的库房，其电气设备应符合防爆的要求。

⑥ 装载有漏油的桶装汽油、柴油或车辆油箱漏油时，车辆不准进入车库。

⑦ 车辆进入库房后，应检查未熄灭的火种和切断电瓶电源。

⑧ 车库内不准存放汽油、柴油等易燃物品，油棉纱（布）要集中存放在加盖的铁桶内，并及时处理。

⑨ 在车库及作业场所必须设有明显的安全标志及消防器材。

⑩ 坚持三级动火审批制度。

四、场（厂）内专用机动车辆伤害事故预防技术

场（厂）内专用机动车辆虽然只是在厂院内进行运输作业，但如果对安全驾驶和行车安全的重要性认识不足、思想麻痹，违章驾驶，以及管理不善、车辆带病运行等，同样会造成车辆伤害事故，这不仅会影响企业的正常生产，还会给企业和职工造成不应有的损失。为此，下面着重对场（厂）内专用机动车辆伤害事故的主要原因、常见事故形式与预防进行分析研究，以提高广大驾驶人员和安全管理人员的安全意识与技能。

1. 场（厂）内专用机动车辆事故的种类

根据国家有关部门对全国工矿企业伤亡事故统计表明，发生死亡事故最多的是场（厂）内运输事故，约占全部工伤事故的25%。

场（厂）内专用机动车辆伤害事故有着一定的规律性。首先，车辆伤害事故与时间有关，每天7时到15时半的事故最多，占全部事故的59%。其次，和驾驶员年龄有关。一般发生在18～40岁的人中居多，其中18～25岁的占25%，25～40岁的占32.5%。人的各个部位受伤情况下不同，头部受伤约占12.5%，手臂受伤占23.49%，躯体受伤占19%，腿、脚受伤占45.1%。

场（厂）内专用机动车辆伤害事故的分类如下。

(1) 按车辆事故的事态分　有碰撞、碾轧、乱擦、翻车、坠车、爆炸、失火、出轨和搬运、装卸中的坠落及物体打击等。

(2) 按厂区道路分　有交叉路口、弯道、直行、坡道、铁路平交道口、狭窄路面、仓库、车间等行车事故。

(3) 按伤害程度分　有车损事故、轻伤事故、重伤事故、死亡事故。

2. 车辆伤害事故的主要原因

车辆伤害事故的原因是多方面的。但主要是涉及人（驾驶员、行人、装卸工）、车（机动车与非机动车）、道路环境这三个因素。在这三者中，人是最为重要的，据有关资料分析，一般情况下，驾驶员是造成事故的主要原因，负直接责任的占统计的70%以上。

大量的场（厂）内专用机动车辆伤害事故统计分析表明，事故主要发生在车辆行驶、装卸作业、车辆检修及非驾驶员驾车等过程中。从各类事故所占比例看，车辆行驶中发生事故占44%，车辆装卸作业中发生的占23%，车辆检修中发生的占7.9%，非驾驶员开车肇事占16.5%，其他类型的事故占8.6%。由此不难发现，车辆伤害事故的主要原因都集中在驾驶员身上，而这些事故又都是驾驶员违章操作、疏忽大意、操作技术等方面的错误行为造成

的。为了吸取教训，杜绝事故，现将场（厂）内机动车事故的主要原因介绍如下。

（1）违章驾车　指事故的当事人，由于思想方面的原因而导致的错误操作行为，不按有关规定行驶，扰乱正常的场（厂）内搬运秩序，致使事故发生。如酒后驾车、疲劳驾车、非驾驶员驾车、超速行驶、争道抢行、违章超车、违章装载等原因造成的车辆伤害事故。

（2）疏忽大意　指当事人由于心理或生理方面的原因，没有及时、正确地观察和判断道路情况，而造成失误。如情绪烦躁、精神分散、身体不适等都可能造成注意力下降，反应迟钝，表现为瞭望观察不周，遇到情况采取措施不及时或不当；也有的只凭主观想象判断情况，或过高地估计自己的经验技术，过分自信，引起操作失误导致事故。其主要表现如下。

① 车辆起步时不认真瞭望，也不鸣笛，放松警惕。

② 驾驶和装卸过程中与他人谈话、嬉笑、打逗，操作不认真。

③ 急于完成任务或图省事。

④ 操作中不能严格按规程去做，自以为不会有问题。

⑤ 在危险地段行驶或在狭窄、危险场所作业时不采取安全措施，冒险蛮干。

⑥ 不认真从所遇险情和其他事故中吸取教训，盲目乐观，存有侥幸心理。

⑦ 每天驾车往返同一路段，易产生轻车熟路的思想，行车中精神不集中。

⑧ 厂区内没有专职交通管理人员和各种信号标志，驾驶员遵章守纪的自我约束力差。

（3）车况不良

① 车辆的安全装置如转向、制动、喇叭、照明、后视镜和转向指示灯等不齐全有效。

② 蓄电池车调速失控，造成“飞车”。

③ 翻斗车举升装置锁定机构工作不可靠。

④ 吊车起重机的安全防护装置，如制动器、限位器等工作不可靠。

⑤ 车辆维护修理不及时，带病行驶。

（4）道路环境

① 道路条件差。厂区道路和厂房内，库房内通道狭窄、曲折，不但弯路多，而且急转弯多，再加之路面两侧的大量物品的堆放，占用道路，致使车辆通行困难，装卸作业受限，在这种情况下，如驾驶员精神不集中或不认真观察情况，行车安全很难保证。

② 视线不良。由于厂区内建筑物较多，特别是车间内、仓库之间的通道狭窄，且交叉和弯道较频繁，致使驾驶员在驾车行驶中的视距、视野大大受限，特别是在观察前方横向路两侧时的盲区较多，这在客观上给驾驶员观察判断造成了很大的困难，对于突然出现的情况，往往不能及时发现判断，缺乏足够的缓冲空间，措施不及时而导致事故。同样，其他过往车辆和行人也往往由于不能及时观察掌握来车动态，没有做到主动避让车辆。

③ 因风、雪、雨、雾等自然环境的变化。在恶劣的气候条件下驾驶车辆，使驾驶员视线、视距、视野以及听觉力受到影响，往往造成判断情况不及时，再加之雨水、积雪、冰冻等自然条件下，会造成刹车制动时摩擦系数下降，制动距离变长，或产生横滑，这些也是造成事故的因素。

（5）管理因素

① 车辆安全行驶制度不落实。建立、健全安全行车的各项规章制度，目的就是为了避免和最大限度地减少车辆事故的发生。但由于执行不力，落实不好，或有章不循，对发生的事故不去认真分析和处理，而是大事化小，小事化了，那么各种制度如同虚设，就会淡化驾驶员的安全意识，这是导致车辆伤害事故不断发生或重复发生的重要原因之一。反之，如果

有章必循，违章必究，车辆在行驶中发生了险情事故，本着“四不放过”的原则，查明原因，分析责任，严肃处理，就会不断强化广大驾驶员的安全意识，进一步提高他们遵章守纪的自觉性，减少和避免车辆伤害事故的发生。

② 管理规章制度或操作规程不健全。没有建立或健全以责任制为核心的各项管理规章制度，没有健全各种车型的安全操作规程，没有定期的安全教育和车辆维护管理制度等都会造成驾驶员无章可循的局面或带来安全管理的漏洞，从而导致事故的发生。

③ 非驾驶员驾车。按照有关规定，场（厂）内机动车驾驶员须经过专业培训、考核，取得合法资格后方准驾车。在车辆伤害事故中，由于无证驾车，造成事故率较高，且事故后果相当严重。无证驾驶车辆肇事之所以难以杜绝，屡禁不止，主要是无证驾驶人法制观念淡薄，但根本原因还在于企业安全管理不到位，处理不严，甚至有的是个别领导违章指挥所致。一般情况下，多数是无证者好奇私自驾车或驾驶员违反规定私自将车交给无证人员驾驶造成的。

④ 车辆维修不及时。车辆在运行过程中，必然要出现正常的磨损和损坏，在车辆的管理中，企业必须建立定期的车辆维护、修理及检验制度。按规定对车辆进行检验、维修，随时保证车辆的完好状态。与此同时，驾驶员还要严格执行出车前、行车中及收车后的车辆“三检”制度，及时发现、排除各种故障与隐患，只有这样才能既确保完成各项生产任务，又能确保行车安全。但是，有的企业和驾驶员只顾用车不进行维护、修理，致使车辆带病运行，从而导致事故的发生。

⑤ 交通信号、标志、设施缺陷。交通信号、标志、设施，如信号指示灯，禁行、限行、警告标志，隔离设施等，是在某些路段、地点或在某些情况下对车辆驾驶员或其他交通参与者提出的具体要求或提示的标记，从某种意义上讲，带有明显的规范性和约束力，是场（厂）内交通安全管理的组成部分。按照有关规定，各种交通信号、标志、设施的覆盖面，特别是在厂区的繁忙路段、弯道、坡道、狭窄路段、交叉路口、门口等特殊条件下部应达到100%，而且安全管理部门应经常检查、教育、督促驾驶员和其他人员认真遵守。但是，有的企业对此认识不足，不同程度地存在着标志，信号、设施不全或设置不合格的情况，这样驾驶员就难以根据在不同的道路情况下或在某些特殊情况下，按具体要求做到谨慎驾驶，安全行车。

3. 常见车辆伤害事故案

场（厂）内专用机动车辆伤害事故的发生，与车辆的技术状况、道路条件、管理水平，尤其是驾驶员的安全技术素质（思想情况、操作技能、驾驶经验、应变能力等）因素有关。在这其中最为关键的是人的因素。虽然造成事故的原因是多方面的，但通过大量事故案例分析研究表明，大部分事故往往是由于驾驶员违章驾驶和思想麻痹造成的。为了从血的事故中吸取教训，避免重复性事故的发生，现将有关典型车辆伤害事故案例介绍如下。

（1）无证驾驶事故　机动车辆是一种行驶速度较快的运输工具，具有较复杂的机械构造号性能，它的行驶速度较非机动车要快几倍甚至几十倍，一旦发生事故，其破坏性非常之大。所以驾驶机动车辆的人员，必须掌握车辆基本结构及性能，经过严格考校培训才能熟练驾驶车辆。非机动车驾驶人员，没有经过专门的学习培训，不掌握车辆的构造性能，不懂驾驶技术与操作规程，对安全行车具有极大的危害性，必须坚决制止与杜绝。

[事故案例一] 1986年×月×日，××厂电瓶车司机将装满桶的电瓶车停放在车间办公室门口后去厕所，制桶工××未经任何人同意就将停放的电瓶车拖带的运桶拖盘摘下，私自

开车运木头。当将所运木头卸完，向原停放位置倒车途中，电瓶车左后侧顶在制桶车间一勤杂工的臂部，将其顶出数米远，撞在摘下的运桶拖盘车上，被撞勤杂工经抢救无效死亡。

事故主要原因及责任分析：不熟悉驾驶技术，不懂安全操作规程，私自开车，无证驾驶，应负事故全部责任。

[事故案例二] 1987年×月×日，××厂初学开叉车的司机×××没听从师傅的吩咐将叉车开到指定地点停放，而是私有车开到某空地处调头。在调头过程中左后轮压在一凹地处，叉车右前轮离地，不能向前开。这时刚好有一民工经过，见状帮忙在车后推，驾驶员由于挂错挡，叉车突然向后行走，将民工撞在后边的一堵墙上，造成墙倒人伤。

事故主要原因及责任分析：驾驶员无证上岗，应负全部责任。

(2) 交叉路口事故　厂区交叉路口地形复杂，行人车辆聚集交会，再加之驾驶员在观察前方横向路时视线不良，如不认真遵守交叉路口的行驶规定，极易发生各类事故。

[事故案例一] 1984年×月×日，××仓库内，一辆东风后三轮摩托车由南向北行驶，一辆大货车由西向东行驶，准备出仓库大门，两车在驶向距仓库大门约30m处的十字路口时，由于两名驾驶员都违章超速行驶，再加之仓库内路口旁有货垛，影响双方驾驶员观察前方横向路的情况，通过路口未采取减速的措施，结果两车在路口中央相撞，造成后三轮摩托车侧翻，驾驶员当场死亡。

事故主要原因及责任分析：双方驾驶员在仓库院内行驶违反了限速规定，在通过视线不良的交叉路口时未提前减速，冒险抢行。

[事故案例二] 1985年×月×日，××厂驾驶员××驾驶一平板柴油搬运车在厂区运送物料。当该车行驶至一交叉路口时，突然发现右侧路口驶来一辆车，××急刹车同时向左打转向盘躲闪。由于车速快和离心力作用，将平板车上的货仓及站在车尾部手扶货仓的装卸工一起甩下，装卸工颅脑干断裂，经抢救无效死亡。

事故主要原因及责任分析：主要原因是驾驶员驾车通过交叉路口时没有认真观察，未提前降低车速和装卸工违章乘车。

(3) 超速行驶事故　“十次事故九次快”，是说车辆伤害事故许多是由于行驶速度过快，来不及采取措施造成的。车速过快，会破坏车辆的操纵性和稳定性，会延长车辆的制动距离，扩大了车辆制动的非安全区，同时使驾驶员和其他人员判断险情和采取避让的时间缩短。所以，驾驶员一定要严格遵守厂区限速规定，同时要集中精力谨慎驾驶，注意道路环境和行人动态，避免事故发生。

[事故案例一] 1968年×月×日，××厂铲车司机参加卸糖作业，工间休息时，到休息室吃饭。饭后，该司机驾车返回作业现场，当行驶至码头泊区时，因车速较快，司机操作不当，使车辆失去控制从码头边坠落海中，导致铲车沉入海底，司机当场溺亡。

事故主要原因及责任分析：由于驾驶员思想麻痹，违章超速行驶，又缺乏应变能力，导致操作失误，车辆失去控制以致发生事故，驾驶员应负全部责任。

[事故案例二] 1985年×月×日，××厂的一辆日产叉车在本厂院内从事搬运袋装矿石任务，驾驶员在作业过程中用叉子上部叉起两袋约600kg的矿石，由于驾驶员行车速度过快，在右转弯时叉车失去平衡造成侧翻，驾驶员被砸致死。

事故主要原因及责任分析：驾驶员违章超速行驶，转弯时不减速，应负全部责任。

(4) 酒后驾车事故　酒精主要作用于人的中枢神经系统，一般情况下，人在饮下20～40mL酒后，注意力、判断力及动作协调性就会减弱，所以，酒后驾车极容易发生恶性事故。

[事故案例一] 1982年×月×日，××厂一辆大货车的驾驶员酒后驾车，当驶过某十字路口50m时，撞到了靠道路右侧停放的一辆货车，将该驾驶室内乘坐的小孩撞出；又继续行驶50m，把路旁标志牌撞坏；车辆未停继续向前行驶155m，又将路边一骑车人撞死，同时将骑车人的妻子撞到沟里造成重伤；又继续行驶185m，因有车追赶被迫停车；掉头时，又将车倒入沟内，自己也造成重伤。

事故主要原因及责任分析：驾驶员酒后违章开车，应负全部责任。

[事故案例二] 1993年×月×日，××单位两辆东风牌大货车去拉钢材。在行车途中，一车三人（驾驶员和两名装卸工）吃饭时喝了一瓶白酒，饭后继续行驶。本单位的另一辆车先驶入卸货地点，前车司机停车下来察看。由于后车司机酒后驾车，发现前车停车情况时已晚，采取措施不及，与前车尾部相撞，车上所装钢材前移，将驾驶室挤瘪，机车接近报废，造成随车装卸工和驾驶人员死亡的恶性事故。

事故主要原因及责任分析：驾驶员酒后违章驾驶车辆，应负全部责任。

(5) **倒车事故** 驾驶员在倒车作业中，由于视线不好、习惯性操作或操作不当，在车后有障碍或人员的情况下，极易发生事故。

[事故案例一] 1980年×月×日，××厂一铲车在煤炭货场铲运煤炭，中途车辆发生故障，便在离煤垛8m远的地方停车检查。当驾驶员×××在车尾部掀开发动机罩检修时，另一铲车在煤垛前卸下煤炭后，一边落下升降架，一边向后倒车，正直对着后面停车检查的铲车尾部撞去，两车相撞后，被撞铲车移动1m多，驾驶员×××左腿被严重挤伤，虽经抢救，但左腿下部坏死，造成截肢。

事故主要原因及责任分析：司机作业倒车时，既不观察又不鸣笛，应负事故主要责任。

[事故案例二] 1991年×月×日，××厂司机与助手在厂院内为所驾驶的解放货车挂车斗，当机车距斗车20cm时，司机熄火下车，与助手共同拉斗车往机车上挂，但未拉动；司机抬着臂叉，让助手上车继续向后倒一点车，助手上车后在未检查挡位的情况下即发动车辆。车启动后突然后倒，司机受到撞击随臂叉落地同时被挤倒，连同斗车一起扔出1m多远，造成颅脑严重损伤。经抢救无效死亡。

事故主要原因及责任分析：助手违反了有关“启动发动机前，应拉紧手制动，完全踏下离合器踏板，将变速杆置于空挡位置，然后打开点火开关”的规定，贸然倒车，加之缺乏处理紧急情况的经验，是此起事故的直接原因。另外，司机在对助手操作技术掌握不清，而且没有安全把握和防范措施的情况下，盲目指使助手倒仅为20cm的距离，也是促成此起事故的又一主要原因。

(6) **车辆状况不良事故** 在安全行车中，车辆的技术状态好与坏起着重要的作用。特别是车辆的制动系统及转向系统对安全行车的影响最大。另外，车辆的音响、灯光、轮胎、传动装置也是非常重要的。如果上述这些部位缺乏维护和日常的检验，就会造成带病行车，如遇紧急情况，将不可避免地造成重大的车辆事故。

[事故案例一] 1979年×月×日，一辆解放牌货车去库房装运铁砖，车上有6名装卸民工和1名家属，行车前驾驶员已查出刹车系统漏气，当时未作处理。铁砖装好后，司机没有检查气压就起步。车行驶40m后遇下坡道，司机为了节油，熄火空挡滑行。因坡较陡，车速增快，司机用脚制动无效，才发现气压表只有两个压力，立即拉手制动，由于重车在陡坡上滑行，手制动已无法减速，采取抢挡措施，但两次均未成功。这时车已出仓库大门，距离

大门150m就是90°的转弯。司机向右打转向盘，由于车速快，车跑出路面翻倒在菜地里，车上6名民工和铁砖同时被甩出车外，死亡1人，重伤2人。

事故主要原因及责任分析：驾驶员违章开带病车，而且开车前未检查气压，因漏气造成制动失灵；又为了节油忽视安全，熄火空挡滑行，应负事故全部责任。

[事故案例二] 1989年×月×日，××厂叉车司机驾驶叉车以20km/h左右的速度运载物料，在某路段司机依惯性沿路中心线空挡减速。当滑行过车间路口时，把刚从该路口拐入道路中线偏右同向行进的××刮倒。司机闻声急刹车，但刹车失灵，叉车继续向前滑行，使被撞人被载料桶撞倒，压入桶底并随车向前推4.2m，××经送医院抢救无效死亡。事后检查发现刹车油管脱落。

事故主要原因及责任分析：司机精神分散。班前没仔细检查，致使刹车油管存有重大隐患而没有及时发现消除。

(7) 装卸事故　车辆装卸事故主要表现在装卸超载、客货混装、物品滚落伤人、驾驶员蛮干等。

[事故案例] 1986年×月×日，××公司驾驶员王×驾驶3t叉车帮助木器厂进行小锅炉移位。装卸工李×等5人手扶手推车待叉车装锅炉。叉车第一次把锅炉运到手推车上方下落时，手推车失去平衡发生前倾。这时李×找来两根150mm×150mm的木方，横绑在手推车上方，并叫其余四人到两侧扶住锅炉，由他亲自扶把。当叉车把锅炉放在手推车上时，一瞬间锅炉向车把方向滚动，装卸工李×因扶不住车把，跌倒在车把上，锅炉从李×的身上滚过。

事故主要原因及责任分析：违反了有关装载的规定。

(8) 通过铁路道口的事故　机动车在通过铁路道口时，应提前减速，严禁争道抢行，特别是在通过无人看守或视线不好的道口时，更要认真遵守"一慢、二看、三通过"的原则，切不可冒险通过。否则将会产生难以预料的惨痛后果。

[事故案例] 1993年×月×日，××厂司机驾驶解放牌货车在某粮库拉运粮食。在通过该仓库一无人看守的铁路道口时，由于未认真执行"一慢、二看、三通过"的规定，再加之铁路两侧有粮垛，使驾驶员观察视线受阻，当该车冒险通过时，与一辆由北向南驶来的火车相撞。汽车被撞出30余米，后将汽车夹在火车头与粮库墙壁之间，造成车厢上的两名装卸工人当场被挤死、汽车全部报废的重大事故。

事故主要原因及责任分析：驾驶员在通过铁路道口时，思想麻痹，侥幸冒险通过，违反了有关认真瞭望的规定，应负事故主要责任。

五、场（厂）内专用机动车辆伤害事故的预防措施

1. 驾驶员处理事故的基本素养

尽管车辆伤害事故的发生是在一刹那，但这一刹那因驾驶员经验不足或心理素质较差，导致措施不当或操作失误，往往会使事态扩大，加重损失。所以，培养良好的心理素质和处理突发情况的能力，是每位驾驶员必备的职业素养。

(1) 必须对交通的冲突点保持充分的缓冲空间和缓冲时间　在场（厂）内驾驶车辆必须与道路上的交通参与者，包括活动物体（行人、车辆）和静态物体（如停放的车辆、设备、建筑、电杆等）保持足够的横向、纵向的缓冲空间和保持足够的缓冲时间。其目的是在突发情况发生时，使自己所驾驶的车辆有充分的制动距离或能采取其他应变措施的时间。作为一

名驾驶员，在行车中时刻保持避免冲突的缓冲时间和缓冲空间，主要是靠自觉运用操作规程和规章制度的规定，注意平时锻炼自己的反应能力，善于观察，选择处理冲突的有用信息(如各种标志信号、方向灯、制动灯等信息)，只有这样，在突发情况出现时，驾驶员所驾驶的车辆才能避开冲突点。

（2）车辆伤害事故的避让与处置　避让事故是一项复杂的驾驶技术，避让得当可减少事故损失，反之则加重损失。得当的避让首先取决于驾驶员良好的心理素质和熟练的驾驶技术。避让是否得当，主要取决于以下几点。

① 遇险情要冷静，这是能否及时避让事故的先决条件。

a. 保持清醒，采用正确的避让动作，往往能及时中止事故，使损失减少到最低限度。

b. 不要惊慌失措，稀里糊涂做出避让动作；反之，虽能在事故后及时停车，但往往损失已经造成。

c. 尽快从惊呆中清醒。若是完全惊呆，没有采取任何避让措施，往往导致事故持续，从而扩大事故损失。

② 遇险情要先顾人后顾物，这是避让的一项基本原则。

③ 遇险情要就轻避重，在避让时要靠近损失或危害较轻的一方，避开损失或危害较大的一方。

④ 遇险情要先顾别人后顾自己。

⑤ 遇险情要先顾方向后顾制动。因为在事故前正确转动转向盘可使车辆避开事故的冲突中心，有时甚至能脱离险情。若转向盘转动滞后于制动使用，就会使车辆失去避让的机会，但对于需缩短制动距离的事故应在转动转向盘的同时采取紧急制动。

2. 车辆肇事后应做的工作

车辆伤害事故不是人们期望发生的，一旦发生事故，作为肇事车驾驶员和事故单位应做好哪些工作，也是很有必要了解掌握的。只有做好事故后一些工作，才能避免扩大损失，尽快恢复生产。同时更重要的是对今后的事故分析处理会提供可靠的第一手资料。

（1）车辆伤害事故现场　车辆伤害事故现场是指发生事故的车辆、伤亡人员及与事故有关的遗留物、痕迹所在的路和地点。现场分为两类。

① 原始现场。现场上的肇事车辆和伤亡人员以及有关遗留物均未遭到改变和破坏，仍然保持着发生事故后的现场原始状态。

② 变动现场。事故发生后，由于人为的或自然原因改变了现场的原始状态的部分或全部。

（2）现场勘察的目的

① 从现场勘察收集的痕迹、物品中研究各种痕迹之间的联系，从而判明当事各方在发生事故过程中的主要情节和违章因素。

② 通过现场勘察，查明事故的主要客观原因及事故各方的初步责任。

③ 通过现场勘察，为研究发生事故原因和规律提供可靠的依据。

（3）肇事后驾驶员应做的工作　车辆一旦肇事，驾驶员应努力减少事故损失，并配合有关部门及人员做好以下几项工作。

① 迅速停车，积极抢救伤者，并迅速向主管部门报告。对于触电者，应就地实施人工呼吸抢救；对于外伤出血者，应予以包扎止血。在事故现场进行简易紧急抢救后，要视伤者的具体情况，及时送往医院拖救。对于当场死亡人员，不得擅自将尸体及其肢体移位。

② 要抢救受损物资，尽量减轻事故的损失程度，设法防止事故扩大。若车辆或运载的物品着火，应根据火情、部位，使用相应的灭火器和其他有效措施进行补救。

③ 在不妨碍抢救受伤人员和物资的情况下，尽最大努力保护好事故现场。对受伤人员和物资需移动时，必须在原地点做好标志；肇事车辆非特殊情况不得移位，以便为勘察现场提供确切的资料。肇事车驾驶员有保护事故现场的责任，直至有关部门人员到达现场。

④ 肇事驾驶员必须如实向事故调查人员汇报事故的详细经过和现场情况。

⑤ 肇事驾驶员应态度端正，从事故中吸取教训，切忌谎报，隐瞒事故情节和伪造、毁坏事故现场。

(4) 事故发生单位应做的工作　事故单位的领导或主管部门接到事故报告后，应立即赶赴事故现场，组织人员抢救伤员、物资，保护好事故现场，根据人员的伤势程度，按规定程序逐级上报。

事故单位的安全管理部门，可在不破坏事故现场的情况下，对现场初步进行勘察，尤其是在主要干路上易被破坏的痕迹，物品的勘察应抓紧进行。事故现场勘察主要有下列几项内容。

① 保护现场，首先应观察事故现场全貌，确定现场范围，并将现场封闭，禁止车辆和其他无关人员入内。如现场有易燃、易爆或剧毒、放射性物品，应设法采取措施防止事态扩大。

② 寻找证人。尽快查找到事故发生时的直接目击者、证人，获得第一手资料。

③ 看护肇事者，对重大伤亡事故的肇事者必须指定专人看护隔离，防止发生意外。

④ 绘制现场图。

⑤ 调量事故现场。

⑥ 对事故现场进行拍摄。

3. 常见事故的预防

(1) 场（厂）内直路事故预防　机动车在直路上行驶，由于视线和道路条件好，驾驶员思想容易麻痹，行车速度较快，不利于安全行车。场（厂）内道路比较狭窄，视线不良，人车混行，如驾驶员思想麻痹，车速过快，观察不周，措施不当，极容易发生碰撞事故。在场（厂）内直路上行驶应采取以下防范措施。

① 驾驶员应做到精力集中，认真观察路面上车辆、行人动态，做到提前准确判断。

② 车辆行驶时应注意保持足够的行车间距。

③ 车辆行驶时应根据气候、道路情况、车速等保持足够的安全横向间距。

④ 严格遵守场（厂）内车辆行驶速度的规定。

⑤ 保证场（厂）内道路畅通，安全标志、信号完好。

⑥ 车辆行驶必须保持技术状况良好，严禁带病行驶。

(2) 场（厂）内交叉路口行车事故预防　场（厂）内道路地形复杂，交叉路口较多，车辆通过时，由于受厂房、货垛等其他设施的影响，会使驾驶员视线受阻。又由于交叉路口所形成的冲突点和交织点，更使安全情况复杂化，如驾驶员不认真遵守路口行车的有关规定，极易发生事故。

场（厂）内交叉路口行车事故原因很复杂，应采取以下预防措施。

① 车辆进入交叉路口前要提前减速，不准超过 15km/h。路面窄、盲区大时，车速还应降低。

② 驾驶员应注直观察视线内车辆行人动态，安全通过交叉路口，要突出一个“慢”字，严禁一个“抢”字。

③ 车辆转弯时，应提前打开转向指示灯，右转弯要缓慢，左转弯应注意避让其他车辆，谨慎驾驶。

④ 车辆转弯时应保持左右两侧有足够的横向间距。

（3）场（厂）内倒车事故的预防　场（厂）内运输距离短，往返频率高，增加了车辆起步、停车、倒车的次数，再由于场（厂）内视线不良、环境复杂、观察不便，很容易导致事故。

为预防倒车事故，驾驶员必须做到以下几点。

① 场（厂）内道路、环境情况复杂，倒车前必须选择好倒车路线与地点。

② 倒车前应认真观察周围情况，确认安全后鸣笛起步缓慢后倒。

③ 在厂房、料库、仓库，窄路及视线不良地段倒车时，须有专人指挥。

④ 车辆在场（厂）内平交路上，桥梁、陡坡等危险地段不准倒车。

⑤ 保持车辆技术状况良好。

（4）叉车装卸事故的预防　场（厂）内专用机动车辆装载事故以叉车发生为多，主要表现在装载不稳、超载、货物坠落伤人等。

为防止装卸事故，应注意以下几点。

① 要严格遵守有关装卸的规定和操作规程。

② 叉载的物品不能超过额定起重量。重量不清应试叉，不许冒险蛮干。

③ 禁止两车共叉一物。特殊情况除制定完善的保证措施外，应进行空车模拟操作，待两车动作协调后方准作业。

④ 叉车作业升降、倾斜操作要平稳，行驶时不要急转弯、转向。

⑤ 驾驶员应了解所搬运物品的性质，易滚动易滑物品要捆绑牢固，不准搬运易燃易爆等危险用品。

（5）夜间行车事故预防　机动车在夜间行驶，由于光线不好，视觉不良。操纵困难，会给安全行车造成很大的影响。

驾驶员在夜间行车，应做到以下几点。

① 出车之前，应认真检查车辆，保证车辆制动可靠、转向灵活、气压正常；灯光和喇叭等齐全有效。

② 适当降低车速，认真观察，正确使用灯光，并随时做好停车准备，以防发生意外。

③ 夜间会车，应距对面来车150m以外，将远光灯变为近光灯，并适当降低车速，选好交会地点。如因灯光照射发生炫目时，应立即停车，避免事故发生。

④ 夜间行车应尽量避免超车，如必须超车时，应事先连续变换大光灯远近示意，待前车让路允许超越后，方可进行超越。

⑤ 夜间行驶途中，车辆需临时停放或停车修理时，应开亮小光灯和车尾灯，防止碰撞事故的发生。

自　测　题

1.《特种设备安全监察条例》规定的特种设备共包括（　　）设备。

A. 四类　　B. 七类　　C. 五类　　D. 八类

2. 根据国务院发布的《特种设备安全监察条例》，下列设备中属于特种设备的是（　　）。

A. 大型车床　　B. 挖掘机　　C. 液化气罐　　D. 汽车

3. 根据国务院发布的《特种设备安全监察条例》，下列设备中不属于特种设备的是（　　）。

A. 锅炉　　B. 电焊机　　C. 电梯　　D. 起重机械

4.（　　）是指涉及生命安全、危险性较大的锅炉压力容器（含气瓶，下同）、压力管道、电梯、起重机械、客运索道、大型游乐设施等。

A. 特种设备　　B. 特种机械　　C. 承压类特种设备　　D. 机电类特种设备

5. 特种设备在投入使用前或者投入使用后（　　）内，特种设备的使用单位应当向直辖市或者设区的市的特种设备安全监督管理部门登记。登记标志应当置于或者附着于该特种设备的显著位置。

A. 30 日　　B. 2 个月　　C. 3 个月　　D. 半年

6. 特种设备是指涉及生命安全、危险性较大的（　　）等。

A. 锅炉　　B. 气瓶　　C. 油井　　D. 电梯

E. 起重机械

复习思考题

1. 简述场（厂）内专用机动车辆的特点。

2. 叉车由哪几部分组成？简述各组成部分的作用。

3. 场（厂）内专用机动车辆驾驶员要严格坚持的“三检”是指哪“三检”，主要检查哪些内容？各有什么要求？

4. 哪些情况属于特殊情况下使用场（厂）内专用机动车辆？使用主要有哪些特殊要求？

5. 场（厂）内专用机动车辆发生伤害事故的主要原因是什么？

6. 减少场（厂）内专用机动车辆伤害事故的预防措施有哪些？

第六章 客运索道及大型游乐设施安全技术

学习目标

1. 了解客运索道及大型游乐设施的基本知识。
2. 熟悉法律法规对客运索道及游乐设施的安全要求。
3. 熟悉客运索道及游乐设施的安全管理要求。

事故案例

1999年7月1日，法国西部阿尔卑斯山天文台索道钢丝绳断裂，20位天文学家不幸遇难。

1999年10月3日，贵州省黔西南州兴义市马岭河风景区发生客运架空索道坠落事故，造成14人死亡，22人受伤。

2010年6月29日下午4时许，深圳市盐田区东部××景区太空迷航游乐设施发生塌落事故，48名游客被困，其中3人当场死亡，3人送医院抢救无效死亡，10人受伤，其余32人获救。

第一节 客运索道安全技术

一、客运索道基本知识

1. 客运索道概念

客运索道，是指动力驱动，利用柔性绳索牵引箱体等运载工具运送人员的机电设备。包括客运架空索道、客运缆车、客运拖牵索道等。

2. 客运索道的分类

(1) 客运索道按支撑物的不同分三大类。

客运架空索道：利用架空的绳索支撑运载工具运送乘客。

客运拖牵索道：利用雪面、冰面、水面支撑运载工具运送乘客。

客运缆车：利用地面轨道支撑运载工具运送乘客。

(2) 客运索道按其运行方式可以分为往复式和循环式两大类。

往复式索道又可分为承重与牵引分开的往复式单客厢索道，承重和牵引分开的车组往复式索道，以及承重和牵引合一的单线车组往复式索道3种。

循环式索道又可分为连续循环式、间歇循环式（运行—停止—运行）及脉动循环式（快速运行—慢速运行—快速运行）3种。其中连续循环式应用最广泛，其次是脉动循环式，而间歇循环式较少采用。

(3) 客运索道还可按照使用的抱索器形式和运载工具的形式进行分类 按使用的抱索器形式分，有固定抱索器客运索道和脱挂式抱索器客运索道；按所用的运载工具形式分，有吊厢式、吊椅式、吊篮式和拖牵式等。

3．客运架空索道

是一种将钢索架设在支承结构上作为轨道，通过运载工具来输送人员的运输系统。可服务于城市公共交通、运送厂矿企业的职工、运送乘客登山等。我国的客运索道多建设在旅游观光场所。

图 6-1　客运索道

客运索道（如图 6-1 所示）由钢索（运载索，或承载索和牵引索）、钢索的驱动装置、迂回装置、张紧装置、支承装置（支架、托压索轮组）、抱索器、运载工具（吊厢、吊椅、吊篮和拖牵式工具）、电气设备及安全装置组成。索道的工作原理是：钢索回绕在索道两端（上站和下站）的驱动轮和迂回轮上，两站之间的钢索由设在索道线路中间的若干支架支托在空中，随着地形的变化，支架顶部装设的托索轮或压索轮组将钢索托起或压下。载有乘客的运载工具通过抱索器吊挂在钢索上，驱动装置驱动钢索，带动运载工具沿线路运行，达到运送乘客的目的。张紧装置用来保证在各种运行状态下钢索张力近似恒定。

客运索道按钢索的利用情况可分为单线索道（承载和牵引功能合为运载索）、双线索道（承载索和牵引索分开）、多线索道（多条承载索或牵引索）。按运行方式可分为往复式索道和循环式索道。循环式索道又可分为连续循环式、间歇循环式（运行—停止—运行）及脉动循环式（在运行中速度可变），我国目前在用客运索道中最主要的型式是多线往复式和单线循环式两种。

往复式索道是最早出现的索道类型，常见的有双线式、三线式或四线式。其钢索不停循环运转，而带动客车在两站间作往复运动。这类索道简便、安全，可以跨越大跨度，所立支架少，甚至不立支架。因此，在各种难以跨越的江、河及复杂地形情况下，仍是唯一的索道选择方案。

单线循环式索道只用一根钢索（承载索和牵引索合为运载索），索系最简单，是我国索道的主导类型。按使用的抱索方式分为固定抱索器式和脱挂抱索器式两种索道。其中又以固定抱索器的单线循环吊椅式索道数量最大，占索道总数的 2/3。其优点是吊椅用抱索器固结在运载索上，安全度高，建设周期短，投资少，效益好。其缺点是全线只能采用同一速度，为了使站内乘客上下便利、安全，而被迫在线路上采取与站内相同的低速运行，使运输能力受到限制。

脱挂抱索器的单线循环式索道是用活动抱索器夹紧钢索的。进站时活动抱索器通过脱开器打开抱索器，使客车与钢索脱离，由抱索器上的滚轮转移到站内轨道上运行；出站时，抱索器通过挂结器咬合钢索，由钢索带动客车在线路上以高速运行。这样就实现了客车在站内低速运行，方便乘客上下；而在线路上又可高速运行，加大客运量。关键技术问题是抱索器与钢索的脱挂要安全、灵活，在挂索瞬间抱索位置准确、可靠、与钢索运动同步。这要求索道有一套完善可靠的检测装置，在脱、挂索失误或抱索力不够时，能及时检测出来并停车。缺点是设备昂贵，技术要求高，维护难度大。

4. 客运索道的特点

与其他运输工具相比，客运索道突出的特点是：可直接跨越山川和地面障碍，适应性强；运距短，节省行程时间；结构紧凑，施工量小，对自然景观破坏小；低能耗（一般用电力驱动），无污染；投资比其他运输形式相对低，回收快。近几年客运索道在我国得到迅速发展。

同时我们应该看到，索道距离地面高达几米、十几米、甚至上百米，人体处于高处运动状态，这既是索道吸引人之处，也是危险所在。客运索道的服务对象是临时乘客，他们完全没有索道专业知识，也无法进行专业培训，在乘坐索道整个过程中，无论是心理恐慌，还是身体不适，或由于无知带来的冒险行为、甚至天气突变的影响，都会带来严重的安全问题。索道运行是由索道站集中控制的，发生问题时，乘客无法随时自主控制运行状态，不能中途随意上下。对于一般其他种类机械，当运动停止，危险状态就随之解除。而索道不管是在正常运动状态由于乘客原因而发生问题，还是由于雷击、停电、设备故障等原因使索道处于停车状态，或者是营救乘客的操作，只要人处于高处，危险状态就没有解除。特别是我国游览索道都是在野外露天、名山大川，地形、地物、天气条件复杂，给索道救护增加困难。客运架空索道安全问题必须给予足够重视。

二、法律法规对客运索道安全的规定

1. 客运索道建设过程的安全管理

（1）设计、测量、施工单位

① 要选择正规的、有相应资质的单位，设计文件一定要通过国家客运架空索道安全监督检验中心的审查。

② 土建施工前，施工单位必须持相关资质证书到地方城市建设主管部门办理告知手续。

③ 设备要委托取得相应客运索道制造许可的生产厂家来制造，生产厂家必须把好出厂检验关，客运索道的驱动机、抱索器、运载车辆、钢丝绳、减速机等主要部件出厂时，必须附有制造企业关于该部件的出厂合格证、使用维护说明书等随机文件。

④ 对于国外企业在中国境内销售境外制造的客运索道，必须明确中国境内注册的代理商，并由代理商承担相应的安全责任。

（2）安装、改造、维修

① 客运索道的安装、改造、维修应委托相应级别（现有 A、B 两个等级）的《客运索道安装改造维修许可证》的单位进行。施工前，安装单位应持有企业资质证书、作业人员上岗证书、工程审批手续、工程设计审查手续、所安装设备型号、设备生产厂资质等资料到直辖市或社区的市的质量技术监督局办理书面告知，告知后，方可施工。

② 客运索道安装、改造、维修活动结束后，施工单位应当在验收后 30 日内将有关涉及安全性能参数技术资料，移交使用单位存入该设备的技术档案。

2. 客运索道验收检验过程的安全管理

① 客运索道施工结束后，索道站（公司）或者索道运营承包单位，首先应制定一套切实可行的索道运营安全管理制度，然后向所在地省级特种设备安全监察机构提出运营申请报告。

② 经由该安全监察机构的安全监察员组成的审查组按照统一制定的《客运索道安全管理监督检验记录表》的有关内容及填写要求进行审查、填写，审查结论为合格后，才能约请国家客运索道监督检验机构进行最终检验验收。对于客运拖牵索道的安装，各监督检验由省级具备客运索道检验资格的检验机构进行。

③ 施工项目经检验合格，由检验机构发给客运索道安全检验合格标志，客运索道即可以投入正常的使用运行。安全检验合格标志应当置于显著位置。

客运索道在投入使用前应当核对其是否附有《特种设备安全监察条例》规定的相关文件、安全规范要求的设计文件、产品质量合格证明、安装及使用维修证明、监督检验证明等文件，同时，投入使用后30日内，使用单位应向质量技术监督部门办理使用登记，并取得使用登记证。

对于客运索道需要易地重新安装的，新的使用单位应按上述有关程序办理注册登记手续，应重新进行验收检验，合格后重新发证。

3. 客运索道使用过程的安全管理

(1) 技术资料的存档　安全技术档案应当包括以下内容：

① 项目批复文件、设计文件、制造单位、产品质量合格证明、使用维护说明书等文件、安装技术文件和记录资料以及各种鉴定验收文件；

② 客运索道的定期检验和自行检查的记录；

③ 客运索道的日常使用状况记录；

④ 客运索道及其安全附件、安装保护装置、测量调控装置及有关附属仪器仪表的日常维护保养记录；

⑤ 客运索道运行故障和事故记录。

对于在日常维修或设备改造中所做的任何修改都应在存档资料上进行更正或留下记录。

(2) 人员的要求　索道站（公司）应由3部分人员组成：管理人员（站长或经理、安全员等）、作业人员（司机、机械和电气维修人员等）、服务人员（售票员、站内服务人员等）。

客运索道站长应根据该索道类型和条件制定索道正常运行和安全操作各项措施，建立岗位责任制和紧急救援制度，对索道的正常运营、维修、安全负责。

客运索道作业人员应身体健康并适应高空作业，熟悉设备各部分的结构原理、技术性能和维护保养方法，熟悉索道的安全操作规程和安全运行的要求，维修负责人应能制定本索道设备的检修计划。

从事客运索道作业的安装、维修、司机、编索及客运索道安全管理人员应当取得《特种设备作业人员证》后，方可从事相应的作业工作。

初发的《特种设备作业人员证》有效期为2年。持有《特种设备作业人员证》的人员，应当在期满前3个月前，向发证部门提出复审申请，也可将复审申请材料提交考试机构，由考试机构统一办理。延长的复审期限不得超过4年。

4. 客运索道检验

客运索道《安全检验合格》证有效期为3年，有效期满由国家客运架空索道安全监督检验中心进行全面检验。在3年之中处于安全检验合格标志有效期内的安全管理，固定抱索器客运索道由省级具备客运索道检验资格的检验机构进行每年一次的年度定期检验，不具备客运索道检验资格的省份和所有往复式客运索道、客运地面缆车、脱挂抱索器客运索道仍由国家客运架空索道安全监督检验中心进行年度检验。使用单位需提前 1 个月申请年度定期检验，年度定期检验不合格的不得运营。客运拖牵索道安全检验合格标志的有效期为 1 年，年度检验由省级具备客运索道检验资格的检验机构进行。

三、客运索道事故特点和应急措施

客运索道容易发生坠落、摔伤、挤压等事故。

1. 客运索道事故特点

① 露天高处作业。客运索道大多建在名川大山野外露天场所，人们乘坐的吊椅、吊篮、客厢往往悬挂在距地面几米、数十米乃至百余米的高空钢丝绳上运行。索道站职工每天沿线路巡检维护，也要攀登几米、十几米乃至数十米高的驱动机台架、支架，在高空检修平台或检修小车上从事露天作业，夏天热、冬天冷，风吹日晒，工作条件差。

② 钢丝绳的安全影响大。每一条架空索道都离不开钢丝绳，钢丝绳是客运索道最重要的关键部件。虽然在设计时按照一定的安全系数来选择钢丝绳的结构和规格，但是在使用过程中，钢丝绳不可避免地会产生疲劳和磨损、变形、锈蚀、断裂等缺陷，从而导致强度降低，甚至突然破坏。钢丝绳在使用过程中发生破坏事故，其后果往往非常严重，轻者导致设备的损坏，重者引起人员的伤亡。

③ 自然条件变化大、规则性差。由于自然条件（地质、水文、气候、地形等）多变和千差万别，每一条客运索道的工艺线路、设备选型、布置都有自己的特点；即使同一类型的索道，因地形条件的变化或运行速度和客运量的差异，其不安全因素也不同。

④ 安全环节多、关联性差。客运索道是由立体交叉、众多环节组成的系统工程。安全措施贯穿于索道设计、制造、安装、运行、维护和管理的全过程。

⑤ 职工误操作多，乘客和周边人员错误行为多。

⑥ 营救难度大，社会影响大。

2. 客运索道事故应急措施

① 发生客运索道事故时，应立即通知客运架空索道制造、维保单位，并根据需要按紧急处置措施解救人员。

② 若机械设备、站口系统、牵引索等发生重大故障导致索道不能继续运行时，必须采用最简单的方法，在最短的时间内将乘客从客车内撤离到地面。撤离的方法取决于索道的类型、地形特征、气候条件、客车离地高度。

③ 当外部供电回路电源停电，或主电机控制系统发生故障时，应开启备用电源，如柴油发电机组来供电，借辅助电机以慢速将客车拉回站内。

④ 在采用应急运行方案无效或不能保证不发生重大问题、索道不能应急运行时，要实施线路处置方案来营救线路上的乘客，索道上站的游客可由工作人员带领步行下山或安排在安全地方休息。

四、客运索道使用安全技术

1. 安全检查

为预防、减少事故的发生，及时发现和控制各种危险、有害因素，保护乘客和作业人员的安全健康，保证安全运营，应进行各种安全检查。

安全检查的内容应根据索道运营特点，制定检查项目、标准，主要是查思想、制度、机械设备、安全设施、安全培训、操作行为、劳保用品使用、伤亡事故的处理等。对检查出来的隐患进行记录、整改、复查。经复查整改合格后，进行销案。

安全检查有经常性、定期性、突击性、专业性和季节性检查等多种形式。安全检查的组织形式，应根据检查目的、内容而定，参加检查的组成人员也不完全相同。

2. 安全使用要求

① 客运索道的运营使用单位在客运索道每日投入使用前，应当进行试运行和例行安全检查，并对安全装置进行检查确认。

② 客运索道的运营使用单位应当将客运索道的安全注意事项和警示标志置于为乘客注意的显著位置。

③ 客运索道的运营使用单位的主要负责人至少每月召开 1 次会议，督促、检查客运索道的安全使用工作。

3. 客运架空索道安全营救

(1) 救护组织　把索道全体职工编入救护组织，必要时应与市或地区消防系统联合整编。索道站除有严密的事故救护组织外，为了使全体人员了解和熟悉自己的岗位、救护方法和过程，救护组织负责人要组织救护人员进行定期救护演习；一旦发生事故时能按岗位各司其职，迅速、准确地完成救护工作。救护组织应包括以下内容。

第一组通信	广播：召集人员，传达通知，安定人心，解释救护方法
	电话，与本站及市、区外部联系
	旗语：必要的用作补充联系
第二组照明	备用柴油机发电或专用应急手电
	煤油灯：用桅灯（也叫马灯）或应急灯
第三组救援	空中作用（分若干组同时进行）
	地面协助
第四组医疗	临时处置
	送医院治疗
第五组消防	扑灭火灾
第六组公安	维持秩序，防止意外

在救护工作时，索道工作人员通过广播做好宣传解释工作，安定乘客的情绪，讲解到达站房和地面的方法。

(2) 救护方法与设施　两种不同故障情况的救护。

影响索道停业运行的原因主要有停电、机械设备发生故障（包括驱动装置，尾部拉紧装置，索轮组和导向轮等）、牵引索跑偏或掉绳、进出站口系统有异常等。根据上述情况，可分别采取不同的营救方法。

第一种情况：当外部供电回路电源停电，或主电机控制系统发生故障时，应开启备用电源，如柴油发电机组来供电，借辅助电机以慢速将客车拉回站内。

第二种情况：当机械设备、站口系统、牵引索等发生重大故障导致索道不可能继续运行时，必须采用最简单的方法，在最短的时间内将乘客从客车内撤离到地面。撤离的方法取决于索道的类型、地形特征、气候条件、客车离地高度。配备适宜的营救设施，如绞车、梯子、救护袋等。在营救工作中，营救工作时间应尽可能短，一般应少于 3h，按此来配备营救设备和营救人员的数量。同时，应根据线路地形特点，将营救设备放在有关支架附近的工具箱内，便于营救时可以迅速取出使用。

往复式索道的牵引系统分两类：欧洲等诸国采用单索引安全卡系统，而以日本为代表的国家则几乎全部采用双牵引差动轮系统。

单索引系统：当牵引索突然断裂，客车上的安全卡立即自动（也可手动）卡住承载索，使客车安全停住。然后由辅助索引的专用小型救护车，由站内发往出事地点，与原客车对接，分批把乘客运回到站内。现代客运索道有些已不采用辅助索系统，而使用更为方便的自行式救护小车。

双索引系统：当其中一根牵引索突然断裂，则断索一侧的差动驱动轮会随之突然超速，立即引起超速制动，客车依靠另一根牵引索安全停住在线路上，然后用手摇泵的压力油开启未断牵引索一侧的制动闸，用慢速开动该侧驱动轮，将客车缓慢拉入站内。如果专用救护小车或差动轮的另一根牵引索均无法把乘客救回站内时，可以利用“高楼救生器”或称缓降机，把乘客一个个地从车厢的底部开口处直接下放至地面。

(3) 单线循环式索道的救护　对于吊椅式索道，由于索道侧型几乎与地形坡度一致，客车离地面的高度不大（一般都控制在 8m 以内），在进行营救工作时，往往采取的营救系统为：将尾部拉紧装置的滑轮组系统的绞车放松，降低吊椅的离地高度，并辅助以地面梯子、救护安全带（袋）来撤离乘客。

第二节　大型游乐设施安全技术

一、大型游乐设施基本知识

1. 大型游乐设施的概念

根据《特种设备安全监察条例》，大型游乐设施是指设计运行最大线速度≥2m/s，运行高度距离地面≥2m 的游艺设施，不包含充气城堡，气球类设施，主要摆放在大型超市门口、公园、游乐场以及各种大型的游乐场所。

2. 大型游乐设施分类

根据《游乐设施安全技术监察规程》大型游乐设施（如图 6-2）按承载人数，结构形式，速度，提升高度可划分为 A、B、C 三大类，具体见表 6-1。

图 6-2　大型游乐设施

表 6-1　大型游乐设施分级表

类别	主要运动特点	形式	主要参数		
			A级	B级	C级
观览车类	绕水平轴转动或摆动	观览车系列	高度≥50m	50m＞高度≥30m	其他
		海盗船系列	单侧摆角≥90°，或乘客≥40人	90°＞单侧摆角≥45°，且乘客＜40人	
		观览车类其他形式	回转直径≥20m，或乘客≥24人	单侧摆角≥45°，且回转直径＜20m，且乘客＜24人	
滑行车类	沿架空轨道运行或提升后惯性滑行	滑道系列	滑道长度≥800m	滑道长度＜800m	无
		滑行车类其他形式	速度≥50km/h，或轨道高度≥10m	50km/h＞速度≥20km/h，且10m＞轨道高度≥3m	其他
架空游览车类		全部形式	轨道高度≥10m，或单车（列）乘客≥40人	10m＞轨道高度≥3m，且单车（列）乘客＜40人	其他
陀螺类	绕可变倾角的轴旋转	全部形式	倾角≥70°或回转直径≥12m	70°＞倾角≥45°，且12m＞回转直径≥8m	其他
飞行塔类	用挠性件悬吊并绕垂直轴旋转、升降	全部形式	运行高度≥30m，或乘客≥40人	30m＞运行高度≥3m，且乘客＜40人	其他
转马类	绕垂直轴旋转、升降	全部形式	回转直径≥14m，或乘客≥40人	14m＞回转直径≥10m，且运行高度≥3m，且乘客＜40人	其他
自控飞机类					
水上游乐设施	在特定水域运行或滑行	全部形式	无	高度≥5m或速度≥30km/h	其他
无动力游乐设施	弹射或提升后自由坠落（摆动）	滑索系列	滑索长度≥360m	滑索长度＜360m	无
		无动力类其他形式	运行高度≥20m	20m＞运行高度≥10m	其他
赛车类、小火车类、碰碰车类、电池车类	在地面上运行	全部形式	无	无	全部

表6-1中分级参数的含义如下。

乘客：指设备额定满载运行过程中同时乘坐游客的最大数量。对单车（列）乘客是指相连的一列车同时容纳的乘客数量。

高度：对观览车系列，指转盘（或运行中座舱）最高点距主立柱安装基面的垂直距离（不计算避雷针高度；以上所得数值取最大值）。对水上游乐设施，指乘客约束物支承面（如滑道面）距安装基面的最大竖直距离。

轨道高度：指车轮与轨道接触面最高点距轨道支架安装基面最低点之间垂直距离。

运行高度：指乘客约束物支承面（如座位面）距安装基面运动过程中的最大垂直距离。对无动力类游乐设施，指乘客约束物支承面（如滑道面、吊篮底面、充气式游乐设施乘客站立面）距安装基面的最大竖直距离，其中高空跳跃蹦极的运行高度是指起跳处至下落最低的水面或地面。

单侧摆角：指绕水平轴摆动的摆臂偏离铅垂线的角度（最大180°）。

回转直径：对绕水平轴摆动或旋转的设备，指其乘客约束物支承面（如座位面）绕水平轴的旋转直径。对陀螺类设备，指主运动做旋转运动，其乘客约束物支承面（如座位面）最外沿的旋转直径。对绕垂直轴旋转的设备，指其静止时座椅或乘客约束物最外侧绕垂直轴为中心所得圆的直径。

滑道长度：指滑道下滑段和提升段的总长度。

滑索长度：指承载索固定点之间的斜长距离。

倾角：指主运动（即转盘或座舱旋转）绕可变倾角轴做旋转运动的设备，其主运动旋转轴与铅垂方向的最大夹角。

速度：指设备运行过程中座舱达到的最大线速度，水上游乐设施指乘客达到的最快速度。

3. 大型游乐设施的特点

① 机构复杂，运动方式多样。既能上升下降，又能沿水平轴或垂直轴旋转。通常是多种运动方式组合在一起进行，技术难度较大。

② 载荷变化范围较大。

③ 速度、加速度较大，运动方向变化急剧。

④ 游乐设施暴露的、活动的零部件较多，有可能与游客直接接触，存在许多偶发的危险因素。

⑤ 使用环境复杂。从南方到北方，从小公园到大游乐场，游乐设施的使用环境复杂多变。

⑥ 使用对象复杂。游乐设施的使用人群既有妇女儿童，又有青年和老人。

4. 大型游乐设施的特性参数

① 运动形式。指乘人部分绕水平轴回转、绕垂直轴回转和升降、绕可变倾角的轴回转、用挠性件悬吊绕垂直轴旋转和升降、沿架空轨道运行等。

② 额定承载人数。指设计和制造规定的游乐设施承载人数。

③ 额定运行速度。指设计和制造规定的游乐设施的各部分的运行速度。

④ 尺寸参数。指游乐设施最大回转直径（半径）、最大运行高度、最大倾角等。

二、法律法规对大型游乐设施安全的规定

1. 游乐设施的安装、改造、维修规定

游乐设施的安装、改造、维修，必须由取得安装、改造、维修许可的单位进行，在安装、改造、维修前应当按照规定向所在地的质量技术监督部门告知，在施工前向施工所在地的检验检测机构申请监督检验；施工结束安装、改造、维修单位要进行自检，安装、改造、维修单位应当在施工验收后30日内，将安装、改造、维修的技术资料移交使用单位。

游乐设施的维修、改造、安装应达到以下要求。

① 安装精度应当符合要求。

② 钢丝绳端部必须用紧固装置固定，端部固定应符合要求，重要部位钢丝绳直径与绳夹的数量和间距应符合要求。

③ 防腐涂装要根据不同的材料及不同的工作环境，采用相应的工艺及材料进行有效的防腐处理，所有需要进行涂装的金属制件表面在涂装前必须将锈、氧化皮、油脂、灰尘等除去，焊接件需热处理的，则除锈工序应放在热处理工序之后进行。

④ 整机安装完毕后，应进行详细检查，确认一切正常后，再进行空、满、偏载试验，

并做好记录。

2. 大型游乐设施的安全监督管理规定

A级游乐设施，由国家游乐设施监督检验机构进行验收检验和定期检验；B级和C级游乐设施，由所在地区经国家特种设备安全监察机构授权的监督检验机构进行验收检验和定期检验。首台（套）游乐设施的型式试验与验收检验由国家游乐设施监督检验机构一并进行。

对新建和改建的首台（套）游乐设施，以及境外设计、制造在中国境内安装使用的首台（套）游乐设施，属于A级或B级的，必须进行设计审查及型式试验。设计审查及型式试验由国家特种设备安全监察机构许可的国家游乐设施监督检验机构承担。设计审查及型式试验通过后，方可投入正式制造和安装。

设计审查主要对设计文件资料进行审查，审查内容包括：

① 游乐设施的物理性能是否满足安全要求；

② 游乐设施的结构是否满足强度和刚度等方面的安全要求；

③ 选用的金属和非金属材料是否满足安全要求；

④ 机械传动装置、液压及气动装置、行程及限位装置、制动装置和安全保险装置等是否满足安全要求；

⑤ 电气部分是否满足安全要求；

⑥ 制造、运输、安装、运营及其他方面的特殊需要是否满足安全要求。

设计审查通过后，制造单位可以生产样机用于型式试验，型式试验包括对直接与安全有关的关键零部件的型式试验，以及对样机整机进行验证试验。型式试验通过前，不得投入正式制造和安装。

各级特种设备安全监察机构对运营的游乐设施应当进行定期或不定期的现场安全监察，现场安全监察的主要内容为：

① 运营单位的安全管理规章制度及其执行情况；

② 技术档案（包括注册登记、日常运行记录、日常检查等）建立情况；

③ 作业人员的作业及持证上岗情况；

④ 安全管理人员职责及落实情况；

⑤ 执行定期报检及检验情况，《安全检验合格》标志及相关牌照、证书等是否在有效期内，以及其是否固定在规定的位置上。

在现场安全监察中，如发现存在隐患及问题时，责令运营单位整改，必要时向其发出《特种设备安全监察意见通知书》，并督促其予以整改。

3. 大型游乐设施使用单位的安全管理要求

游乐设施使用单位必须对游乐设施的使用安全负责。游乐设施使用单位必须购置持有国家质量监督检验检疫总局颁发的有关资质的制造单位生产的有《型式试验报告》的游乐设施产品。

游乐设施使用单位负责人对保证游乐设施的安全使用负责。使用单位负责人或委托负责人应熟悉所管理的游乐设施的安全技术知识，必须经过专业的培训与考核，合格后，方能够上岗。

使用单位必须配备专职的安全管理人员，负责游乐设施的安全管理工作。安全管理人员应当掌握相关的安全技术知识，熟悉有关游乐设施的法规和标准，并履行以下职责：

① 监督检查游乐设施的日常安全检查维修情况；
② 检查和纠正游乐设施运营中的违章行为；
③ 督促落实游乐设施技术档案的管理；
④ 编制常规检验计划并组织落实；
⑤ 编制定期检验计划并负责定期检验的报检工作；
⑥ 组织紧急救援演习；
⑦ 组织游乐设施作业人员的培训工作。

4. 注册登记、定期检验

游乐设施在投入使用前或者投入使用后30日内，使用单位应当向直辖市或者设区的市的特种设备安全监督管理部门登记，并应按照安全技术规范的定期检验要求，在安全检验合格有效期届满前1个月向特种设备检验检测机构提出定期检验要求。未经定期检验或者检验不合格的特种设备，不得继续使用。

使用单位由于生产或其他原因等自行决定对游乐设施进行封停使用，如果其期限超过一年时，应当报该游乐设施注册登记机构备案，办理停止使用手续。经确认的，在游乐设施停止使用期间，可不对其进行定期检验。但封停期限超过一年且未及时报注册登记机构备案的，或者封停期限不足一年的，由监督检验机构仍按照原期限进行定期检验。

凡有下列情况之一的游乐设施，必须经检验检测机构按照相应的安全技术规范的要求实施监督检验或定期检验，合格后方可使用。

① 首次启用或停用后重新启用的。
② 经大修、改造后的。
③ 发生事故后可能影响设备安全技术性能的。
④ 自然灾害后可能影响设备安全技术性能的。
⑤ 转场安装和移位安装的。
⑥ 国家其他法律法规要求的。

5. 日常管理

(1) 日常检验　游乐设施使用单位要经常对在用的游乐设施进行检查维保，并制订一项定期检查管理制度，包括日检、周检、月检、年检，对游乐设施进行动态监测，有异常情况随时发现，及时处理，从而保障游乐设施安全运行。

(2) 游乐设施操作人员持证、培训　游乐设施作业人员应当经质量技术监督部门考核合格，取得特种设备作业人员证书，方可从事相应的作业。游乐设施作业人员在作业中应当严格执行游乐设施的操作规程和有关的安全规章制度。严禁违章操作，拒绝执行违章的指挥。作业人员在作业过程中发现事故隐患或者其他不安全因素，应当立即向现场安全管理人员和单位有关负责人报告，并及时采取相应的事故应急措施。使用单位应当对游乐设施操作人员和相关人员进行安全教育，使其具有相应的安全知识，掌握国家的相关的法规，了解预防游乐设施事故知识，提高安全意识。使对其作业的游乐设施性能有深入的了解，不断提供作业技能和及时进行知识更新。

三、大型游乐设施安全使用要求

① 游乐设施在每日投入运营前，使用单位必须进行试运行和相应的安全检查，并记录检查情况。

② 每次运行前，作业和服务人员必须向游客讲解安全注意事项，并对安全装置进行检查确认。运行中要注意游客动态，及时制止游客的危险行为。

③ 室外游乐设施在暴风雨等危险的天气条件下不得操作和使用；高度超过 20m 的游乐设施在风速大于 15m/s 时，必须停止运行。

④ 游乐设施在操作和使用时，全部通道和出口处都应有充足的照明，以防止发生人身伤害。

⑤ 在醒目之处张贴“乘客须知”，其内容应包括该设施的运动特点，适应对象，禁止事宜及注意事项等。

⑥ 游乐设施的运行区域应用护栏或其他保护措施加以隔离，防止公众受到运行设施的伤害。当有人处于危险位置时，游乐设施禁止操作。

⑦ 使用单位必须制定救援预案，并且每年至少组织 1 次游乐设施出现意外事件或者发生事故的紧急救援演习，演习情况应当记录备查。

⑧ 游乐设施一旦发生伤亡事故，使用单位必须采取紧急救援措施，保护事故现场，防止事故扩大，抢救伤员，并按照《锅炉压力容器压力管道特种设备事故处理规定》（国家质量监督检验检疫总局令第 2 号）报告和处理。

四、大型游乐设施使用安全技术

1. 游乐设施安全装置要求

① 根据游乐设施的性能、结构及运行方式的不同，必须设置相应形式的安全装置。

② 观览车必须能够正反向转动，停车开关应设在便于操作的位置。

③ 提升机构应当安全可靠，在运行中不允许出现爬行、窜动及异常振动现象。

④ 靠摩擦力提升的，摩擦面之间不允许有明显的相对滑动。

⑤ 载人装置在额定载荷下，停在提升段任意位置，提升机构应能平稳启动。

⑥ 提升段应设疏导乘客的安全通道。

⑦ 在有可能导致人体、物体坠落而造成伤亡的地方，应设置安全网，安全网的连接应可靠，安全网的性能应符合 GB 5725—1997《安全网》中关于平网的要求。

⑧ 游乐设施的机械部分应有防护罩或其他有效的保护措施防止乘客接触。坐席的内部或外部等凡乘客可能接触到的地方，应光滑无棱角、尖片、突出的钉、螺钉或其他有可能引起人员受伤的物体。

⑨ 高度 20m 以上的游乐设施，在高度 10m 处应设有风速计。

2. 游乐设施安全检查要求

使用单位应当严格执行游乐设施的年检、月检、日检制度，严禁带故障运行。安全检查的内容包括：

（1）年检　对使用的游乐设施，每年要进行 1 次全面检查，必要时要进行载荷试验，并按额定速度进行起升、运行、回转、变速等机构的安全技术性能检查。

（2）月检至少应检查下列项目

① 各种安全装置。

② 动力装置、传动和制动系统。

③ 绳索、链条和乘坐物。

④ 控制电路与电气元件。

⑤ 备用电源。

（3）日检至少应检查下列项目

① 控制装置、限速装置、制动装置和其他安全装置是否有效及可靠。

② 运行是否正常，有无异常的振动或者噪声。

③ 各易磨损件状况。

④ 门联锁开关及安全带等是否完好。

⑤ 润滑点的检查和加添润滑油。

⑥ 重要部位（轨道、车轮等）是否正常。

检查应当做详细记录，并存档备查。

3. 运营应具备的条件

① 产品质量必须符合国家有关标准，有游乐设施生产许可证及有关证明。

② 游乐设施购置应进行进货检查、验收，原始记录应完整规范，不得涂改。进口的游睡设施应有海关报关单和商检合格证书。

③ 产品须有使用、安装说明书，检查维修说明及图样；须有铭牌及产品编号；须有中文标明的产品名称、厂名、厂址；须有执行标准代号、产品合格证、规定的备品备件和专用工具等。

④ 新产品投入运营前，须经国家认可的检验单位检验。检验合格后方可运营。

⑤ 游乐设施施工、安装、调试、负荷试验应保存完整的原始记录，并有检验合格的报告。

⑥ 运营单位须有各类游乐设施管理制度，定期维护检修制度及相应的人机安全紧急救护预案。

⑦ 操作、管理、维修人员必须经过培训并持有上岗证书。

⑧ 各类游乐设施均应建立技术档案。内容包括：运营编号，操作、维修者姓名，设备验收、保管、施工、安装、调试、负荷试验情况，运行过程及定期检查中出现的问题与处理情况。

⑨ 运营场所须在明显位置公布游客须知、操作管理人员职责。

4. 管理制度

运营单位应制定系统、协调、切实可行的安全管理体系，明确有关人员的安全职责；健全各项安全管理制度，并予以严格执行。其安全管理制度至少应包括：作业服务人员守则；安全操作规程；设备管理制度；日常安全检查制度；维修保养制度；定期报检制度；作业人员及相关运营服务人员的安全培训考核制度；紧急救援演习制度；意外事件和事故处理制度；技术档案管理制度。

运营单位必须对游乐设施严格执行维修保养制度，明确维修保养者的责任，对游乐设施定期进行维修保养。使用单位没能力进行维修保养的，必须委托有资格的单位进行维修保养，双方必须签订维修保养合同，接受游乐设施维修保养委托的单位应对其维修保养质量负责。

5. 环境条件

① 游艺、游乐场所应地面整洁、无杂物，符合卫生城市的指标规定；室内场所采光照明、通风、除尘、防振、消防、降低噪声、防疫消毒等应满足技术规范的要求。

② 游艺、游乐场所各类管理、服务人员应着工作服，佩戴服务标志。

五、游乐设施安全管理措施

游乐设施作为特种设备的一种，应加强安全管理，保证其安全运营。

1. 组织机构

① 独立的建制。有政府管理部门批准成立的文件。

② 依法注册。具有有效的营业执照，并在核定的范围内开展经营活动。

③ 业务独立。具有独立的法人地位。自主经营，自负盈亏，独立地承担民事责任。

④ 机构设置与运行。机构和岗位设置合理，职责明确，运行有效。

⑤ 安全保证机构。负责设备购入的进货验收、保管、施工、安装、调测负荷试验、运行过程及定期检查维修等检查工作。根据安全检查需要有权中止游乐设施的运营，负责质量管理手册的管理。

2. 人员要求

① 游乐设施使用单位负责人对保证游乐设施的安全使用负责。使用单位负责人或委托负责人应熟悉所管理的游乐设施的安全技术知识，必须经过专业的培训与考核，合格后，方能上岗。

② 使用单位必须配备专职的安全管理人员，负责游乐设施的安全管理工作。安全管理人员应当掌握相关的安全技术知识，熟悉有关游乐设施的法规和标准，并履行以下职责：

a. 监督检查游乐设施的日常安全检查维修情况；

b. 检查和纠正游乐设施运营中的违章行为；

c. 督促落实游乐设施技术档案的管理；

d. 编制常规检验计划并组织落实；

e. 编制定期检验计划并负责定期检验的报检工作；

f. 组织紧急救援演习；

g. 组织游乐设施作业人员的培训工作。

③ 游乐设施的操作、维修保养等作业人员，必须按照《特种设备作业人员培训考核管理规则》的要求，取得相应资格后，方能从事相关的工作。

④ 游乐设施使用单位，必须按照国家有关规定与标准要求，配备数量足够的经过专业培训的监护和救护人员及适用的救护设施。

自 测 题

1. 游乐设施安全管理对相关人员有严格的安全要求，(　　) 人员必须经过培训持有上岗证书。

A. 操作　　B. 管理

C. 维修　　D. 操作、管理、维修

2. 游乐设施的安全检查有 (　　) 等多种形式。安全检查的组织形式，应根据检查目的、内容而定，因此，参加检查的组成人员也就会不完全相同。

A. 经常性　　B. 定期性和突击性

C. 专业性　　D. 常规性和稳定性

E. 季节性

3. 客运架空索道的安全特点包括 (　　)。

A. 工作条件差　　B. 露天高处作业

C. 钢丝绳的安全影响大　　D. 自然条件变化大、规则性差

E. 安全环节多、关联性差

4. 客运索道安全管理措施包括（　　）。

A. 安全管理制度　　B. 安全事故分析

C. 安全技术档案　　D. 安全管理人员

E. 作业人员的培训教育

5. 游乐设施作为特种设备的一种，应加强安全管理，保证其安全运营。其组织机构分为（　　）。

A. 独立的建制，有政府管理部门批准成立的文件

B. 依法注册，具有有效的营业执照，并在核定的范围内开展经营活动

C. 业务独立，具有独立的法人地位

D. 机构设置与运行，机构和岗位设置合理，职责明确，运行有效

E. 紧急救援组织的设立以保证安全稳定

复习思考题

1. 客运索道的安全管理难度在哪?

2. 客运索道的安全使用要求有哪些?

3. 大型游乐设施安全使用要求有哪些?

4. 游乐设施安全装置要求有哪些?

5. 游乐设施运营应具备哪些条件?

附　录

特种设备安全监察条例

（2003年3月11日中华人民共和国国务院令第373号公布，根据2009年1月24日《国务院关于修改〈特种设备安全监察条例〉的决定》修订）

第一章　总则

第一条　为了加强特种设备的安全监察，防止和减少事故，保障人民群众生命和财产安全，促进经济发展，制定本条例。

第二条　本条例所称特种设备是指涉及生命安全、危险性较大的锅炉、压力容器（含气瓶，下同）、压力管道、电梯、起重机械、客运索道、大型游乐设施和场（厂）内专用机动车辆。

前款特种设备的目录由国务院负责特种设备安全监督管理的部门（以下简称国务院特种设备安全监督管理部门）制订，报国务院批准后执行。

第三条　特种设备的生产（含设计、制造、安装、改造、维修，下同）、使用、检验检测及其监督检查，应当遵守本条例，但本条例另有规定的除外。

军事装备、核设施、航空航天器、铁路机车、海上设施和船舶以及矿山井下使用的特种设备、民用机场专用设备的安全监察不适用本条例。

房屋建筑工地和市政工程工地用起重机械、场（厂）内专用机动车辆的安装、使用的监督管理，由建设行政主管部门依照有关法律、法规的规定执行。

第四条　国务院特种设备安全监督管理部门负责全国特种设备的安全监察工作，县以上地方负责特种设备安全监督管理的部门对本行政区域内特种设备实施安全监察（以下统称特种设备安全监督管理部门）。

第五条　特种设备生产、使用单位应当建立健全特种设备安全、节能管理制度和岗位安全、节能责任制度。

特种设备生产、使用单位的主要负责人应当对本单位特种设备的安全和节能全面负责。

特种设备生产、使用单位和特种设备检验检测机构，应当接受特种设备安全监督管理部门依法进行的特种设备安全监察。

第六条　特种设备检验检测机构，应当依照本条例规定，进行检验检测工作，对其检验检测结果、鉴定结论承担法律责任。

第七条　县级以上地方人民政府应当督促、支持特种设备安全监督管理部门依法履行安全监察职责，对特种设备安全监察中存在的重大问题及时予以协调、解决。

第八条　国家鼓励推行科学的管理方法，采用先进技术，提高特种设备安全性能和管理水平，增强特种设备生产、使用单位防范事故的能力，对取得显著成绩的单位和个人，给予奖励。

国家鼓励特种设备节能技术的研究、开发、示范和推广，促进特种设备节能技术创新和应用。

特种设备生产、使用单位和特种设备检验检测机构，应当保证必要的安全和节能投入。

国家鼓励实行特种设备责任保险制度，提高事故赔付能力。

第九条　任何单位和个人对违反本条例规定的行为，有权向特种设备安全监督管理部门和行政监察等有关部门举报。

特种设备安全监督管理部门应当建立特种设备安全监察举报制度，公布举报电话、信箱或者电子邮件地址，受理对特种设备生产、使用和检验检测违法行为的举报，并及时予以处理。

特种设备安全监督管理部门和行政监察等有关部门应当为举报人保密，并按照国家有关规定给予奖励。

第二章　特种设备的生产

第十条　特种设备生产单位，应当依照本条例规定以及国务院特种设备安全监督管理部门制订并公布的安全技术规范（以下简称安全技术规范）的要求，进行生产活动。

特种设备生产单位对其生产的特种设备的安全性能和能效指标负责，不得生产不符合安全性能要求和能效指标的特种设备，不得生产国家产业政策明令淘汰的特种设备。

第十一条　压力容器的设计单位应当经国务院特种设备安全监督管理部门许可，方可从事压力容器的设计活动。

压力容器的设计单位应当具备下列条件：

（一）有与压力容器设计相适应的设计人员、设计审核人员；

（二）有与压力容器设计相适应的场所和设备；

（三）有与压力容器设计相适应的健全的管理制度和责任制度。

第十二条　锅炉、压力容器中的气瓶（以下简称气瓶）、氧舱和客运索道、大型游乐设施以及高耗能特种设备的设计文件，应当经国务院特种设备安全监督管理部门核准的检验检测机构鉴定，方可用于制造。

第十三条　按照安全技术规范的要求，应当进行型式试验的特种设备产品、部件或者试制特种设备新产品、新部件、新材料，必须进行型式试验和能效测试。

第十四条　锅炉、压力容器、电梯、起重机械、客运索道、大型游乐设施及其安全附件、安全保护装置的制造、安装、改造单位，以及压力管道用管子、管件、阀门、法兰、补偿器、安全保护装置等（以下简称压力管道元件）的制造单位和场（厂）内专用机动车辆的制造、改造单位，应当经国务院特种设备安全监督管理部门许可，方可从事相应的活动。

前款特种设备的制造、安装、改造单位应当具备下列条件：

（一）有与特种设备制造、安装、改造相适应的专业技术人员和技术工人；

（二）有与特种设备制造、安装、改造相适应的生产条件和检测手段；

（三）有健全的质量管理制度和责任制度。

第十五条　特种设备出厂时，应当附有安全技术规范要求的设计文件、产品质量合格证明、安装及使用维修说明、监督检验证明等文件。

第十六条　锅炉、压力容器、电梯、起重机械、客运索道、大型游乐设施、场（厂）内专用机动车辆的维修单位，应当有与特种设备维修相适应的专业技术人员和技术工人以及必要的检测手段，并经省、自治区、直辖市特种设备安全监督管理部门许可，方可从事相应的维修活动。

第十七条 锅炉、压力容器、起重机械、客运索道、大型游乐设施的安装、改造、维修以及场（厂）内专用机动车辆的改造、维修，必须由依照本条例取得许可的单位进行。

电梯的安装、改造、维修，必须由电梯制造单位或者其通过合同委托、同意的依照本条例取得许可的单位进行。电梯制造单位对电梯质量以及安全运行涉及的质量问题负责。

特种设备安装、改造、维修的施工单位应当在施工前将拟进行的特种设备安装、改造、维修情况书面告知直辖市或者设区的市的特种设备安全监督管理部门，告知后即可施工。

第十八条 电梯井道的土建工程必须符合建筑工程质量要求。电梯安装施工过程中，电梯安装单位应当遵守施工现场的安全生产要求，落实现场安全防护措施。电梯安装施工过程中，施工现场的安全生产监督，由有关部门依照有关法律、行政法规的规定执行。

电梯安装施工过程中，电梯安装单位应当服从建筑施工总承包单位对施工现场的安全生产管理，并订立合同，明确各自的安全责任。

第十九条 电梯的制造、安装、改造和维修活动，必须严格遵守安全技术规范的要求。电梯制造单位委托或者同意其他单位进行电梯安装、改造、维修活动的，应当对其安装、改造、维修活动进行安全指导和监控。电梯的安装、改造、维修活动结束后，电梯制造单位应当按照安全技术规范的要求对电梯进行校验和调试，并对校验和调试的结果负责。

第二十条 锅炉、压力容器、电梯、起重机械、客运索道、大型游乐设施的安装、改造、维修以及场（厂）内专用机动车辆的改造、维修竣工后，安装、改造、维修的施工单位应当在验收后30日内将有关技术资料移交使用单位，高耗能特种设备还应当按照安全技术规范的要求提交能效测试报告。使用单位应当将其存入该特种设备的安全技术档案。

第二十一条 锅炉、压力容器、压力管道元件、起重机械、大型游乐设施的制造过程和锅炉、压力容器、电梯、起重机械、客运索道、大型游乐设施的安装、改造、重大维修过程，必须经国务院特种设备安全监督管理部门核准的检验检测机构按照安全技术规范的要求进行监督检验；未经监督检验合格的不得出厂或者交付使用。

第二十二条 移动式压力容器、气瓶充装单位应当经省、自治区、直辖市的特种设备安全监督管理部门许可，方可从事充装活动。

充装单位应当具备下列条件：

（一）有与充装和管理相适应的管理人员和技术人员；

（二）有与充装和管理相适应的充装设备、检测手段、场地厂房、器具、安全设施；

（三）有健全的充装管理制度、责任制度、紧急处理措施。

气瓶充装单位应当向气体使用者提供符合安全技术规范要求的气瓶，对使用者进行气瓶安全使用指导，并按照安全技术规范的要求办理气瓶使用登记，提出气瓶的定期检验要求。

第三章　特种设备的使用

第二十三条 特种设备使用单位，应当严格执行本条例和有关安全生产的法律、行政法规的规定，保证特种设备的安全使用。

第二十四条 特种设备使用单位应当使用符合安全技术规范要求的特种设备。特种设备投入使用前，使用单位应当核对其是否附有本条例第十五条规定的相关文件。

第二十五条 特种设备在投入使用前或者投入使用后30日内，特种设备使用单位应当向直辖市或者设区的市的特种设备安全监督管理部门登记。登记标志应当置于或者附着于该特种设备的显著位置。

第二十六条 特种设备使用单位应当建立特种设备安全技术档案。安全技术档案应当包括以下内容：

（一）特种设备的设计文件、制造单位、产品质量合格证明、使用维护说明等文件以及安装技术文件和资料；

（二）特种设备的定期检验和定期自行检查的记录；

（三）特种设备的日常使用状况记录；

（四）特种设备及其安全附件、安全保护装置、测量调控装置及有关附属仪器仪表的日常维护保养记录；

（五）特种设备运行故障和事故记录；

（六）高耗能特种设备的能效测试报告、能耗状况记录以及节能改造技术资料。

第二十七条 特种设备使用单位应当对在用特种设备进行经常性日常维护保养，并定期自行检查。

特种设备使用单位对在用特种设备应当至少每月进行一次自行检查，并作出记录。特种设备使用单位在对在用特种设备进行自行检查和日常维护保养时发现异常情况的，应当及时处理。

特种设备使用单位应当对在用特种设备的安全附件、安全保护装置、测量调控装置及有关附属仪器仪表进行定期校验、检修，并作出记录。

锅炉使用单位应当按照安全技术规范的要求进行锅炉水（介）质处理，并接受特种设备检验检测机构实施的水（介）质处理定期检验。

从事锅炉清洗的单位，应当按照安全技术规范的要求进行锅炉清洗，并接受特种设备检验检测机构实施的锅炉清洗过程监督检验。

第二十八条 特种设备使用单位应当按照安全技术规范的定期检验要求，在安全检验合格有效期届满前 1 个月向特种设备检验检测机构提出定期检验要求。

检验检测机构接到定期检验要求后，应当按照安全技术规范的要求及时进行安全性能检验和能效测试。

未经定期检验或者检验不合格的特种设备，不得继续使用。

第二十九条 特种设备出现故障或者发生异常情况，使用单位应当对其进行全面检查，消除事故隐患后，方可重新投入使用。

特种设备不符合能效指标的，特种设备使用单位应当采取相应措施进行整改。

第三十条 特种设备存在严重事故隐患，无改造、维修价值，或者超过安全技术规范规定使用年限，特种设备使用单位应当及时予以报废，并应当向原登记的特种设备安全监督管理部门办理注销。

第三十一条 电梯的日常维护保养必须由依照本条例取得许可的安装、改造、维修单位或者电梯制造单位进行。

电梯应当至少每 15 日进行一次清洁、润滑、调整和检查。

第三十二条 电梯的日常维护保养单位应当在维护保养中严格执行国家安全技术规范的要求，保证其维护保养的电梯的安全技术性能，并负责落实现场安全防护措施，保证施工安全。

电梯的日常维护保养单位，应当对其维护保养的电梯的安全性能负责。接到故障通知后，应当立即赶赴现场，并采取必要的应急救援措施。

第三十三条 电梯、客运索道、大型游乐设施等为公众提供服务的特种设备运营使用单位，应当设置特种设备安全管理机构或者配备专职的安全管理人员；其他特种设备使用单位，应当根据情况设置特种设备安全管理机构或者配备专职、兼职的安全管理人员。

特种设备的安全管理人员应当对特种设备使用状况进行经常性检查，发现问题的应当立即处理；情况紧急时，可以决定停止使用特种设备并及时报告本单位有关负责人。

第三十四条 客运索道、大型游乐设施的运营使用单位在客运索道、大型游乐设施每日投入使用前，应当进行试运行和例行安全检查，并对安全装置进行检查确认。

电梯、客运索道、大型游乐设施的运营使用单位应当将电梯、客运索道、大型游乐设施的安全注意事项和警示标志置于易于为乘客注意的显著位置。

第三十五条 客运索道、大型游乐设施的运营使用单位的主要负责人应当熟悉客运索道、大型游乐设施的相关安全知识，并全面负责客运索道、大型游乐设施的安全使用。

客运索道、大型游乐设施的运营使用单位的主要负责人至少应当每月召开一次会议，督促、检查客运索道、大型游乐设施的安全使用工作。

客运索道、大型游乐设施的运营使用单位，应当结合本单位的实际情况，配备相应数量的营救装备和急救物品。

第三十六条 电梯、客运索道、大型游乐设施的乘客应当遵守使用安全注意事项的要求，服从有关工作人员的指挥。

第三十七条 电梯投入使用后，电梯制造单位应当对其制造的电梯的安全运行情况进行跟踪调查和了解，对电梯的日常维护保养单位或者电梯的使用单位在安全运行方面存在的问题，提出改进建议，并提供必要的技术帮助。发现电梯存在严重事故隐患的，应当及时向特种设备安全监督管理部门报告。电梯制造单位对调查和了解的情况，应当作出记录。

第三十八条 锅炉、压力容器、电梯、起重机械、客运索道、大型游乐设施、场（厂）内专用机动车辆的作业人员及其相关管理人员（以下统称特种设备作业人员），应当按照国家有关规定经特种设备安全监督管理部门考核合格，取得国家统一格式的特种作业人员证书，方可从事相应的作业或者管理工作。

第三十九条 特种设备使用单位应当对特种设备作业人员进行特种设备安全、节能教育和培训，保证特种设备作业人员具备必要的特种设备安全、节能知识。

特种设备作业人员在作业中应当严格执行特种设备的操作规程和有关的安全规章制度。

第四十条 特种设备作业人员在作业过程中发现事故隐患或者其他不安全因素，应当立即向现场安全管理人员和单位有关负责人报告。

第四章 检验检测

第四十一条 从事本条例规定的监督检验、定期检验、型式试验以及专门为特种设备生产、使用、检验检测提供无损检测服务的特种设备检验检测机构，应当经国务院特种设备安全监督管理部门核准。

特种设备使用单位设立的特种设备检验检测机构，经国务院特种设备安全监督管理部门核准，负责本单位核准范围内的特种设备定期检验工作。

第四十二条 特种设备检验检测机构，应当具备下列条件：

（一）有与所从事的检验检测工作相适应的检验检测人员；

（二）有与所从事的检验检测工作相适应的检验检测仪器和设备；

（三）有健全的检验检测管理制度、检验检测责任制度。

第四十三条　特种设备的监督检验、定期检验、型式试验和无损检测应当由依照本条例经核准的特种设备检验检测机构进行。

特种设备检验检测工作应当符合安全技术规范的要求。

第四十四条　从事本条例规定的监督检验、定期检验、型式试验和无损检测的特种设备检验检测人员应当经国务院特种设备安全监督管理部门组织考核合格，取得检验检测人员证书，方可从事检验检测工作。

检验检测人员从事检验检测工作，必须在特种设备检验检测机构执业，但不得同时在两个以上检验检测机构中执业。

第四十五条　特种设备检验检测机构和检验检测人员进行特种设备检验检测，应当遵循诚信原则和方便企业的原则，为特种设备生产、使用单位提供可靠、便捷的检验检测服务。

特种设备检验检测机构和检验检测人员对涉及的被检验检测单位的商业秘密，负有保密义务。

第四十六条　特种设备检验检测机构和检验检测人员应当客观、公正、及时地出具检验检测结果、鉴定结论。检验检测结果、鉴定结论经检验检测人员签字后，由检验检测机构负责人签署。

特种设备检验检测机构和检验检测人员对检验检测结果、鉴定结论负责。

国务院特种设备安全监督管理部门应当组织对特种设备检验检测机构的检验检测结果、鉴定结论进行监督抽查。县以上地方负责特种设备安全监督管理的部门在本行政区域内也可以组织监督抽查，但是要防止重复抽查。监督抽查结果应当向社会公布。

第四十七条　特种设备检验检测机构和检验检测人员不得从事特种设备的生产、销售，不得以其名义推荐或者监制、监销特种设备。

第四十八条　特种设备检验检测机构进行特种设备检验检测，发现严重事故隐患或者能耗严重超标的，应当及时告知特种设备使用单位，并立即向特种设备安全监督管理部门报告。

第四十九条　特种设备检验检测机构和检验检测人员利用检验检测工作故意刁难特种设备生产、使用单位，特种设备生产、使用单位有权向特种设备安全监督管理部门投诉，接到投诉的特种设备安全监督管理部门应当及时进行调查处理。

第五章　监督检查

第五十条　特种设备安全监督管理部门依照本条例规定，对特种设备生产、使用单位和检验检测机构实施安全监察。

对学校、幼儿园以及车站、客运码头、商场、体育场馆、展览馆、公园等公众聚集场所的特种设备，特种设备安全监督管理部门应当实施重点安全监察。

第五十一条　特种设备安全监督管理部门根据举报或者取得的涉嫌违法证据，对涉嫌违反本条例规定的行为进行查处时，可以行使下列职权：

（一）向特种设备生产、使用单位和检验检测机构的法定代表人、主要负责人和其他有关人员调查、了解与涉嫌从事违反本条例的生产、使用、检验检测有关的情况；

（二）查阅、复制特种设备生产、使用单位和检验检测机构的有关合同、发票、账簿以及其他有关资料；

（三）对有证据表明不符合安全技术规范要求的或者有其他严重事故隐患、能耗严重超标的特种设备，予以查封或者扣押。

第五十二条 依照本条例规定实施许可、核准、登记的特种设备安全监督管理部门，应当严格依照本条例规定条件和安全技术规范要求对有关事项进行审查；不符合本条例规定条件和安全技术规范要求的，不得许可、核准、登记；在申请办理许可、核准期间，特种设备安全监督管理部门发现申请人未经许可从事特种设备相应活动或者伪造许可、核准证书的，不予受理或者不予许可、核准，并在1年内不再受理其新的许可、核准申请。

未依法取得许可、核准、登记的单位擅自从事特种设备的生产、使用或者检验检测活动的，特种设备安全监督管理部门应当依法予以处理。

违反本条例规定，被依法撤销许可的，自撤销许可之日起3年内，特种设备安全监督管理部门不予受理其新的许可申请。

第五十三条 特种设备安全监督管理部门在办理本条例规定的有关行政审批事项时，其受理、审查、许可、核准的程序必须公开，并应当自受理申请之日起30日内，作出许可、核准或者不予许可、核准的决定；不予许可、核准的，应当书面向申请人说明理由。

第五十四条 地方各级特种设备安全监督管理部门不得以任何形式进行地方保护和地区封锁，不得对已经依照本条例规定在其他地方取得许可的特种设备生产单位重复进行许可，也不得要求对依照本条例规定在其他地方检验检测合格的特种设备，重复进行检验检测。

第五十五条 特种设备安全监督管理部门的安全监察人员（以下简称特种设备安全监察人员）应当熟悉相关法律、法规、规章和安全技术规范，具有相应的专业知识和工作经验，并经国务院特种设备安全监督管理部门考核，取得特种设备安全监察人员证书。

特种设备安全监察人员应当忠于职守、坚持原则、秉公执法。

第五十六条 特种设备安全监督管理部门对特种设备生产、使用单位和检验检测机构实施安全监察时，应当有两名以上特种设备安全监察人员参加，并出示有效的特种设备安全监察人员证件。

第五十七条 特种设备安全监督管理部门对特种设备生产、使用单位和检验检测机构实施安全监察，应当对每次安全监察的内容、发现的问题及处理情况，作出记录，并由参加安全监察的特种设备安全监察人员和被检查单位的有关负责人签字后归档。被检查单位的有关负责人拒绝签字的，特种设备安全监察人员应当将情况记录在案。

第五十八条 特种设备安全监督管理部门对特种设备生产、使用单位和检验检测机构进行安全监察时，发现有违反本条例规定和安全技术规范要求的行为或者在用的特种设备存在事故隐患、不符合能效指标的，应当以书面形式发出特种设备安全监察指令，责令有关单位及时采取措施，予以改正或者消除事故隐患。紧急情况下需要采取紧急处置措施的，应当随后补发书面通知。

第五十九条 特种设备安全监督管理部门对特种设备生产、使用单位和检验检测机构进行安全监察，发现重大违法行为或者严重事故隐患时，应当在采取必要措施的同时，及时向上级特种设备安全监督管理部门报告。接到报告的特种设备安全监督管理部门应当采取必要措施，及时予以处理。

对违法行为、严重事故隐患或者不符合能效指标的处理需要当地人民政府和有关部门的支持、配合时，特种设备安全监督管理部门应当报告当地人民政府，并通知其他有关部门。当地人民政府和其他有关部门应当采取必要措施，及时予以处理。

第六十条　国务院特种设备安全监督管理部门和省、自治区、直辖市特种设备安全监督管理部门应当定期向社会公布特种设备安全以及能效状况。

公布特种设备安全以及能效状况，应当包括下列内容：

（一）特种设备质量安全状况；

（二）特种设备事故的情况、特点、原因分析、防范对策；

（三）特种设备能效状况；

（四）其他需要公布的情况。

第六章　事故预防和调查处理

第六十一条　有下列情形之一的，为特别重大事故：

（一）特种设备事故造成30人以上死亡，或者100人以上重伤（包括急性工业中毒，下同），或者1亿元以上直接经济损失的；

（二）600兆瓦以上锅炉爆炸的；

（三）压力容器、压力管道有毒介质泄漏，造成15万人以上转移的；

（四）客运索道、大型游乐设施高空滞留100人以上并且时间在48h以上的。

第六十二条　有下列情形之一的，为重大事故：

（一）特种设备事故造成10人以上30人以下死亡，或者50人以上100人以下重伤，或者5000万元以上1亿元以下直接经济损失的；

（二）600兆瓦以上锅炉因安全故障中断运行240h以上的；

（三）压力容器、压力管道有毒介质泄漏，造成5万人以上15万人以下转移的；

（四）客运索道、大型游乐设施高空滞留100人以上并且时间在24h以上48h以下的。

第六十三条　有下列情形之一的，为较大事故：

（一）特种设备事故造成3人以上10人以下死亡，或者10人以上50人以下重伤，或者1000万元以上5000万元以下直接经济损失的；

（二）锅炉、压力容器、压力管道爆炸的；

（三）压力容器、压力管道有毒介质泄漏，造成1万人以上5万人以下转移的；

（四）起重机械整体倾覆的；

（五）客运索道、大型游乐设施高空滞留人员12h以上的。

第六十四条　有下列情形之一的，为一般事故：

（一）特种设备事故造成3人以下死亡，或者10人以下重伤，或者1万元以上1000万元以下直接经济损失的；

（二）压力容器、压力管道有毒介质泄漏，造成500人以上1万人以下转移的；

（三）电梯轿厢滞留人员2h以上的；

（四）起重机械主要受力结构件折断或者起升机构坠落的；

（五）客运索道高空滞留人员3.5h以上12h以下的；

（六）大型游乐设施高空滞留人员1h以上12h以下的。

除前款规定外，国务院特种设备安全监督管理部门可以对一般事故的其他情形做出补充规定。

第六十五条 特种设备安全监督管理部门应当制定特种设备应急预案。特种设备使用单位应当制定事故应急专项预案，并定期进行事故应急演练。

压力容器、压力管道发生爆炸或者泄漏，在抢险救援时应当区分介质特性，严格按照相关预案规定程序处理，防止二次爆炸。

第六十六条 特种设备事故发生后，事故发生单位应当立即启动事故应急预案，组织抢救，防止事故扩大，减少人员伤亡和财产损失，并及时向事故发生地县以上特种设备安全监督管理部门和有关部门报告。

县以上特种设备安全监督管理部门接到事故报告，应当尽快核实有关情况，立即向所在地人民政府报告，并逐级上报事故情况。必要时，特种设备安全监督管理部门可以越级上报事故情况。对特别重大事故、重大事故，国务院特种设备安全监督管理部门应当立即报告国务院并通报国务院安全生产监督管理部门等有关部门。

第六十七条 特别重大事故由国务院或者国务院授权有关部门组织事故调查组进行调查。

重大事故由国务院特种设备安全监督管理部门会同有关部门组织事故调查组进行调查。

较大事故由省、自治区、直辖市特种设备安全监督管理部门会同有关部门组织事故调查组进行调查。

一般事故由设区的市的特种设备安全监督管理部门会同有关部门组织事故调查组进行调查。

第六十八条 事故调查报告应当由负责组织事故调查的特种设备安全监督管理部门的所在地人民政府批复，并报上一级特种设备安全监督管理部门备案。

有关机关应当按照批复，依照法律、行政法规规定的权限和程序，对事故责任单位和有关人员进行行政处罚，对负有事故责任的国家工作人员进行处分。

第六十九条 特种设备安全监督管理部门应当在有关地方人民政府的领导下，组织开展特种设备事故调查处理工作。

有关地方人民政府应当支持、配合上级人民政府或者特种设备安全监督管理部门的事故调查处理工作，并提供必要的便利条件。

第七十条 特种设备安全监督管理部门应当对发生事故的原因进行分析，并根据特种设备的管理和技术特点、事故情况对相关安全技术规范进行评估；需要制定或者修订相关安全技术规范的，应当及时制定或者修订。

第七十一条 本章所称的“以上”包括本数，所称的“以下”不包括本数。

第七章　法律责任

第七十二条 未经许可，擅自从事压力容器设计活动的，由特种设备安全监督管理部门予以取缔，处5万元以上20万元以下罚款；有违法所得的，没收违法所得；触犯刑律的，对负有责任的主管人员和其他直接责任人员依照刑法关于非法经营罪或者其他罪的规定，依法追究刑事责任。

第七十三条 锅炉、气瓶、氧舱和客运索道、大型游乐设施以及高耗能特种设备的设计文件，未经国务院特种设备安全监督管理部门核准的检验检测机构鉴定，擅自用于制造的，由特种设备安全监督管理部门责令改正，没收非法制造的产品，处5万元以上20万元以下罚款；触犯刑律的，对负有责任的主管人员和其他直接责任人员依照刑法关于生产、销售伪劣产品罪、非法经营罪或者其他罪的规定，依法追究刑事责任。

第七十四条 按照安全技术规范的要求应当进行型式试验的特种设备产品、部件或者试制特种设备新产品、新部件，未进行整机或者部件型式试验的，由特种设备安全监督管理部门责令限期改正；逾期未改正的，处2万元以上10万元以下罚款。

第七十五条 未经许可，擅自从事锅炉、压力容器、电梯、起重机械、客运索道、大型游乐设施、场（厂）内专用机动车辆及其安全附件、安全保护装置的制造、安装、改造以及压力管道元件的制造活动的，由特种设备安全监督管理部门予以取缔，没收非法制造的产品，已经实施安装、改造的，责令恢复原状或者责令限期由取得许可的单位重新安装、改造，处10万元以上50万元以下罚款；触犯刑律的，对负有责任的主管人员和其他直接责任人员依照刑法关于生产、销售伪劣产品罪、非法经营罪、重大责任事故罪或者其他罪的规定，依法追究刑事责任。

第七十六条 特种设备出厂时，未按照安全技术规范的要求附有设计文件、产品质量合格证明、安装及使用维修说明、监督检验证明等文件的，由特种设备安全监督管理部门责令改正；情节严重的，责令停止生产、销售，处违法生产、销售货值金额30%以下罚款；有违法所得的，没收违法所得。

第七十七条 未经许可，擅自从事锅炉、压力容器、电梯、起重机械、客运索道、大型游乐设施、场（厂）内专用机动车辆的维修或者日常维护保养的，由特种设备安全监督管理部门予以取缔，处1万元以上5万元以下罚款；有违法所得的，没收违法所得；触犯刑律的，对负有责任的主管人员和其他直接责任人员依照刑法关于非法经营罪、重大责任事故罪或者其他罪的规定，依法追究刑事责任。

第七十八条 锅炉、压力容器、电梯、起重机械、客运索道、大型游乐设施的安装、改造、维修的施工单位以及场（厂）内专用机动车辆的改造、维修单位，在施工前未将拟进行的特种设备安装、改造、维修情况书面告知直辖市或者设区的市的特种设备安全监督管理部门即行施工的，或者在验收后30日内未将有关技术资料移交锅炉、压力容器、电梯、起重机械、客运索道、大型游乐设施的使用单位的，由特种设备安全监督管理部门责令限期改正；逾期未改正的，处2000元以上1万元以下罚款。

第七十九条 锅炉、压力容器、压力管道元件、起重机械、大型游乐设施的制造过程和锅炉、压力容器、电梯、起重机械、客运索道、大型游乐设施的安装、改造、重大维修过程，以及锅炉清洗过程，未经国务院特种设备安全监督管理部门核准的检验检测机构按照安全技术规范的要求进行监督检验的，由特种设备安全监督管理部门责令改正，已经出厂的，没收违法生产、销售的产品，已经实施安装、改造、重大维修或者清洗的，责令限期进行监督检验，处5万元以上20万元以下罚款；有违法所得的，没收违法所得；情节严重的，撤销制造、安装、改造或者维修单位已经取得的许可，并由工商行政管理部门吊销其营业执照；触犯刑律的，对负有责任的主管人员和其他直接责任人员依照刑法关于生产、销售伪劣产品罪或者其他罪的规定，依法追究刑事责任。

第八十条 未经许可，擅自从事移动式压力容器或者气瓶充装活动的，由特种设备安全监督管理部门予以取缔，没收违法充装的气瓶，处10万元以上50万元以下罚款；有违法所得的，没收违法所得；触犯刑律的，对负有责任的主管人员和其他直接责任人员依照刑法关于非法经营罪或者其他罪的规定，依法追究刑事责任。

移动式压力容器、气瓶充装单位未按照安全技术规范的要求进行充装活动的，由特种设备安全监督管理部门责令改正，处2万元以上10万元以下罚款；情节严重的，撤销其充装资格。

第八十一条 电梯制造单位有下列情形之一的，由特种设备安全监督管理部门责令限期改正；逾期未改正的，予以通报批评：

（一）未依照本条例第十九条的规定对电梯进行校验、调试的；

（二）对电梯的安全运行情况进行跟踪调查和了解时，发现存在严重事故隐患，未及时向特种设备安全监督管理部门报告的。

第八十二条 已经取得许可、核准的特种设备生产单位、检验检测机构有下列行为之一的，由特种设备安全监督管理部门责令改正，处2万元以上10万元以下罚款；情节严重的，撤销其相应资格：

（一）未按照安全技术规范的要求办理许可证变更手续的；

（二）不再符合本条例规定或者安全技术规范要求的条件，继续从事特种设备生产、检验检测的；

（三）未依照本条例规定或者安全技术规范要求进行特种设备生产、检验检测的；

（四）伪造、变造、出租、出借、转让许可证书或者监督检验报告的。

第八十三条 特种设备使用单位有下列情形之一的，由特种设备安全监督管理部门责令限期改正；逾期未改正的，处2000元以上2万元以下罚款；情节严重的，责令停止使用或者停产停业整顿：

（一）特种设备投入使用前或者投入使用后30日内，未向特种设备安全监督管理部门登记，擅自将其投入使用的；

（二）未依照本条例第二十六条的规定，建立特种设备安全技术档案的；

（三）未依照本条例第二十七条的规定，对在用特种设备进行经常性日常维护保养和定期自行检查的，或者对在用特种设备的安全附件、安全保护装置、测量调控装置及有关附属仪器仪表进行定期校验、检修，并作出记录的；

（四）未按照安全技术规范的定期检验要求，在安全检验合格有效期届满前1个月向特种设备检验检测机构提出定期检验要求的；

（五）使用未经定期检验或者检验不合格的特种设备的；

（六）特种设备出现故障或者发生异常情况，未对其进行全面检查、消除事故隐患，继续投入使用的；

（七）未制定特种设备事故应急专项预案的；

（八）未依照本条例第三十一条第二款的规定，对电梯进行清洁、润滑、调整和检查的；

（九）未按照安全技术规范要求进行锅炉水（介）质处理的；

（十）特种设备不符合能效指标，未及时采取相应措施进行整改的。

特种设备使用单位使用未取得生产许可的单位生产的特种设备或者将非承压锅炉、非压力容器作为承压锅炉、压力容器使用的，由特种设备安全监督管理部门责令停止使用，予以没收，处2万元以上10万元以下罚款。

第八十四条 特种设备存在严重事故隐患，无改造、维修价值，或者超过安全技术规范规定的使用年限，特种设备使用单位未予以报废，并向原登记的特种设备安全监督管理部门办理注销的，由特种设备安全监督管理部门责令限期改正；逾期未改正的，处5万元以上20万元以下罚款。

第八十五条　电梯、客运索道、大型游乐设施的运营使用单位有下列情形之一的，由特种设备安全监督管理部门责令限期改正；逾期未改正的，责令停止使用或者停产停业整顿，处1万元以上5万元以下罚款：

（一）客运索道、大型游乐设施每日投入使用前，未进行试运行和例行安全检查，并对安全装置进行检查确认的；

（二）未将电梯、客运索道、大型游乐设施的安全注意事项和警示标志置于易于为乘客注意的显著位置的。

第八十六条　特种设备使用单位有下列情形之一的，由特种设备安全监督管理部门责令限期改正；逾期未改正的，责令停止使用或者停产停业整顿，处2000元以上2万元以下罚款：

（一）未依照本条例规定设置特种设备安全管理机构或者配备专职、兼职的安全管理人员的；

（二）从事特种设备作业的人员，未取得相应特种作业人员证书，上岗作业的；

（三）未对特种设备作业人员进行特种设备安全教育和培训的。

第八十七条　发生特种设备事故，有下列情形之一的，对单位，由特种设备安全监督管理部门处5万元以上20万元以下罚款；对主要负责人，由特种设备安全监督管理部门处4000元以上2万元以下罚款；属于国家工作人员的，依法给予处分；触犯刑律的，依照刑法关于重大责任事故罪或者其他罪的规定，依法追究刑事责任：

（一）特种设备使用单位的主要负责人在本单位发生特种设备事故时，不立即组织抢救或者在事故调查处理期间擅离职守或者逃匿的；

（二）特种设备使用单位的主要负责人对特种设备事故隐瞒不报、谎报或者拖延不报的。

第八十八条　对事故发生负有责任的单位，由特种设备安全监督管理部门依照下列规定处以罚款：

（一）发生一般事故的，处10万元以上20万元以下罚款；

（二）发生较大事故的，处20万元以上50万元以下罚款；

（三）发生重大事故的，处50万元以上200万元以下罚款。

第八十九条　对事故发生负有责任的单位的主要负责人未依法履行职责，导致事故发生的，由特种设备安全监督管理部门依照下列规定处以罚款；属于国家工作人员的，并依法给予处分；触犯刑律的，依照刑法关于重大责任事故罪或者其他罪的规定，依法追究刑事责任：

（一）发生一般事故的，处上一年年收入30%的罚款；

（二）发生较大事故的，处上一年年收入40%的罚款；

（三）发生重大事故的，处上一年年收入60%的罚款。

第九十条　特种设备作业人员违反特种设备的操作规程和有关的安全规章制度操作，或者在作业过程中发现事故隐患或者其他不安全因素，未立即向现场安全管理人员和单位有关负责人报告的，由特种设备使用单位给予批评教育、处分；情节严重的，撤销特种设备作业人员资格；触犯刑律的，依照刑法关于重大责任事故罪或者其他罪的规定，依法追究刑事责任。

第九十一条　未经核准，擅自从事本条例所规定的监督检验、定期检验、型式试验以及无损检测等检验检测活动的，由特种设备安全监督管理部门予以取缔，处5万元以上20万元以下罚款；有违法所得的，没收违法所得；触犯刑律的，对负有责任的主管人员和其他直接责任人员依照刑法关于非法经营罪或者其他罪的规定，依法追究刑事责任。

第九十二条 特种设备检验检测机构，有下列情形之一的，由特种设备安全监督管理部门处2万元以上10万元以下罚款；情节严重的，撤销其检验检测资格：

（一）聘用未经特种设备安全监督管理部门组织考核合格并取得检验检测人员证书的人员，从事相关检验检测工作的；

（二）在进行特种设备检验检测中，发现严重事故隐患或者能耗严重超标，未及时告知特种设备使用单位，并立即向特种设备安全监督管理部门报告的。

第九十三条 特种设备检验检测机构和检验检测人员，出具虚假的检验检测结果、鉴定结论或者检验检测结果、鉴定结论严重失实的，由特种设备安全监督管理部门对检验检测机构没收违法所得，处5万元以上20万元以下罚款，情节严重的，撤销其检验检测资格；对检验检测人员处5000元以上5万元以下罚款，情节严重的，撤销其检验检测资格，触犯刑律的，依照刑法关于中介组织人员提供虚假证明文件罪、中介组织人员出具证明文件重大失实罪或者其他罪的规定，依法追究刑事责任。

特种设备检验检测机构和检验检测人员，出具虚假的检验检测结果、鉴定结论或者检验检测结果、鉴定结论严重失实，造成损害的，应当承担赔偿责任。

第九十四条 特种设备检验检测机构或者检验检测人员从事特种设备的生产、销售，或者以其名义推荐或者监制、监销特种设备的，由特种设备安全监督管理部门撤销特种设备检验检测机构和检验检测人员的资格，处5万元以上20万元以下罚款；有违法所得的，没收违法所得。

第九十五条 特种设备检验检测机构和检验检测人员利用检验检测工作故意刁难特种设备生产、使用单位，由特种设备安全监督管理部门责令改正；拒不改正的，撤销其检验检测资格。

第九十六条 检验检测人员，从事检验检测工作，不在特种设备检验检测机构执业或者同时在两个以上检验检测机构中执业的，由特种设备安全监督管理部门责令改正，情节严重的，给予停止执业6个月以上2年以下的处罚；有违法所得的，没收违法所得。

第九十七条 特种设备安全监督管理部门及其特种设备安全监察人员，有下列违法行为之一的，对直接负责的主管人员和其他直接责任人员，依法给予降级或者撤职的处分；触犯刑律的，依照刑法关于受贿罪、滥用职权罪、玩忽职守罪或者其他罪的规定，依法追究刑事责任：

（一）不按照本条例规定的条件和安全技术规范要求，实施许可、核准、登记的；

（二）发现未经许可、核准、登记擅自从事特种设备的生产、使用或者检验检测活动不予取缔或者不依法予以处理的；

（三）发现特种设备生产、使用单位不再具备本条例规定的条件而不撤销其原许可，或者发现特种设备生产、使用违法行为不予查处的；

（四）发现特种设备检验检测机构不再具备本条例规定的条件而不撤销其原核准，或者对其出具虚假的检验检测结果、鉴定结论或者检验检测结果、鉴定结论严重失实的行为不予查处的；

（五）对依照本条例规定在其他地方取得许可的特种设备生产单位重复进行许可，或者对依照本条例规定在其他地方检验检测合格的特种设备，重复进行检验检测的；

（六）发现有违反本条例和安全技术规范的行为或者在用的特种设备存在严重事故隐患，不立即处理的；

（七）发现重大的违法行为或者严重事故隐患，未及时向上级特种设备安全监督管理部门报告，或者接到报告的特种设备安全监督管理部门不立即处理的；

（八）迟报、漏报、瞒报或者谎报事故的；

（九）妨碍事故救援或者事故调查处理的。

第九十八条　特种设备的生产、使用单位或者检验检测机构，拒不接受特种设备安全监督管理部门依法实施的安全监察的，由特种设备安全监督管理部门责令限期改正；逾期未改正的，责令停产停业整顿，处 2 万元以上 10 万元以下罚款；触犯刑律的，依照刑法关于妨害公务罪或者其他罪的规定，依法追究刑事责任。

特种设备生产、使用单位擅自动用、调换、转移、损毁被查封、扣押的特种设备或者其主要部件的，由特种设备安全监督管理部门责令改正，处 5 万元以上 20 万元以下罚款；情节严重的，撤销其相应资格。

第八章　附则

第九十九条　本条例下列用语的含义是：

（一）锅炉，是指利用各种燃料、电或者其他能源，将所盛装的液体加热到一定的参数，并对外输出热能的设备，其范围规定为容积大于或者等于 30L 的承压蒸汽锅炉；出口水压大于或者等于 0.1MPa（表压），且额定功率大于或者等于 0.1MW 的承压热水锅炉；有机热载体锅炉。

（二）压力容器，是指盛装气体或者液体，承载一定压力的密闭设备，其范围规定为最高工作压力大于或者等于 0.1MPa（表压），且压力与容积的乘积大于或者等于 2.5MPa·L 的气体、液化气体和最高工作温度高于或者等于标准沸点的液体的固定式容器和移动式容器；盛装公称工作压力大于或者等于 0.2MPa（表压），且压力与容积的乘积大于或者等于 1.0MPa·L 的气体、液化气体和标准沸点等于或者低于 60℃液体的气瓶；氧舱等。

（三）压力管道，是指利用一定的压力，用于输送气体或者液体的管状设备，其范围规定为最高工作压力大于或者等于 0.1MPa（表压）的气体、液化气体、蒸汽介质或者可燃、易爆、有毒、有腐蚀性、最高工作温度高于或者等于标准沸点的液体介质，且公称直径大于 25mm 的管道。

（四）电梯，是指动力驱动，利用沿刚性导轨运行的箱体或者沿固定线路运行的梯级（踏步），进行升降或者平行运送人、货物的机电设备，包括载人（货）电梯、自动扶梯、自动人行道等。

（五）起重机械，是指用于垂直升降或者垂直升降并水平移动重物的机电设备，其范围规定为额定起重量大于或者等于 0.5t 的升降机；额定起重量大于或者等于 1t，且提升高度大于或者等于 2m 的起重机和承重形式固定的电动葫芦等。

（六）客运索道，是指动力驱动，利用柔性绳索牵引箱体等运载工具运送人员的机电设备，包括客运架空索道、客运缆车、客运拖牵索道等。

（七）大型游乐设施，是指用于经营目的，承载乘客游乐的设施，其范围规定为设计最大运行线速度大于或者等于 2m/s，或者运行高度距地面高于或者等于 2m 的载人大型游乐设施。

（八）场（厂）内专用机动车辆，是指除道路交通、农用车辆以外仅在工厂厂区、旅游景区、游乐场所等特定区域使用的专用机动车辆。

特种设备包括其所用的材料、附属的安全附件、安全保护装置和与安全保护装置相关的设施。

第一百条 压力管道设计、安装、使用的安全监督管理办法由国务院另行制定。

第一百零一条 国务院特种设备安全监督管理部门可以授权省、自治区、直辖市特种设备安全监督管理部门负责本条例规定的特种设备行政许可工作，具体办法由国务院特种设备安全监督管理部门制定。

第一百零二条 特种设备行政许可、检验检测，应当按照国家有关规定收取费用。

第一百零三条 本条例自 2003 年 6 月 1 日起施行。1982 年 2 月 6 日国务院发布的《锅炉压力容器安全监察暂行条例》同时废止。

参 考 文 献

[1] 崔政斌，吴进城编著．锅炉安全技术．第2版．北京：化学工业出版社，2009．

[2] 王明明，蔡仰华，徐桂容编著．压力容器安全技术．北京：化学工业出版社，2004．

[3] 王还枝编著．起重机械安全技术．北京：化学工业出版社，2004．

[4] 朱兆华，徐丙根，王中坚主编．典型事故技术评析．北京：化学工业出版社，2007．

[5] 刘清方，吴梦娴编著．锅炉压力容器安全技术．北京：首都经贸大学出版社，2000．

[6] 岳进才编．压力管道技术．北京：中国石化出版社，2001．

[7] 管仁林主编．特种设备安全监察条例问答．北京：中国民主法制出版社，2003．

[8] 曹龙海，全培涛编．架空索道．北京：机械工业出版社，1990．

[9] 王书忠编．机动车辆与厂内运输安全技术．北京：纺织工业出版社，1989．

[10] 刘道华编著．压力管道安全技术．北京：中国石化出版社，2009．

[11] 周国庆，孙涛主编．锅炉工安全技术．北京：化学工业出版社，2011．

[12] 刘道华编著．压力容器安全技术．北京：中国石化出版社，2009．

[13] 徐腾，张兆杰主编．起重机械安全技术．郑州：黄河水利出版社，2008．

[14] 孙桂林主编．起重机械安全技术手册．北京：中国劳动和社会保障出版社，2008．

[15] 李向东主编．大型游乐设施安全技术．北京：中国计划出版社，2010．

[16] 中国就业培训技术指导中心，中国安全生产协会组织编写．安全评价师．第2版．北京：中国劳动和社会保障出版社，2010．

[17] 全国注册安全工程师执业资格考试辅导教材编审委员会．全国注册安全工程师执业资格考试辅导教材．北京：煤炭工业出版社，2010．